普通高等教育土建学科专业"十一五"规划教材
全国高职高专教育土建类专业教学指导委员会规划推荐教材

工程力学

（供热通风与空调工程技术专业适用）

本教材编审委员会组织编写
于 英 主 编
张立柱 副主编
王孟武 主 审

中国建筑工业出版社

图书在版编目（CIP）数据

工程力学/于英主编.—北京：中国建筑工业出版社，2004

普通高等教育土建学科专业"十一五"规划教材
全国高职高专教育土建类专业教学指导委员会规划推荐教材．供热通风与空调工程技术专业适用

ISBN 978-7-112-06924-8

Ⅰ.工… Ⅱ.于… Ⅲ.工程力学－高等学校：技术学校－教材 Ⅳ.TB12

中国版本图书馆 CIP 数据核字（2004）第 121422 号

普通高等教育土建学科专业"十一五"规划教材
全国高职高专教育土建类专业教学指导委员会规划推荐教材

工 程 力 学

（供热通风与空调工程技术专业适用）

本教材编审委员会组织编写
于 英 主 编
张立柱 副主编
王孟武 主 审

*

中国建筑工业出版社出版、发行（北京西郊百万庄）
各地新华书店、建筑书店经销
北京红光制版公司制版
北京建筑工业印刷厂印刷

*

开本：787×1092毫米 1/16 印张：13$\frac{1}{4}$ 字数：320千字
2005年1月第一版 2011年2月第七次印刷
定价：19.00元
ISBN 978-7-112-06924-8
(12878)

版权所有 翻印必究
如有印装质量问题，可寄本社退换
（邮政编码 100037）

本书是根据高等职业教育供热通风与空调工程技术专业教学大纲编写的。全书力求体现高等职业教育教学改革的特点，突出实用性和应用性，内容简明扼要，通俗易懂。

全书共分十五章，内容包括绪论、静力学基本概念、平面汇交力系、力矩与平面力偶系、平面一般力系、材料力学的基本概念、轴向拉伸和压缩、剪切、扭转、平面图形的几何性质、梁的内力、梁的应力及强度条件、梁的变形及刚度条件、应力状态和强度理论、组合变形、压杆稳定。每章后有思考题与习题。

本书可作为土建学科高职高专院校、各类成人院校供热通风与空调工程技术、建筑水电技术专业及其他相关专业的教学用书，也可作为有关教师、工程技术人员的参考书。

* * *

责任编辑：齐庆梅　朱首明
责任设计：崔兰萍
责任校对：李志瑛　张　虹

本教材编审委员会名单

主　任：贺俊杰

副主任：刘春泽　张　健

委　员：陈思仿　范柳先　孙景芝　刘　玲　蔡可键

　　　　蒋志良　贾永康　王青山　余　宁　白　桦

　　　　杨　婉　吴耀伟　王　丽　马志彪　刘成毅

　　　　程广振　丁春静　胡伯书　尚久明　于　英

　　　　崔吉福

序　言

全国高职高专教育土建类专业教学指导委员会建筑设备类专业指导分委员会（原名高等学校土建学科教学指导委员会高等职业教育专业委员会水暖电类专业指导小组）是建设部受教育部委托，并由建设部聘任和管理的专家机构。其主要工作任务是，研究建筑设备类高职高专教育的专业发展方向、专业设置和教育教学改革，按照以能力为本位的教学指导思想，围绕职业岗位范围、知识结构、能力结构、业务规格和素质要求，组织制定并及时修订各专业培养目标、专业教育标准和专业培养方案；组织编写主干课程的教学大纲，以指导全国高职高专院校规范建筑设备类专业办学，达到专业基本标准要求；研究建筑设备类高职高专教材建设，组织教材编审工作；制定专业教育评估标准，协调配合专业教育评估工作的开展；组织开展教学研究活动，构建理论与实践紧密结合的教学内容体系，构筑"校企合作、产学研结合"的人才培养模式，为我国建设事业的健康发展提供智力支持。

在建设部人事教育司和全国高职高专教育土建类专业教学指导委员会的领导下，2002年以来，全国高职高专教育土建类专业教学指导委员会建筑设备类专业指导分委员会的工作取得了多项成果，编制了建筑设备类高职高专教育指导性专业目录；制定了"供热通风与空调工程技术"、"建筑电气工程技术"、"给水排水工程技术"等专业的教育标准、人才培养方案、主干课程教学大纲、教材编审原则，深入研究了建筑设备类专业人才培养模式。

为适应高职高专教育人才培养模式，使毕业生成为具备本专业必需的文化基础、专业理论知识和专业技能、能胜任建筑设备类专业设计、施工、监理、运行及物业设施管理的高等技术应用性人才，全国高职高专教育土建类专业教学指导委员会建筑设备类专业指导分委员会，在总结近几年高职高专教育教学改革与实践经验的基础上，通过开发新课程，整合原有课程，更新课程内容，构建了新的课程体系，并于2004年启动了"供热通风与空调工程技术"、"建筑电气工程技术"、"给水排水工程技术"三个专业主干课程的教材编写工作。

这套教材的编写坚持贯彻以全面素质为基础，以能力为本位，以实用为主导的指导思想。注意反映国内外最新技术和研究成果，突出高等职业教育的特点，并及时与我国最新技术标准和行业规范相结合，充分体现其先进性、创新性、适用性。它是我国近年来工程技术应用研究和教学工作实践的科学总结，本套教材的使用将会进一步推动建筑设备类专业的建设与发展。

"供热通风与空调工程技术"、"建筑电气工程技术"、"给水排水工程技术"三个专业教材的编写工作得到了教育部、建设部相关部门的支持，在全国高职高专教育土建类专业教学指导委员会的领导下，聘请全国高职高专院校本专业享有盛誉、多年从事"供热通风与空调工程技术"、"建筑电气工程技术"、"给水排水工程技术"专业教学、科研、设计的副教授以上的专家担任主编和主审，同时吸收工程一线具有丰富实践经验的高级工程师及优秀中青年教师参加编写。可以说，该系列教材的出版凝聚了全国各高职高专院校"供热通风与空调工程技术"、"建筑电气工程技术"、"给水排水工程技术"三个专业同行的心血，也是他们多年来教学工作的结晶和精诚协作的体现。

各门教材的主编和主审在教材编写过程中认真负责，工作严谨，值此教材出版之际，全国高职高专教育土建类专业教学指导委员会建筑设备类专业指导分委员会谨向他们致以崇高的敬意。此外，对大力支持这套教材出版的中国建筑工业出版社表示衷心的感谢，向在编写、审稿、出版过程中给予关心和帮助的单位和同仁致以诚挚的谢意。衷心希望"供热通风与空调工程技术"、"建筑电气工程技术"、"给水排水工程技术"这三个专业教材的面世，能够受到各高职高专院校和从事本专业工程技术人员的欢迎，能够对高职高专教学改革以及高职高专教育的发展起到积极的推动作用。

全国高职高专教育土建类专业教学指导委员会
建筑设备类专业指导分委员会
2004年9月

前　言

本书是全国高职高专教育土建类专业教学指导委员会规划推荐教材之一。本教材符合高等职业教育供热通风与空调工程技术专业教学大纲的要求。它可作为高职高专院校、各类成人教育院校土建学科中的供热通风与空调工程技术、建筑水电技术及其他相关专业的教学用书，也可作为有关教师、工程技术人员的参考书。

在编写过程中，编者结合长期教学实践的经验，以培养技术应用能力为主线，应用为目的，够用为原则，注意了体现高等职业教育教学改革的特点，突出实用性和应用性，内容简明扼要，通俗易懂，注重基本概念和基本方法，并尽力做到与工程实际相结合。书中编入了适量的例题和习题供教学中选用，书后附有习题答案供学生参考。

本书参考课时为75学时左右，各院校可根据实际情况进行取舍。

参加本书编写工作的有：黑龙江建筑职业技术学院于英（绪论、第五、七、八、九、十、十一、十二、十三章）、内蒙古建筑职业技术学院张海平（第一章）、新疆建设职业技术学院张巨虹（第二、三章）、沈阳建筑大学职业技术学院张立柱（第四、六章）、四川建设职业技术学院郭丽（第十四、十五章）。全书由于英担任主编、张立柱担任副主编。

本书由新疆建设职业技术学院王孟武主审。

编者对审稿人、各位组织者以及给予支持的相关人员，表示衷心的感谢。

由于编者水平有限，加之编写时间仓促，书中难免存在缺点和错误，恳请广大读者和同行专家予以批评指正，以期今后改进。

目　录

绪论 …………………………………………………………………………………… 1
第一章　静力学的基本概念 ……………………………………………………… 2
第一节　静力学基本概念 …………………………………………………… 2
第二节　静力学公理 ………………………………………………………… 3
第三节　约束与约束反力 …………………………………………………… 4
第四节　受力图 ……………………………………………………………… 8
思考题与习题 ………………………………………………………………… 10
第二章　平面汇交力系 …………………………………………………………… 12
第一节　平面汇交力系合成的几何法 ……………………………………… 12
第二节　平面汇交力系平衡的几何条件及其应用 ………………………… 14
第三节　平面汇交力系合成的解析法 ……………………………………… 15
第四节　平面汇交力系平衡的解析条件及其应用 ………………………… 19
思考题与习题 ………………………………………………………………… 20
第三章　力矩　平面力偶系 ……………………………………………………… 24
第一节　力对点之矩、合力矩定理 ………………………………………… 24
第二节　力偶及力偶的性质 ………………………………………………… 27
第三节　平面力偶系的合成和平衡条件 …………………………………… 29
思考题与习题 ………………………………………………………………… 31
第四章　平面一般力系 …………………………………………………………… 34
第一节　力的平移定理 ……………………………………………………… 34
第二节　平面一般力系向作用面内任一点的简化 ………………………… 35
第三节　平面一般力系的平衡条件及其应用 ……………………………… 40
第四节　物体系统的平衡 …………………………………………………… 45
第五节　简单静定平面桁架的内力计算 …………………………………… 48
思考题与习题 ………………………………………………………………… 52
第五章　材料力学的基本概念 …………………………………………………… 61
第一节　变形固体的概念及其基本假设 …………………………………… 61
第二节　杆件变形的基本形式 ……………………………………………… 61
第三节　内力、截面法、应力 ……………………………………………… 62
第四节　变形和应变 ………………………………………………………… 64
第六章　轴向拉伸和压缩 ………………………………………………………… 65
第一节　轴向拉伸和压缩的概念 …………………………………………… 65
第二节　轴力和轴力图 ……………………………………………………… 65

第三节　轴向拉压杆的应力 …………………………………………… 68
　　第四节　轴向拉压杆的变形、虎克定律 ………………………………… 71
　　第五节　材料在拉伸和压缩时的力学性能 ……………………………… 74
　　第六节　轴向拉压杆的强度条件及强度计算 …………………………… 82
　　思考题与习题 ……………………………………………………………… 84
第七章　剪切 …………………………………………………………………… 88
　　第一节　剪切与挤压的概念 ……………………………………………… 88
　　第二节　剪切与挤压的实用计算 ………………………………………… 89
　　思考题与习题 ……………………………………………………………… 91
第八章　扭转 …………………………………………………………………… 93
　　第一节　扭转的概念 ……………………………………………………… 93
　　第二节　圆轴扭转时横截面上的内力 …………………………………… 93
　　第三节　薄壁圆筒扭转时的应力及剪切虎克定律 ……………………… 96
　　第四节　圆轴扭转时横截面上的切应力 ………………………………… 97
　　第五节　圆轴扭转时的强度条件及强度计算 …………………………… 99
　　第六节　圆轴扭转时的变形及刚度条件 ……………………………… 101
　　思考题与习题 …………………………………………………………… 101
第九章　平面图形的几何性质 ……………………………………………… 103
　　第一节　重心和形心 …………………………………………………… 103
　　第二节　静矩 …………………………………………………………… 105
　　第三节　惯性矩、惯性积、惯性半径 ………………………………… 106
　　第四节　惯性矩的平行移轴公式 ……………………………………… 108
　　第五节　形心主惯性轴和形心主惯性矩的概念 ……………………… 109
　　思考题与习题 …………………………………………………………… 109
第十章　梁的内力 …………………………………………………………… 111
　　第一节　梁弯曲变形的概念 …………………………………………… 111
　　第二节　梁弯曲时的内力——剪力和弯矩 …………………………… 112
　　第三节　梁的内力图 …………………………………………………… 115
　　第四节　荷载集度、剪力和弯矩之间的微分关系 …………………… 120
　　第五节　用叠加法画弯矩图 …………………………………………… 123
　　思考题与习题 …………………………………………………………… 128
第十一章　梁的应力及强度条件 …………………………………………… 130
　　第一节　梁弯曲时横截面上的正应力 ………………………………… 130
　　第二节　梁横截面上的切应力计算公式 ……………………………… 132
　　第三节　梁的强度条件及强度计算 …………………………………… 134
　　思考题与习题 …………………………………………………………… 138
第十二章　梁的变形及刚度条件 …………………………………………… 140
　　第一节　挠度与转角 …………………………………………………… 140
　　第二节　用叠加法求梁的变形 ………………………………………… 142

  第三节 梁的刚度条件及刚度计算 ················· 143
  第四节 提高梁刚度的措施 ························ 144
  思考题与习题 ···································· 145
第十三章 应力状态和强度理论 ························ 146
  第一节 应力状态的概念 ·························· 146
  第二节 平面应力状态分析 ························ 146
  第三节 强度理论 ··································· 152
  思考题与习题 ···································· 155
第十四章 组合变形 ···································· 157
  第一节 组合变形的概念 ·························· 157
  第二节 斜弯曲变形的应力及强度计算 ············ 158
  第三节 偏心压缩（拉伸）杆件的应力及强度计算 ··· 163
  第四节 截面核心的概念 ·························· 166
  思考题与习题 ···································· 167
第十五章 压杆稳定 ···································· 170
  第一节 压杆稳定的概念 ·························· 170
  第二节 细长压杆临界力计算的欧拉公式 ·········· 171
  第三节 临界应力与柔度 ·························· 172
  第四节 超过比例极限时临界应力计算——经验公式、临界应力总图 ··· 173
  第五节 压杆的稳定计算——折减因数法 ·········· 175
  第六节 提高压杆稳定性的措施 ··················· 179
  思考题与习题 ···································· 180
附录 型钢规格表 ·· 183
习题答案 ··· 194
参考文献 ··· 200

绪　　论

工程力学是研究物体机械运动规律的科学。机械运动是指物体在空间的位置随时间的变化。固体的运动和变形，气体和液体的流动都属于机械运动。

一、工程力学的研究对象和任务

工程力学的研究对象是由固体材料制成的构件。例如，建筑结构中的梁、柱、楼板，机械中的传动轴、连杆，供暖系统中管道及管道支架等。这些构件在正常工作情况下，都要承受各种各样的力。如重力、风力、摩擦力等。工程中将构件上承受的主动力（主动引起物体运动或使物体有运动趋势的力），称为荷载。

要使构件在施工和使用过程中，能够安全可靠地工作，就必须具有足够的承载能力，也就必须满足以下三个方面的基本要求：

(1) 构件应具有足够的强度，即不能发生破坏；
(2) 构件应具有足够的刚度，即不能发生过大的变形；
(3) 构件应具有足够的稳定性，即不丧失原有形状下的平衡状态。

为保证上述的承载能力，就需要构件具有较大的截面尺寸和较好的材料。但是，构件又必须符合经济的要求，即所用的材料尽可能地少、造价尽可能地低。显然，安全性和经济性是矛盾的。

工程力学的任务就是：为构件提供受力分析和静力计算的方法；研究构件的强度、刚度、稳定性和材料的力学性质，在保证构件的安全可靠及经济合理的前提下，为构件选择合适的材料、确定合理的截面形状和尺寸提供计算方法和试验方法。

二、工程力学研究的内容

工程力学研究的内容分为静力学和材料力学两部分。

静力学是研究物体在力系作用下的平衡规律及其在工程中的应用。

材料力学是研究构件在外力作用后发生变形时的承载能力问题，对实际工程中的构件做强度、刚度和稳定性等方面的计算。

本书第一至第四章为静力学内容，第五至第十五章为材料力学内容。

三、工程力学与其他课程的关系

工程力学是一门实用性很强的专业技术基础课。它以数学作为计算基础。通过本课程的学习，可为后继专业课程（如流体力学、机械基础、管道材料、锅炉及施工等）的学习打下必要的基础。同时，也能解决一些简单的工程实际问题，培养我们正确分析问题和解决问题的能力。当今工程力学已渗透到工程技术的各个领域并发挥着重要作用。应用力学知识可以避免或减少工程事故的发生。所以，学好工程力学这门课程，对我们今后的学习和工作都有着十分重要的意义。

第一章 静力学的基本概念

第一节 静力学基本概念

静力学是研究物体在力系的作用下处于平衡的规律。

平衡是指物体相对于地球保持静止或作匀速直线运动的状态。例如，房屋、桥梁、在直线轨道上匀速行驶的火车、沿直线匀速起吊的构件等，都是平衡的实例。

一、力的概念

力是指物体之间相互的机械作用。这种机械作用可使物体的运动状态或形状发生改变。力能使物体的运动状态发生改变，称为力的外效应或运动效应；力能使物体的形状发生改变，称为力的内效应。前者是静力学所研究的内容，而后者是材料力学所研究的内容。

实践表明，力对物体的作用效应取决于力的三要素：力的大小、方向和作用点。如这三个要素之一发生改变，力的作用效果也就会改变。

力的大小表示物体间相互作用的强弱程度。国际单位制中，以"N 或 kN"作为力的单位。力的方向通常包含力的方位和力的指向两个含义。力的作用点表示力作用在物体上的位置。

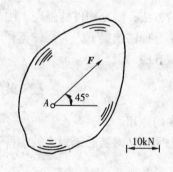

图 1-1 力的矢量表示法

根据力的三要素可知，力是定位矢量。我们可用图示法表示力的矢量，即用一带箭头的有向线段表示力的三要素。有向线段的长度按选定比例尺表示力的大小，线段的方位（与某定直线的夹角）和箭头的指向表示力的方向，线段的起点或终点表示力的作用点。如图 1-1 所示。

本书中用黑体字母如 $\boldsymbol{F}$、$\boldsymbol{P}$ 等表示力的矢量，而用对应的细体字母如 F、P 等表示力矢量的大小。我们手写时，用上方加一横线的细体字母如 $\overline{F}$、$\overline{P}$ 等表示力的矢量。

二、刚体的概念

所谓刚体，是指在任何外力的作用下，其几何形状和尺寸始终保持不变的物体。实际上，任何物体在外力的作用下都要发生几何形状的改变。但是，在一般情况下所发生的变形与物体的几何尺寸相比较都很微小，我们在研究物体的平衡或运动时，就可忽略微小变形，即认为物体是不发生变形的。静力学中所研究的物体均视为刚体。

三、力系、等效力系、平衡力系、平衡条件

（1）力系：作用在物体上的一群力称为力系。

（2）等效力系：如果作用于物体上的一个力，可以用另外一个力系所代替，而不改变原力系对物体所产生的运动效应，则这两个力系互为等效力系。

（3）平衡力系：作用在物体上，使物体处于平衡状态的力系，称为平衡力系。

(4)平衡条件:是指力系作用在物体上,并使物体处于平衡状态时,该力系所必须满足的条件。

第二节 静力学公理

静力学公理是人们在长期的生活和生产实践中总结和概括出来的普遍规律,它们是静力学的基础。是分析问题和解决问题的重要依据。

公理一 二力平衡条件

作用在同一刚体上的两个力,使刚体处于平衡的必要和充分条件是:这两个力的大小相等,方向相反,作用在同一条直线上。如图1-2所示。

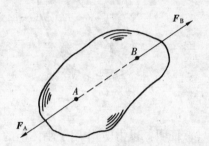

图1-2 二力平衡条件

公理二 加减平衡力系公理

在作用于刚体上的任意力系中,加上或去掉任何一个平衡力系,并不改变原力系对刚体的作用效应。因为平衡力系不会改变物体的运动状态。

公理三 力的平行四边形法则

作用于刚体上同一点的两个力,可以合成为一个合力,合力也作用在该点,合力的大小和方向可由以这两个分力为邻边所构成的平行四边形的对角线来表示。如图1-3所示。即

$$R = F_1 + F_2$$

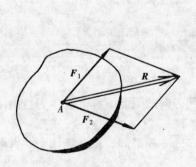

图1-3 力的平行四边形法则

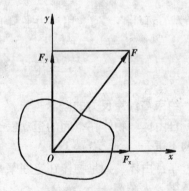

图1-4 力的分解

在力学计算中,经常将一个已知力分解为两个互相垂直的分力,如图1-4所示。

公理四 作用与反作用定律

两个物体间的作用力和反作用力,总是大小相等,方向相反,沿同一直线,并分别作用在这两个物体上。特别强调的是不能将作用与反作用定律与二力平衡条件混淆起来。

推理一　力的可传性原理

作用于刚体上的力，可沿其作用线移动到同一刚体内的任意一点，而不改变原力对刚体的作用效应。

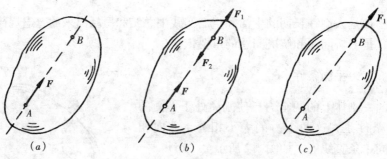

图 1-5　力的可传性原理

证明：设力 F 作用于刚体上的 A 点（图 1-5（a））。根据加减平衡力系公理，在力 F 的作用线上任一点 B 加上一对平衡力 F_1 与 F_2，且使 $F_1 = F = -F_2$，如图 1-5（b）所示。由于 F 和 F_2 是一个平衡力系，可以去掉，所以只剩下作用在 B 点的力 F_1（图 1-5（c））。显然力 F_1 和原力 F 是等效的，这就相当于把作用于 A 点的力 F 沿其作用线移到 B 点。值得注意的是，该推理只适用于同一刚体，不适用于变形体。

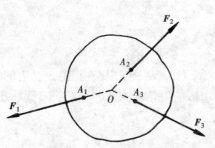

图 1-6　三力平衡汇交定理

推理二　三力平衡汇交定理

一刚体受共面不平行的三个力作用而处于平衡状态时，此三个力的作用线必汇交于一点。如图 1-6 所示，证明略。通常用三力平衡汇交定理来确定未知力的方向。

第三节　约束与约束反力

一、约束与约束反力的概念

（1）自由体　物体在空间的运动没有受到任何方向的限制，称此物体为自由体。如空中飞行的飞机。

（2）非自由体　如果物体在空间某些方向的运动受到限制，称此物体为非自由体。如房屋、桥梁、火车等。

（3）约束　当研究对象为非自由体时，我们把限制其运动的周围物体称为约束。

（4）约束反力　约束作用在被约束物体上且阻碍物体运动的力称约束反力。简称反力。约束反力的方向总是与物体的运动或运动趋势方向相反；约束反力的大小由平衡条件确定；约束反力的作用点总是作用在接触点上。约束反力为未知力。

二、主动力与荷载

1. 主动力与荷载

凡能主动使物体产生运动或运动趋势的力，称为主动力；主动力为已知力，在工程上也称为荷载。如构件的自重，设备的重量，风压力等都是主动力。

2. 荷载的分类

荷载按其作用范围可分为集中荷载和分布荷载。力的作用位置实际上是有一定面积的。当力的作用面积相对于物体而言很小，可近似地看作一个点，我们就将作用于一点的力，称为集中力或集中荷载，如火车的轮压、设备的自重等都可看作是集中力。如果力的作用面积较大，就称为分布力或分布荷载，例如梁的自重，就可以简化为均匀分布的线荷载。我们将单位长度上的分布荷载称为线荷载集度，通常用 q 表示，单位为"N/m 或 kN/m"，如图 1-7 所示。

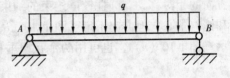

图 1-7 均匀分布线荷载

三、几种常见的约束及其反力

一般情况下约束和约束反力较为复杂。我们在研究力学问题时，通常将各种约束按照一定的假设条件简化成理想模型。实践证明，由理想模型计算的结果符合工程设计要求。下面介绍工程中常见的几种约束及其约束反力。

1. 柔性约束

柔绳、胶带、链条等用于阻碍物体运动时，就构成柔性约束（图 1-8 (a)）。其约束功能是，只能限制物体沿着柔体的中心线离开柔体方向的的运动，而不能限制其他方向的运动。所以柔性约束的约束反力是，通过接触点，沿着柔体的中心线方向，背离所约束的物体，即为拉力。通常用字母 T 表示，如图 1-8 (b) 所示。

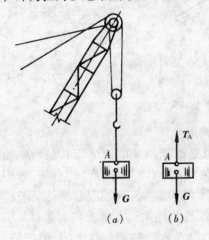

图 1-8 柔性约束及其反力

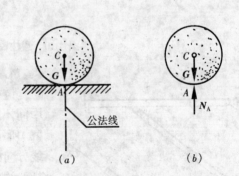

图 1-9 光滑接触面约束及其反力

2. 光滑接触面约束

当两物体相互接触处的摩擦力很小，可以忽略不计时，就构成光滑接触面约束（图 1-9 (a)）。其约束功能是，只能限制物体沿着接触面的公法线且指向接触面方向的运动，而不能限制物体沿着接触面的公切线或离开接触面方向的运动。所以光滑接触面约束的约束反力是，通过接触点，沿着接触面的公法线方向指向被约束的物体。通常用字母 N 表示，如图 1-9 (b) 所示。

3. 圆柱铰链约束

圆柱铰链简称为铰链。门窗的合页就是铰链的实例。理想的圆柱铰链约束是由一个圆柱形销钉插入两个物体的圆孔中所构成（图 1-10（a）、（b）），且认为圆孔与销钉的表面都是光滑的。圆柱铰链约束的力学简图如图 1-10（c）所示。其约束功能是，不能限制物体绕销钉的相对转动和沿其轴线的移动，而只能限制物体在垂直于销钉轴线平面内沿任意方向的相对移动。圆柱铰链约束的约束反力是，在垂直于销钉轴线的平面内，通过接触点和销钉中心，但方向不定（图 1-10（d））。通常约束反力可用一个方向不定的力 R_C 来表示（图 1-10（e）），也可用两个互相垂直的分力 X_C、Y_C 来表示（图 1-10（f））。

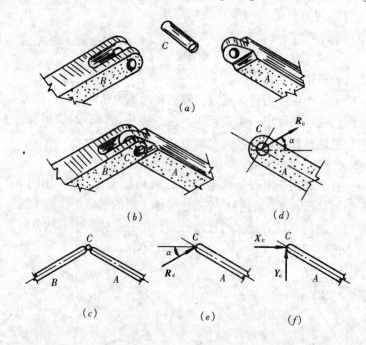

图 1-10 圆柱铰链约束及其反力

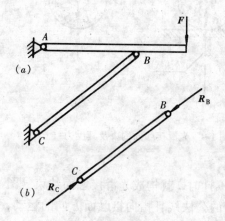

图 1-11 链杆约束及其反力

4. 链杆约束

链杆约束是两端用光滑铰链与其他物体相连而中间不受任何外力（不考虑自重）的直杆，如图 1-11（a）所示。其约束功能是，只能限制物体沿着链杆轴线方向的运动，而不能限制其他方向的运动。所以链杆的约束反力是沿着链杆的轴线方向，但指向不定，通常用 R_C 和 R_B 来表示，如图 1-11（b）所示。

5. 固定铰支座

工程上将构件连接在墙、柱、基础、机器的机身等支承物上的装置称为支座。用光滑圆柱铰链将构件与支承底板连接，并将底板固定在支承物上而构成的支座，称为固定铰支座。图 1-12 所示是固定铰支座的构造简图，图 1-13（a）、（b）所示是其力学计算简图。固定铰支座的约束功能及约束反力与圆柱铰链完全相同，反力的表示方法如图1-13（c）、（d）所示。

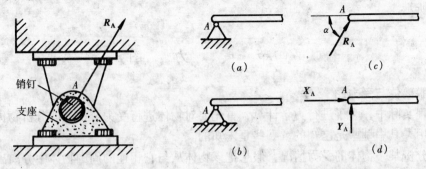

图1-12 固定铰支座构造　　　图1-13 固定铰支座简图及其反力

6. 可动铰支座

在固定铰支座的底座与固定的支承物体之间安装几个辊轴，就构成可动铰支座。可动铰支座的构造简图如图1-14所示，其力学计算简图如图1-15（a）、（b）所示。其约束功能是，只能限制物体在垂直于支承面方向的运动，而不能限制物体绕销轴的转动和沿支承面方向的移动。所以，可动铰支座的约束反力垂直于支承面，并通过销钉中心，而指向不定。常用R_A表示，如图1-15（c）所示。

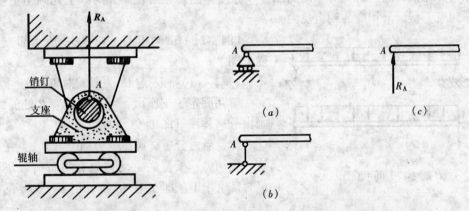

图1-14 可动铰支座构造　　　图1-15 可动铰支座简图及其反力

7. 固定端支座

工程上，将构件的一端牢固地插入墙体内所构成的约束，称为固定端约束，其构造如图1-16（a）所示。这种约束既限制构件沿任意方向的移动，又限制转动。其力学简图如

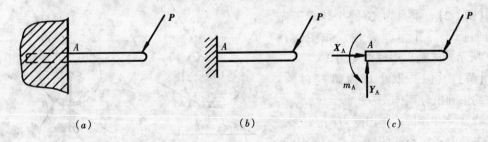

图1-16 固定端支座及其反力

图1-16（b）所示。其约束反力通常用两个互相垂直的分力和一个反力偶来表示，如图1-16（c）所示。

第四节 受 力 图

一、脱离体与受力图

在工程实际中，为了进行力学计算，首先要对物体进行受力分析，即分析物体受到哪些力的作用，其中哪些是已知的，哪些是未知的。

为了分析某一物体的受力情况，假想把该物体从与它相连的周围物体中分离出来，也就是解除全部约束，单独画出该物体的图形，这一步骤叫做取研究对象，被分离出来的研究对象称为分离体或脱离体。在研究对象上画出它所受到的全部作用力（包括主动力和约束反力），这种表明物体全部受力情况的图形称为该物体的受力图。它是进行力学计算的依据，所以，正确地画出受力图是解决力学问题的关键一步。下面举例说明对物体进行受力分析及画受力图的步骤。

二、单个物体的受力分析

画单个物体的受力图，首先需要明确研究对象，弄清研究对象受到哪些约束作用，然后解除全部约束，画出研究对象的简图，即分离体图；然后在研究对象上先画出主动力，再根据约束类型画上相应的约束反力。

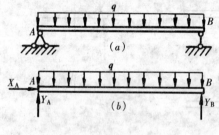

图1-17 例1-1图

【例1-1】 试画出图1-17（a）所示简支梁的受力图。

【解】 （1）取梁 AB 为研究对象。

解除固定铰支座 A、可动铰支座 B 处的约束，画出分离体图（图1-17（b））。

（2）受力分析，画出受力图。

主动力：梁受的主动力只有均布荷载集度为 q 的自重作用，即在梁 AB 上画出集度为 q 的向下均布荷载。

约束反力：在梁的 A 端画出固定铰支座的约束反力，用两个互相垂直的分力 X_A、Y_A 表示，在 B 点画出可动铰支座的约束反力，用一个垂直于支承面的竖向反力 Y_B 表示，约束反力指向均为假设。如图1-17（b）所示，即为梁 AB 的受力图。

【例1-2】 重力为 G 的小球置于光滑的斜面上，并用绳系住，如图1-18（a）所示，试画出小球的受力图。

【解】 （1）取小球为研究对象。解除约束画出分离体图。

（2）受力分析，画出受力图。

主动力：在小球的球心 C 点画上重力 G，方向铅垂向下。

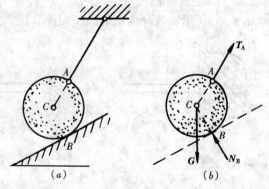

图1-18 例1-2图

约束反力：在小球的 A 点画出绳对小球的约束反力 T_A，它沿着绳的中心线背离球心，即为拉力；在 B 点画出光滑面对小球的约束反力 N_B，它沿着公法线并指向球心，即为压力。图 1-18（b）所示，即为小球的受力图。它同时也满足三力平衡汇交定理。

三、物体系统的受力分析

工程中将由两个或两个以上的物体通过一些约束联系到一起的结构，称为物体系统。

对物体系统进行受力分析的方法，与单个物体的分析方法基本相同。只是研究对象可能是整个物体系统或系统中的某一部分物体。在画整体的受力图时，只需将整体看作成单个物体一样对待，要注意此时在物体间的相互联接处不能画约束反力，因为它们是内力（系统内部之间的相互作用力，称为内力），互相抵消掉；在画系统中的某一部分物体的受力图时，要注意被拆开的相互联系处内力暴露出来，转化成了外力，且约束反力是相互间的作用力，一定遵循作用与反作用定律。

【**例 1-3**】 图 1-19（a）所示一管道支架。已知管道重量为 P，假设支架各杆重量不计，试画出杆 AB、BC 及整体的受力图。

【**解**】 (1) 取 BC 杆为研究对象。

由于 BC 杆只在两端分别受到铰链约束反力 R_B 和 R_C 作用而处于平衡，根据二力平衡条件，此二力必然等值、反向、共线，通常我们称这样的杆件为二力杆或二力构件，其受力方向必然沿着 BC 的连线方向，指向假设。BC 杆的受力图如图 1-19（b）所示。

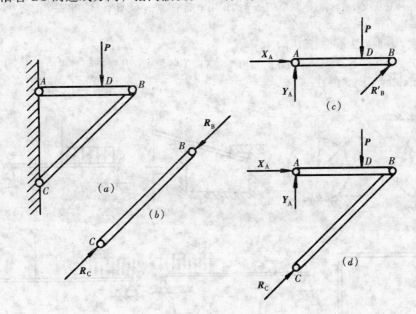

图 1-19 例 1-3 图

(2) 取 AB 杆（包括销钉 B）为研究对象。

受主动力 P、约束反力 X_A、Y_A 和 R'_B 作用，R'_B 是 R_B 的反作用力。AB 杆的受力图如图 1-19（c）所示。

(3) 取管道支架整体为研究对象。

受主动力 P、约束反力 X_A、Y_A 和 R_C 作用。注意反力 X_A、Y_A 和 R_C 的指向要与图

1-19（b）、（c）中假设的指向一致。整体的受力图如图1-19（d）所示。

四、画受力图的步骤及需要注意的几个问题

通过以上各例题的分析，现将画受力图的步骤及应注意的几个问题归纳如下：

（1）选取恰当的研究对象，要解除全部约束，画出其脱离体图。

（2）根据已知条件画出作用在该脱离体上的所有主动力。

（3）根据解除约束的类型，画出相应的约束反力，并使用规定的字母和符号标记各个力，不能漏画也不能多画。

（4）画物体系统的整体受力图时，系统内各物体间的相互作用力不要画。在分析两物体间的相互作用时，必须按照作用与反作用定律的关系画出其所受的力。同一约束反力，在各受力图中假设的指向必须一致。

（5）注意应用二力杆、三力平衡汇交定理来确定约束反力的方向。

思 考 题 与 习 题

1-1　什么是刚体？

1-2　二力平衡条件和作用与反作用定律中的两个力都是等值、反向、共线，试问二者有何区别，并举例说明。

1-3　什么是二力杆？

1-4　一刚体在汇交于一点但不共面的三个力作用下能平衡吗？为什么？如果三个汇交力共面，刚体一定能平衡吗？为什么？

1-5　画受力图时需注意哪些问题？

1-6　试分别画出图1-20所示各物体的受力图。（以下各题中，凡未标明自重的物体，其自重均不计，且假定接触处都是光滑的。）

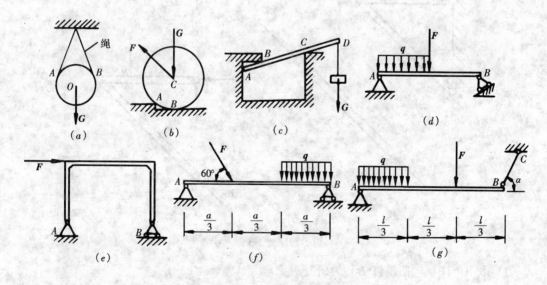

图1-20　题1-6图

1-7　试分别画出图1-21所示各物体系统中指定物体的受力图。

1-8　试分别画出图1-22所示各物体系统中的各部分及整体的受力图。

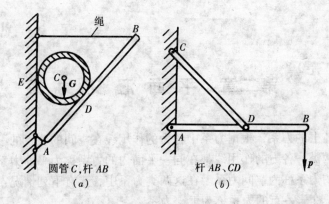

图 1-21 题 1-7 图

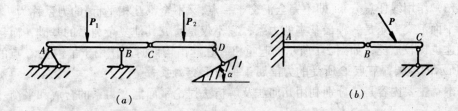

图 1-22 题 1-8 图

第二章 平面汇交力系

作用在物体上的力系，根据力系中各力的作用线在空间的位置的不同，可分为平面力系和空间力系两类。各力的作用线都在同一平面内的力系称为平面力系，各力的作用线不在同一平面内的力系称为空间力系。在这两类力系中，又有下列情况：

(1) 作用线交于一点的力系称为汇交力系；
(2) 作用线相互平行的力系称为平行力系；
(3) 作用线任意分布（即不完全汇交于一点，又不全都互相平行）的力系称为一般力系。

平面汇交力系是一种最基本的力系，它不仅是研究其他复杂力系的基础，而且在工程中用途也比较广泛，如图 2-1 所示的起重机，在起吊构件时，作用于吊钩上 C 点的力，图 2-2 所示的屋架，节点 C 所受的力都属于平面汇交力系。

本章主要内容是：分别利用几何法及解析法讨论平面汇交力系的合成和平衡。

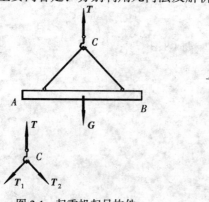

图 2-1 起重机起吊构件
及吊钩受力图

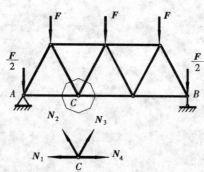

图 2-2 屋架及节点受力图

第一节 平面汇交力系合成的几何法

一、两个汇交力的合成

设物体受到汇交于 O 点的两个力 F_1 和 F_2 的作用（图 2-3（a）），应用第一章学过的平行四边形法则，求 F_1、F_2 的合力。先从交点 O 出发，按适当的比例和正确的方向画出 F_1、F_2，便可得出相应的平行四边形，其对角线即代表合力 R。对角线 R 的长度和 R 与 F_1 所夹角度，便是合力的大小和方向。

为简便起见，在求合力时，不必画出整个平行四边形，而只需画出其中任一个三角形便可解决问题。将两分力首尾相连，再连接起点和终点，所得线段即代表合力。这一合成方法称为力的三角形法则（图 2-3（b））。可用式子表示：

$$R = F_1 + F_2$$

上式为矢量式，不是两力代数相加。

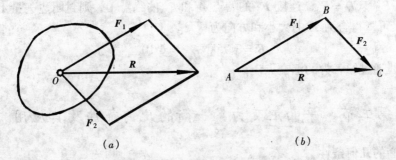

图 2-3 两个汇交力合成的几何法

二、平面汇交力系的合成

设在物体的 A 点作用四个汇交力 F_1、F_2、F_3、F_4，如图 2-4（a）所示，求此力系的合力。为此，可连续应用力三角形法则，如图 2-4（b）所示，先求 F_1 和 F_2 的合力 R_1，再求 R_1 和 F_3 的合力 R_2，最后求 R_2 和 F_4 的合力 R。显然，R 就是原汇交力系 F_1、F_2、F_3、F_4 的合力。实际作图时，表示 R_1、R_2 的力不必画出，可直接按一定的比例尺依次作出矢量 $\overline{AB}$、$\overline{BC}$、$\overline{CD}$、$\overline{DE}$，分别代表力系中各分力 F_1、F_2、F_3、F_4 之后，连接 F_1 的起点和 F_4 的终点，就可得到力系的合力 R，如图 2-4（c）所示。这就是力的多边形法则。在作图时，如果改变各分力作图的先后次序，得到的力多边形的形状自然不同，但所得合力 R 的大小和方向均不改变。由此而知，合力 R 与绘制力多边形的先后次序无关。

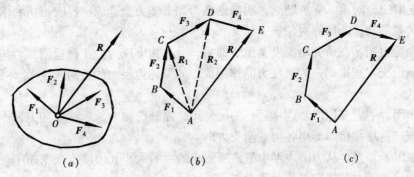

图 2-4 平面汇交力系合成的几何法

将上述方法推广到由 n 个力组成的汇交力系中，可得结论：平面汇交力系合成的结果是一个作用线通过各力的汇交点的合力，合力的大小和方向由力多边形的封闭边确定，即合力的矢量等于原力系中各分力的矢量和。用式子表示为：

$$R = F_1 + F_2 + \cdots + F_n = \Sigma F \qquad (2-1)$$

【例 2-1】 固定铁环上受三根共面的绳的拉力，设 $F_1 = 2\text{kN}$，$F_2 = 1\text{kN}$，$F_3 = 1.5\text{kN}$，各拉力的方向如图 2-5 所示。用几何法求这三个力的合力。

【解】 由于三根绳的拉力共面且延长线交于一点，

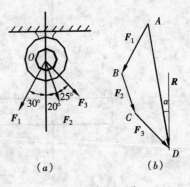

图 2-5 例 2-1 图

所以组成的力系为平面汇交力系。选定比例尺，取一点 A，首尾相连各矢量：作线段 $\overline{AB}$ = F_1，$\overline{BC}$ = F_2，$\overline{CD}$ = F_3，连接 F_1 的始点 A 和 F_3 的终点 D，则封闭边矢量 $\overline{AD}$ 就是合力 R。依比例尺可量得合力 R 的大小和方向为

$$R = 3.75\text{kN}, \quad \alpha = 6°10'$$

合力的作用线通过原各力的汇交点。

第二节 平面汇交力系平衡的几何条件及其应用

一、平衡的几何条件

由于平面汇交力系可以合成为一个合力，因此，如平面汇交力系平衡，则其合力为零；反之，如平面汇交力系的合力为零，则力系必然平衡。故平面汇交力系平衡的必要与充分条件是力系的合力为零。即

$$R = 0 \text{ 或 } \Sigma F = 0 \tag{2-2}$$

根据力多边形法则，合力等于零，表明力多边形封闭边的长度为零，即表明力多边形中第一个矢量的起点和最后一个矢量的终点重合。所以，平面汇交力系平衡的必要与充分的几何条件是力多边形自行封闭。利用这一条件，可求解平面汇交力系平衡问题中的两个未知量。

二、平面汇交力系平衡的几何条件及应用

用几何法求解平面汇交力系平衡问题的步骤如下：

（1）选取研究对象。弄清题意，明确已知力和未知力，选取能反映出所要求的未知力和已知力关系的物体为研究对象。

（2）画受力图。在研究对象上画出全部主动力和约束反力，正确运用二力构件的性质和三力平衡汇交定理来确定约束反力的作用线，如果约束反力的指向未定时，可先不画箭头。

（3）作闭合的力多边形。选择适当的比例尺，先画已知力，后画未知力，作闭合的力多边形。按"首尾相接"画出各力的箭头方向。

（4）求出未知力。从力多边形中量出所要求的力的大小和角度，根据矢序（首尾相连的顺序）确定未知力的指向并移到受力图上。

【例 2-2】 用起重机起吊预制梁如图 2-6（a）。已知梁重 $G = 20\text{kN}$，$\alpha = 45°$，不计吊

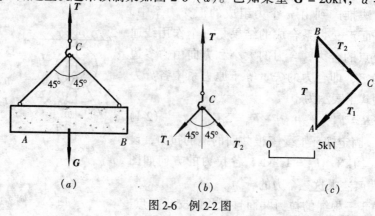

图 2-6 例 2-2 图

索和吊钩的重量。试求铅垂吊索和斜吊索 AC、BC 的拉力。

【解】 首先求铅垂吊索的拉力 T。取整体为研究对象，它只受到 T 和 G 两个力的作用，受力图如图 2-6（a）所示。由二力平衡条件，显然

$$T = G = 20 \text{kN}$$

再求斜吊索 AC、BC 的拉力。取吊钩 C 为研究对象。吊钩上受到的力有斜吊索 AC 和 BC 的拉力 T_1 和 T_2，以及铅垂吊索的拉力 T，其受力图如图 2-6（b）所示。显见，这是一个平面汇交力系。根据平衡的几何条件，这三个力所构成的力三角形应自行闭合。作图时，先按图示的比例尺画出已知力 T，再从矢量 T 的始、末端分别作线段平行于 T_1 及 T_2，得交点 C 和闭合的力三角形 ABC（图 2-6（c））；T_1、T_2 的指向可根据各力矢必须首尾相接的原则得出。从图上用同一比例尺量得

$$T_1 = T_2 = 7.07 \text{kN}$$

【例 2-3】 AB、BC 两杆组成管道支架（图 2-7（a）），在 AB 杆的中点放置一管道，重为 $G = 3\text{kN}$，杆件自重不计，试求 BC 杆所受的力和支座 A 的反力。

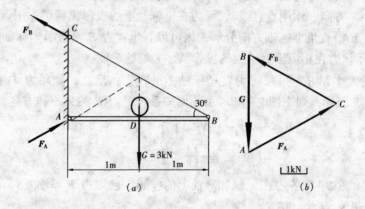

图 2-7　例 2-3 图

【解】 如图 2-7（a）所示，杆件 BC 的两端为光滑铰链，自重忽略不计，故为二力杆。以整体为研究对象，应用三力平衡汇交定理，BC 杆受力、管道自重 G 和支座 A 的反力汇交于一点。画出受力图。

选定比例尺，先按比例尺画出已知力 G，再从矢量 G 的始、末端分别作线段平行于 F_A 及 F_B，得交点 C 和闭合的力三角形 ABC（图 2-7（b））；F_A、F_B 的指向可根据各力矢必须首尾相接的原则得出。从图上用同一比例尺量得

$$F_A = 3\text{kN} \qquad F_B = 3\text{kN}$$

第三节　平面汇交力系合成的解析法

平面汇交力系的几何法具有直观、简捷的优点，但其精确度较差，在力学中用得较多的还是解析法。这种方法以力在坐标轴上投影的计算为基础。

一、力在直角坐标轴上的投影

设力 F 作用于物体的 A 点，如图 2-8 所示。

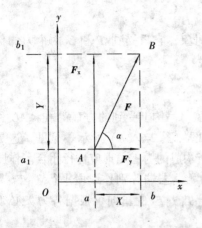

图 2-8 力的投影

在力 F 所在平面内取直角坐标系 Oxy。从力 F 的两端点 A 和 B 分别向坐标轴 x 作垂线，两垂足间的线段 ab，并加上正号或负号称为力 F 在 x 轴上的投影，用 X 表示。并规定：当从力 F 的始端的投影 a 到末端的投影 b 的方向与投影轴 x 的正向一致时，力 F 的投影取正值；反之，取负值。同样，线段 a_1b_1，再加上正号或负号称为力 F 在 y 轴上的投影，用 Y 表示。由图 2-8 可知，投影 X、Y 可用下式表示

$$\left.\begin{array}{l} X = \pm F\cos\alpha \\ Y = \pm F\sin\alpha \end{array}\right\} \quad (2\text{-}3)$$

投影 X、Y 的正负号可由 $\cos\alpha$ 和 $\sin\alpha$ 的符号分别得出。但实际计算时，常采用力 F 与坐标轴所夹锐角来计算投影，其正负号可根据上述规定直观判断得出。

应当注意，力的投影与力的分力是不相同的，投影是代数量，而分力是矢量；力沿坐标轴的分力有大小、方向、作用点（线），而力在坐标轴上的投影无所谓作用点（线）。在图 2-8 中，如将力 F 沿直角坐标轴方向分解，则可以看出：力 F 沿直角坐标轴的分力 F_x、F_y 的大小分别等于该力在相应坐标轴上的投影 X、Y 的绝对值。

已知一个力的大小和方向可求得力在坐标轴上的投影；反之，如果力 F 在坐标轴 x 和 y 上的投影 X、Y 已知，则由图 2-8 知可由几何关系确定力 F 的大小和方向，即：

$$\left.\begin{array}{l} F = \sqrt{X^2 + Y^2} \\ \tan\alpha = \dfrac{|Y|}{|X|} \end{array}\right\} \quad (2\text{-}4)$$

【例 2-4】 试求图 2-9 中各力在 x 轴和 y 轴上的投影，已知力 $F_1 = 30\text{kN}$，$F_2 = 20\text{kN}$，$F_3 = 50\text{kN}$，$F_4 = 60\text{kN}$，$F_5 = 30\text{kN}$。

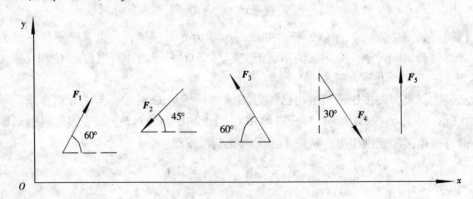

图 2-9 例 2-4 图

【解】 由式（2-3）可得出各力在 x 轴和 y 轴上的投影为

$$X_1 = F_1\cos 60° = \frac{1}{2} \times 30 = 15\text{kN}$$

$$Y_1 = F_1\sin60° = \frac{\sqrt{3}}{2} \times 30 = 26\text{kN}$$

$$X_2 = -F_2\cos45° = -\frac{\sqrt{2}}{2} \times 20 = -14.1\text{kN}$$

$$Y_2 = -F_2\sin45° = -\frac{\sqrt{2}}{2} \times 20 = -14.1\text{kN}$$

$$X_3 = -F_3\cos60° = -\frac{1}{2} \times 50 = -25\text{kN}$$

$$Y_3 = F_3\sin60° = \frac{\sqrt{3}}{2} \times 50 = 43.3\text{kN}$$

$$X_4 = F_4\sin30° = \frac{1}{2} \times 60 = 30\text{kN}$$

$$Y_4 = -F_4\cos30° = -\frac{\sqrt{3}}{2} \times 60 = -52\text{kN}$$

$$X_5 = F_5\cos90° = 0$$

$$Y_5 = F_5\sin90° = F_5 = 30\text{kN}$$

二、合力投影定理

图 2-10（a）表示作用于物体上某一点 O 的平面汇交力系 $\boldsymbol{F}_1$、$\boldsymbol{F}_2$、$\boldsymbol{F}_3$、$\boldsymbol{F}_4$，以任选一点 A 为起点，作力的多边形 $ABCDE$，矢量 $\overline{AE}$ 即表示它们的合力 $\boldsymbol{R}$ 的大小和方向。在力的作用面内作一直角坐标系 Oxy（图 2-10（b）），所有力及合力 $\boldsymbol{R}$ 在坐标轴 x 上的投影分别为

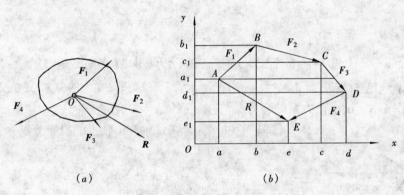

图 2-10 合力投影定理

$$X_1 = ab \quad X_2 = bc \quad X_3 = cd \quad X_4 = -de \quad R_x = ae$$

而合力在该轴上的投影与分力投影的关系为

$$R_x = ae = ab + bc + cd - de$$

或

$$R_x = X_1 + X_2 + X_3 + X_4$$

如果某平面汇交力系汇交于一点有 n 个力，可以证明上述关系仍然成立，即：

$$R_X = X_1 + X_2 + \cdots + X_n = \Sigma X \tag{2-5}$$

由此可见，合力在任一轴上的投影，等于各分力在同一轴上投影的代数和。这就是合

力投影定理。式中"Σ"表示求代数和。必须注意式中各投影的正、负号。

三、用解析法求平面汇交力系的合力

当平面汇交力系为已知时，如图 2-11 (a) 所示，我们可选直角坐标系，求出力系中各力在 x 轴和 y 轴上的投影，再根据合力投影定理求得合力 R 在 x、y 轴上的投影 R_x 和 R_y。从图 2-11 (a) 中的几何关系，可见合力 R 的大小和方向可由下式确定：

$$\left. \begin{array}{l} R = \sqrt{(\Sigma X)^2 + (\Sigma Y)^2} \\ \tan\alpha = \dfrac{|\Sigma Y|}{|\Sigma X|} \end{array} \right\} \tag{2-6}$$

式中 α 为合力 R 与 x 轴所夹的锐角，α 角在哪个象限由 ΣX 和 ΣY 的正负号来确定，具体详见图 2-11 (b) 所示。合力的作用线通过力系的汇交点 O。

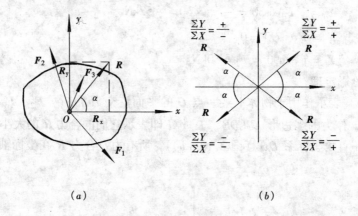

图 2-11 平面汇交力系示意图及合力具体方向的确定

【例 2-5】 已知某平面汇交力系如图 2-12 所示。$F_1 = 1.5\text{kN}$，$F_2 = 0.5\text{kN}$，$F_3 = 0.25\text{kN}$，$F_4 = 1\text{kN}$，试求该力系的合力。

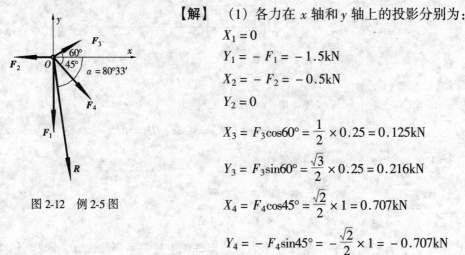

图 2-12 例 2-5 图

【解】 (1) 各力在 x 轴和 y 轴上的投影分别为：

$X_1 = 0$

$Y_1 = -F_1 = -1.5\text{kN}$

$X_2 = -F_2 = -0.5\text{kN}$

$Y_2 = 0$

$X_3 = F_3\cos 60° = \dfrac{1}{2} \times 0.25 = 0.125\text{kN}$

$Y_3 = F_3\sin 60° = \dfrac{\sqrt{3}}{2} \times 0.25 = 0.216\text{kN}$

$X_4 = F_4\cos 45° = \dfrac{\sqrt{2}}{2} \times 1 = 0.707\text{kN}$

$Y_4 = -F_4\sin 45° = -\dfrac{\sqrt{2}}{2} \times 1 = -0.707\text{kN}$

(2) 求得合力在 x 轴和 y 轴上的投影分别为：

$R_x = \Sigma X = 0 - 0.5 + 0.125 + 0.707 = 0.332\text{kN}$

$$R_y = \Sigma Y = -1.5 + 0 + 0.216 - 0.707 = -1.99\text{kN}$$

（3）求合力的大小和方向：

$$R = \sqrt{(\Sigma X)^2 + (\Sigma Y)^2} = \sqrt{0.332^2 + (-1.99)^2} = 2.02\text{kN}$$

$$\tan\alpha = \frac{|\Sigma Y|}{|\Sigma X|} = 5.99，故 \alpha = 80°33'$$

合力 R 的作用线通过力系的汇交点 O，方向如图所示。

第四节　平面汇交力系平衡的解析条件及其应用

一、平面汇交力系平衡的解析条件

从本章第二节知道：平面汇交力系平衡的必要和充分条件是该力系的合力等于零。而根据式（2-6）的第一式可知

$$R = \sqrt{(\Sigma X)^2 + (\Sigma Y)^2}$$

上式中 $(\Sigma X)^2$ 与 $(\Sigma Y)^2$ 恒大于或等于零，要使 $R = 0$，必须使 ΣX、ΣY 同时为零，即

$$\left.\begin{array}{l}\Sigma X = 0\\ \Sigma Y = 0\end{array}\right\} \quad (2\text{-}7)$$

所以，平面汇交力系平衡的必要和充分的解析条件是：力系中所有各力在任意两个坐标轴中每一轴上投影的代数和都等于零。式（2-7）称为平面汇交力系的平衡方程。

二、平面汇交力系平衡解析条件的应用

应用平面汇交力系两个独立的平衡方程可以求解力系中的两个未知量。这两个未知量可以是力的大小，也可以是力的方向。用解析法求解平面汇交力系平衡问题的具体方法和步骤如下：

（1）选取适当的研究对象。

（2）画出研究对象的受力图，未知力的指向可先假设。在受力分析时注意作用力与反作用力的关系，正确应用二力杆的性质。

（3）选取适当的坐标系。为避免解联立方程，选取坐标系的原则是尽量使坐标轴与未知力垂直，使得至少有一个方程中只出现一个未知量。

（4）根据平衡条件列出平衡方程，解方程求出未知力。注意当求出的未知力带负号时，说明假设力的方向与实际方向相反。

【例 2-6】 杆 AO 和杆 BO 相互以铰 O 相连接，两杆的另一端均用铰连接在墙上。铰 O 处挂一个重物 $Q = 10\text{kN}$，如图 2-13 所示。试求杆 AO 和杆 BO 所受的力。

【解】 （1）以铰 O 为研究对象，画出受力图如图 2-13（b）所示。因杆 AO 和杆 BO 都是二力杆，故 N_{AO}、N_{BO} 的作用线都沿杆轴方向，指向先任意假定，如图 2-13（b）所示。N_{AO}、N_{BO}、Q 三力汇交于 O

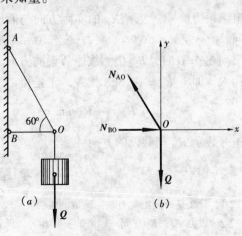

图 2-13　例 2-6 图

点，处于平衡状态。

（2）建立坐标轴系 xOy，并列出平衡方程式

$$\Sigma X = 0 \quad N_{BO} - N_{AO}\cos60° = 0$$
$$\Sigma Y = 0 \quad N_{AO}\sin60° - Q = 0$$

解得：

$$N_{AO} = 11.55\text{kN} \ (\nwarrow) \quad N_{BO} = 5.77\text{kN} \ (\rightarrow)$$

求出结果为正值，说明假定的指向与实际方向一致。

【例 2-7】 平面刚架在 C 点受一水平力 F 作用，如图 2-14（a）所示。已知 $F = 30\text{kN}$，刚架自重不计，求支座 A、B 的反力。

【解】 取刚架为研究对象。它受到力 F、R_A 和 R_B 的作用，应用三力平衡汇交定理可画出刚架的受力图如图 2-14（b）所示。图中 R_A、R_B 的指向是任意假设的。设直角坐标系如图 2-14（b）所示，列平衡方程

$$\Sigma X = 0 \quad F + R_A\cos\alpha = 0$$

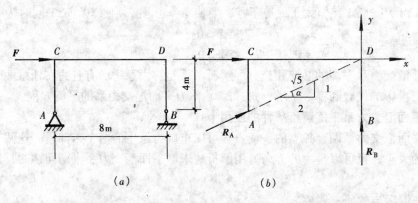

图 2-14 例 2-7 图

解得：

$$R_A = -\frac{F}{\cos\alpha} = -30 \times \frac{\sqrt{5}}{2} = -33.5 \text{ kN} \ (\swarrow)$$

求出结果为负号，表示 R_A 的实际方向与假设的方向相反。

再列 $\quad\quad\quad\quad\quad\quad\quad \Sigma Y = 0 \quad R_B + R_A\sin\alpha = 0$

由于列 $\Sigma Y = 0$ 时，R_A 仍然按原假设的方向求其投影，故应将上面求得的数值连同负号一起代入，即将 $R_A = -15\text{kN}$ 代入，于是得

$$R_B = -R_A\sin\alpha = -(-15\sqrt{5}) \times \frac{1}{\sqrt{5}} = 15\text{kN} \ (\uparrow)$$

得正号表示 R_B 与假设的方向一致。

思 考 题 与 习 题

2-1 什么是平面汇交力系？试举例说明。

2-2 设力 F_1、F_2 在同一轴上的投影相等，问这两个力是否一定相等？

2-3 作用于某刚体上的三个平面汇交力系 F_1、F_2、F_3、F_4，分别组成图 2-15 所示的三个力多边

形，问在各力多边形中，此四个力的关系如何？这三个力系的合力分别等于多少？

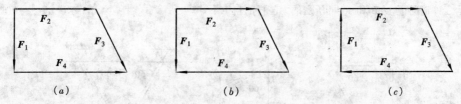

图 2-15 题 2-3 图

2-4 力 F 沿 x、y 轴方向的分力和力 F 在两轴上的投影是否相同？有无区别？试以下两种情况为例进行分析说明：

(a) 当 x 轴与 y 轴垂直时，

(b) 当 x 轴与 y 轴不垂直时。

2-5 图 2-16 中已知 $F_1 = 150$N，$F_2 = 200$N，$F_3 = 250$N，$F_4 = 100$N，用几何法求四力的合力。

2-6 图 2-17 中的四个力汇交于 A 点。已知 $F_1 = 1500$N，$F_2 = 500$N，$F_3 = 250$N，$F_4 = 1000$N。图中每格的长度为 10cm。试分别用几何法和解析法求四个力的合力 R。

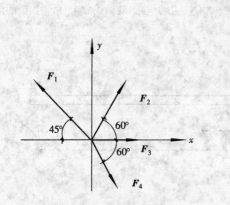

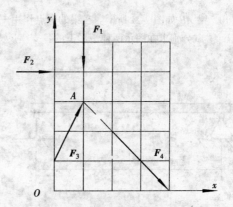

图 2-16 题 2-5 图　　　　　图 2-17 题 2-6 图

2-7 三铰拱在 D 处受一竖向力 P，如图 2-18 所示。设拱的自重不计，用几何法求支座 A、B 的反力。

2-8 如图 2-19 所示，已知 $F_1 = 100$kN，$F_2 = 50$kN，$F_3 = 60$kN，$F_4 = 80$kN，试求各力在 x 轴和 y 轴的投影。

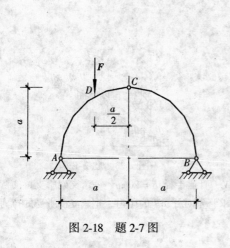

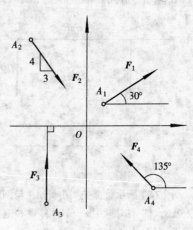

图 2-18 题 2-7 图　　　　　图 2-19 题 2-8 图

2-9 支架由杆 AB、AC 构成，A、B、C 三处都是铰链，在 A 点悬挂重量为 G 的重物，试分别求图 2-20 所示三种情况下，AB 和 AC 杆所受的力。杆的自重不计。

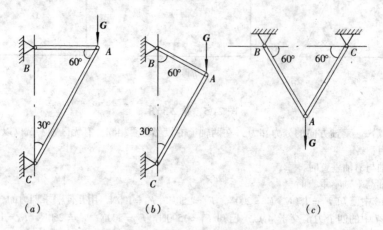

图 2-20 题 2-9 图

2-10 梁 AB 如图 2-21 所示。在梁的中点作用一力 $P = 20$kN，力 P 与梁的轴线成 45°角。如梁的重量略去不计。试分别求在图示两种情形下的各支座反力。

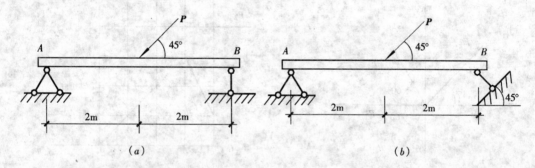

图 2-21 题 2-10 图

2-11 试求图 2-22 所示三铰刚架在水平力 P 作用下所引起的 A、B 两支座及铰链 C 的反力。

2-12 相同的两根钢管 C 和 D 搁放在斜坡上，并在两端各用一铅垂立柱挡住，如图 2-23 所示。每根管子重 4kN，求管子作用在每一立柱上的压力。

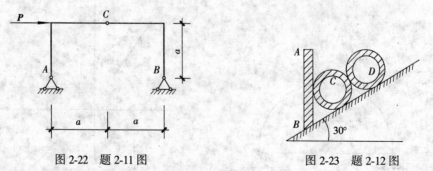

图 2-22 题 2-11 图　　　　图 2-23 题 2-12 图

2-13 图 2-24 所示管道支架由杆 AB 与钢索 BC 构成，管道半径 $R = 20$cm，每个支架所支持的管子重为 $W = 2.2$kN，杆 AB 长 70cm。不计杆重和钢索重，试求管子对杆 AB 的压力，钢索 BC 所受的拉力和支座 A 的反力。

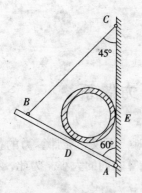
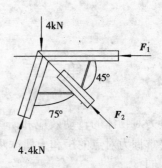

图 2-24 题 2-13 图   图 2-25 题 2-14 图

2-14 设图 2-25 所示结构由杆及钢板连接而成，试求其中两杆所受的力 F_1 及 F_2。图中已知力单位为 kN。

2-15 如图 2-26 所示用一组绳索挂一重 $G = 1$kN 的重物，求各绳的拉力。

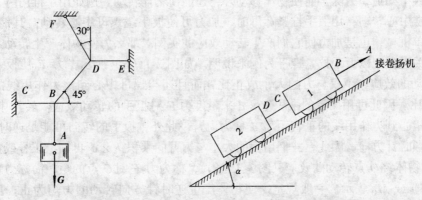

图 2-26 题 2-15 图   图 2-27 题 2-16 图

2-16 用卷扬机沿斜坡匀速牵引小车 1 和小车 2，如图 2-27 所示。小车 1 重 $W_1 = 10$kN，小车 2 重 $W_2 = 12$kN，斜坡与水平面的夹角 $\alpha = 30°$，计算绳索 AB 和 CD 的拉力。

第三章 力矩 平面力偶系

在度量力对物体的转动效应和研究平面一般力系时，不仅要会计算力的投影以及合力，还需要掌握力对点的矩和力偶这两个概念，并会计算它们的大小。为此，我们将在本章中讨论它们。

第一节 力对点之矩、合力矩定理

一、力对点之矩

从实践中知道，力除了能使物体移动外，还能使物体转动。例如用手推门时，使门绕门轴的铰链中心转动；用扳手拧紧螺母时，加力可使扳手绕螺母中心转动。其他如杠杆，滑轮等简单机械，也是加力使它们产生转动效应的实例。那么力使物体产生转动效应与哪些因素有关呢？现以扳手拧紧螺母为例来说明。如图3-1（a）所示，力 F 使扳手绕螺母中心 O 转动的效应，不仅与力的大小成正比，而且还与螺母中心到该力作用线的垂直距离 d 成正比。因此可用两者的乘积 $F \times d$ 来量度力 F 对扳手的转动效应。转动中心 O 称为矩心。矩心到力作用线的垂直距离 d 称为力臂。此外，扳手的转向可能是逆时针方向，也可能是顺时针方向。因此，我们用力的大小与力臂的乘积 $F \times d$ 再加上正号或负号来表示力 F 使物体绕 O 点转动的效应（图3-1（b）），称为力 F 对 O 点的矩，简称力矩，用符号 $M_O(F)$ 或 M_O 表示。一般规定，使物体产生逆时针方向转动的力矩为正；反之，为负。所以力对点的矩是代数量，即

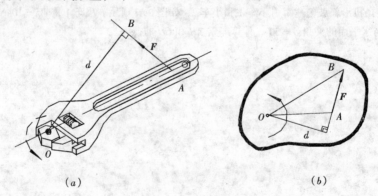

图3-1 力矩示意图

$$M_O(F) = \pm F \times d \tag{3-1}$$

力矩的单位为牛·米（N·m）或千牛·米（kN·m）。

由力矩定义和式（3-1）可看出：

（1）当力的作用线通过矩心时，则力矩等于零（因为力臂 $d = 0$）。

(2) 当力沿作用线移动时，不改变力对某点之矩。这是因为力的大小、方向和力臂的大小均未改变。

应当指出，在一般情况下，力使物体将同时产生移动和转动两种效应，其中转动可以相对于物体上的任意点；而力矩是力使物体绕某点转动效应的度量。因此，矩心不一定要取在物体可以绕之转动的固定点，根据分析和计算的需要，物体上任意点都可以取为矩心。

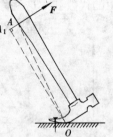

图 3-2 例 3-1 图

【例 3-1】 用羊角榔头起钉子（图 3-2），A 点施加一个垂直于锤把的力 F 使钉锤转动，试分析转动中心在何处？力臂长应如何确定？

【解】 从图中可以看出，力矩的转动中心在羊角榔头与物体表面的接触点 O。延长力 F 的作用线至 A_1，自点 O 作 $OA_1 \perp AA_1$，则 OA_1 即为力臂的长度。

【例 3-2】 图 3-3 所示提升建筑材料的简易装置中，G = 10kN。试分别求：

(1) 图示两个位置时 G 对 O 点的力矩；

(2) 若横杆在图示位置平衡时（即 G 对 O 点的力矩与 F 对 O 点的力矩的代数和为零），求提升力 F 的大小。

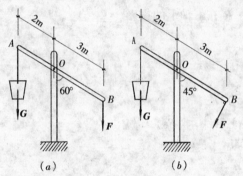

图 3-3 例 3-2 图

【解】 (1) 由力矩的定义可知，图 3-3 (a) 中，重力 G 对 O 点的力矩为

$$M_O(G) = G \times d = 10 \times 2\sin 60° = 17.32 kN \cdot m$$

图 3-3 (b) 中，重力 G 对 O 点的力矩为

$$M_O(G) = G \times d = 10 \times 2\sin 45° = 14.14 kN \cdot m$$

(2) G 对 O 点的力矩与 F 对 O 点的力矩的代数和为零，即

$$M_O(G) + M_O(F) = 0$$

代入 (a) 图中的已知数据，即

$$10 \times 2\sin 60° - F \times 3\sin 60° = 0$$

可解得

$$F = 6.67 kN$$

代入 (b) 图中的已知数据，即

$$10 \times 2\sin 45° - F \times 3 = 0$$

可解得

$$F = 4.71 kN$$

当力矩为定值时，只要使力臂最长，即可使所加的力为最小。图 3-3 (b) 所示 F 的方向垂直于杆件，即为最省力的位置。

二、合力矩定理

计算力矩时，最重要的是确定矩心和力臂，而力臂的计算有时比较麻烦，可能需要反复使用一些边、角的关系，给计算带来不便。因此，为了解题的方便，先介绍一下合力矩定理。由上一章的内容可知，平面汇交力系对物体的作用效应可以用它的合力来代替。这里的作用效应也包括物体绕某点转动的效应；而力使物体绕某点转动的效应由力对该点的矩来度量，由此可得，平面汇交力系的合力对平面内任一点的矩，等于各分力对同一点之矩的代数和。这就称为合力矩定理。用式子可表示为：

$$M_O(R) = M_O(F_1) + M_O(F_2) + \cdots + M_O(F_n) = \Sigma M_O(F) \tag{3-2}$$

先对两个汇交力的情形加以证明。

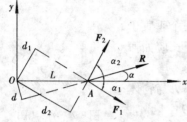

图 3-4 合力矩定理

设在物体上 A 点作用有汇交力 F_1、F_2。（图 3-4），其合力为 R。为了计算力系中各力对平面内任一点 O 的矩，取坐标轴 Oxy，并让 x 轴通过力系的汇交点 A。令 $OA = L$，则力系中各力对 O 点的矩分别为

$$M_O(F_1) = -F_1 d_1 = -F_1 L\sin\alpha_1 = Y_1 L$$
$$M_O(F_2) = F_2 d_2 = F_2 L\sin\alpha_2 = Y_2 L$$
$$M_O(R) = Rd = RL\sin\alpha = YL$$

这里和 Y_1、Y_2、Y，分别为各力 F_1、F_2 和合力 R 在 y 轴上的投影。
根据合力投影定理，有

$$Y = Y_1 + Y_2。$$

上式两边同乘以 L，得：

$$YL = Y_1 L + Y_2 L$$

所以
$$M_O(R) = M_O(F_1) + M_O(F_2)$$
即
$$M_O(R) = \Sigma M_O(F)$$

以上证明可推广到 n 个汇交力的情形。

上述合力矩定理的结论，虽然是从平面汇交力系的特殊情况下推导出来的，但它具有普遍意义，可以把它推广到平面力系中去。应用合力矩定理可以很方便地计算出某些力的力矩。在求一个力对一点的力矩时若力臂不好计算，就可将该力分解为两个相互垂直的分力（由于工程构件已知的往往是水平或竖向尺寸，力通常分解成一个水平力和一个竖向力，使分力的力臂能方便得出），两分力对某点的力矩比较容易计算，这样就可求出两分力对该点的矩的代数和，来代替原来的力对该点的矩。

【例 3-3】 图 3-5 为用扳手拧紧螺母，加于扳手上的力 $F = 100N$，试求力 F 对螺母中心的力矩。

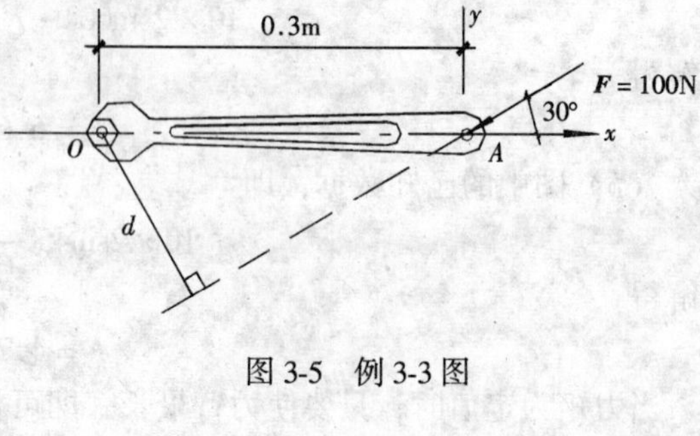

【解】 解法 1：按力矩的定义的方法计算：先求 O 点到力 F 作用线之间的垂直距离 d。

$$d = OA\sin\alpha = 0.3 \times \frac{1}{2} = 0.15\text{m}$$

图 3-5 例 3-3 图

再求力 F 对 O 点的力矩 $M_O(F)$

$$M_O(F) = -F \times d = -100 \times 0.3 \times \sin30° = -15 \text{ N·m}$$

解法 2：利用合力矩定理计算：先求出力 F 在 x 和 y 轴上的分力 $F_x = F\cos\alpha$，$F_y = F\sin\alpha$（取 OA 为 x 轴）。由合力矩定理得：

$$M_O(F) = M_O(F_x) + M_O(F_y)$$
$$= F_x \times 0 + F_y \times 0.3$$
$$= -100 \times \sin 30° \times 0.3$$
$$= -15\text{N·m}$$

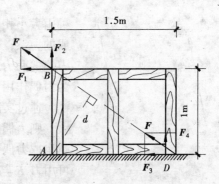

图 3-6 例 3-4 图

【例 3-4】 放在地面上的板条箱如图 3-6 所示，受到 $F = 120\text{N}$ 的力作用。试求该力对点 A 的矩：

(1) 根据力臂计算；

(2) 根据该力在作用于点 B 处的分力计算；

(3) 根据该力在作用线上其他某一适当点处的分力计算。

【解】 (1) 由式 (3-1) 可得

$$M_A(F) = F \times d = 120 \times 1.5 \times \frac{1}{\sqrt{1.5^2 + 1^2}} = 99.8\text{N·m}$$

(2) 将力 F 在点 B 分解为两分力 F_1 和 F_2，由式 (3-2) 可得

$$M_A(F) = M_A(F_1) + M_A(F_2) = F_1 \times 1 + F_2 \times 0 = 120 \times \frac{1.5}{\sqrt{1.5^2 + 1^2}} = 99.8\text{N·m}$$

(3) 将力 F 在点 D 分解为两分力 F_3 和 F_4，由式 (3-2) 可得

$$M_A(F) = M_A(F_3) + M_A(F_4) = F_3 \times 0 + F_4 \times 1.5 = 120 \times \frac{1.5}{\sqrt{1.5^2 + 1^2}} \times 1.5 = 99.8\text{N·m}$$

第二节 力偶及力偶的性质

一、力偶及力偶矩

在生活和生产实践中。我们常常遇见用一对等值、反向不共线的平行力使物体产生转动的现象。比如，汽车司机用双手转动方向盘驾驶汽车（图 3-7（a））；管工用丝锥攻螺纹（图 3-7（b））；人们用两个手指拧动水龙头、旋转钥匙开门等等。在方向盘、丝锥、水龙头、钥匙等物体上作用两个大小相等、方向相反、不共线的平行力，不能合成为一个力。该两力不共线，所以也不能平衡。事实上，这样的两个力能使物体产生转动效应。这

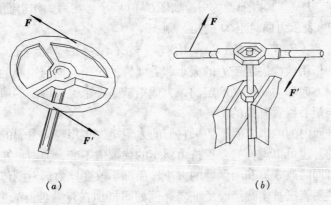

(a)   (b)

图 3-7 力偶的工程实例

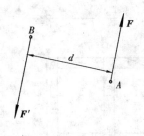

图 3-8 力偶示意图

种由大小相等、方向相反、作用线平行,但不共线的两个力组成的力系,称为力偶。如图 3-8 所示,用符号（F, F'）表示。力偶的两力之间的垂直距离 d 称为力偶臂,力偶所在的平面称为力偶作用面。

通过实践证明,当组成力偶的力 F 数值越大或力偶臂越大,则力偶对物体的转动效应就越强,当组成力偶的力 F 数值越小或力偶臂越小,则力偶对物体的转动效应也就越弱。因此,可用力 F 与力偶臂 d 的乘积——力偶矩来度量力偶对物体的转动效应,并用正负号来反映力偶的转向。写出力偶矩 m 的计算式如下:

$$m = \pm Fd \tag{3-3}$$

式中的正负号表示力偶的转向,通常规定:若力偶使物体作逆时针方向转动,则力偶矩为正;反之,为负。

二、力偶的性质

力偶与单个的力或其他的力系相比较具有不同的性质,现分述如下:

（1）力偶不能简化为一个合力:

力偶中的两个力大小相等,方向相反,作用线平行,如果求它们在任一轴上的投影,如图 3-9 所示,设力与 x 轴的夹角是 α,由图可得

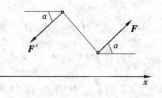

图 3-9 力偶投影示意图

$$\Sigma X = F\cos\alpha - F'\cos\alpha$$

由此可得:力偶在任一轴上的投影等于零。

既然力偶在轴上的投影为零,可见力偶对于物体不会产生移动效应,只产生转动效应。而一个力可以使物体产生移动和转动两种效应。力偶和力对物体作用的效应不同,说明力偶不能用一个力来代替,即力偶不能简化为一个力,因而力偶也不能和一个力平衡,力偶只能与力偶平衡。与力一样,力偶也是组成力系的一个基本元素。

（2）力偶对其作用面内任一点的矩都等于力偶矩,而与矩心位置无关。

由于力偶由两个力组成,它的作用是使物体产生转动效应,因此,力偶对物体的转动效应,可以用力偶的两个力对其作用面内某点的矩的代数和来度量。

设有力偶（F, F'）,其力偶臂为 d,如图 3-10 所示。在力偶作用面内任取一点 O 为矩心,以 $m_o(F, F')$ 表示力偶对点 O 的矩,则:

$$m_o(F, F') = M_o(F) + M_o(F') = F(d + h) - Fh = Fd$$

由此可知,力偶的作用效应决定于力的大小和力偶臂的长短,而与矩心的位置无关。只要力偶中力的大小、方向和力偶臂是确定的,力偶矩就是一个惟一确定的值。而一个力对物体的转动效应是与矩心位置有关的。

（3）在同一平面内的两个力偶,如果它们的力偶矩大小相等、力偶的转向相同,则这两个力偶是等效的。也可以说,只要保持力偶矩的代数值不变,力偶可在其作用面内任意移动和转动,或者同时改变力和力偶臂的大小,而都不改变原力偶对刚体的转动效应。

力偶的这一性质,已被实践经验所证实。例如司机加在驾驶盘上的力（图 3-11）,不管两手用力是 F_1、F_1' 或是 F_2、F_2',只要力的大小不变,此时力偶臂不变,因而力偶矩

相等，转动驾驶盘的效应就一样。又如图3-12中的力不论是哪一种，虽然所加力的大小和力偶臂不同，但它们的力偶矩相等，因此，它们对物体的转动效应是相同的。

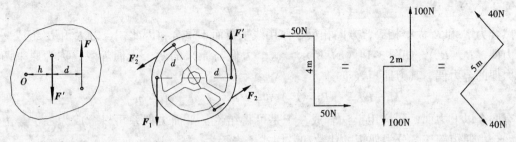

图3-10 力偶对平面内任意点的矩　　图3-11 力偶的等效示意图一　　图3-12 力偶的等效示意图二

从以上分析可知，力偶对于物体的转动效应完全取决于力偶矩的大小、力偶的转向及力偶作用面，这就是力偶的三要素。因此，力偶在其作用面内除可用两个力表示外，通常还可用带箭头的弧线来表示，如图3-13所示。其中箭头表示力偶的转向；m表示力偶矩的大小；弧线所在的平面表示力偶的作用面。

图3-13 力偶的表示方法

第三节　平面力偶系的合成和平衡条件

在物体的某一平面内同时作用有两个或两个以上的力偶时，这群力偶就称为平面力偶系。

一、平面力偶系的合成

设有两个力偶(F_1, F_1')，(F_2, F_2')作用在物体的同一平面内，其力偶矩分别为$m_1 = F_1 d_1$，$m_2 = -F_2 d_2$，如图3-14（a）所示。现求它们的合成结果。根据力偶的等效性质，将上述力偶进行变换，使它们具有相同的力偶臂。为此，在力偶作用面内任意取一线段$AB = d$，使各力偶的力偶臂都变换为d，得到等效力偶(P_1, P_1')，(P_2, P_2')，而力P_1和P_2的大小可由下列各式确定。

$$P_1 = \frac{m_1}{d}, \quad P_2 = \frac{m_2}{d}$$

再将变换后的各力偶在作用面内移动和转动，使它们的力偶臂都与AB重合，如图

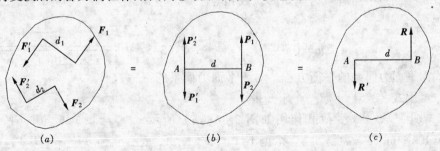

(a)　　　　　　(b)　　　　　　(c)

图3-14 平面力偶系的合成

3-14（b）所示。将作用在 A 点的两个共线力 P_1、P_2 和作用在 B 点的两个共线力 P_1'、P_2' 分别合成，可得合力 R 和 R'。设 $P_1 > P_2$，则合力的大小为

$$R = P_1 - P_2, \quad R' = P_1' - P_2'$$

显然合力 R 和 R' 大小相等，方向相反，作用线平行而不重合，因此，合力 R 和 R' 组成一个力偶（R，R'），如图 3-14（c）所示。这个力偶与原来的两个力偶等效，称为原来两个力偶的合力偶，其力偶矩等于

$$M = Rd = (P_1 - P_2)d = P_1 d - P_2 d = m_1 - m_2$$

若有两个以上力偶，同样用上法合成。于是可得结论：平面力偶系可以合成为一个合力偶，合力偶矩等于各分力偶矩的代数和。用式子表示为

$$M = m_1 + m_2 + \cdots + m_n = \Sigma m \tag{3-4}$$

【例 3-5】 如图 3-15 所示，在物体的某平面内受到三个力偶作用。$P_1 = 200\text{N}$，$P_2 = 600\text{N}$，$m = 100\text{N}\cdot\text{m}$，求其合成结果。

【解】 三个共面力偶合成的结果是一个合力偶。各分力偶矩为

$$m_1 = P_1 d_1 = 200 \times 1 = 200\text{N}\cdot\text{m}$$

$$m_2 = P_2 d_2 = 600 \times \frac{0.25}{\sin 30°} = 300\text{N}\cdot\text{m}$$

$$m_3 = -m = -100\text{N}\cdot\text{m}$$

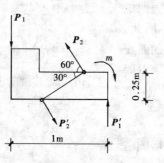

图 3-15 例 3-5 图

由式（3-4）得合力偶矩为

$$M = m_1 + m_2 + m_3 = \Sigma m = 200 + 300 - 100 = 400\text{N}\cdot\text{m}$$

即合力偶矩的大小等于 400N·m，转向为逆时针方向，与原力偶系共面。

二、平面力偶系的平衡条件

平面力偶系可合成为一个合力偶，当合力偶矩等于零时，则表示力偶系中各力偶对物体的转动效应相互抵消，物体处于平衡状态；反之，若合力偶矩不等于零，则物体必有转动效应而不平衡。所以，平面力偶系平衡的必要和充分条件是力偶系中所有各力偶矩的代数和等于零。用式子表示为：

$$\Sigma m = 0 \tag{3-5}$$

上式为平面力偶系的平衡方程。对于平面力偶系的平衡问题，可用式（3-5）求解一个未知量。

【例 3-6】 梁 AB 受荷载作用如图 3-16（a）所示，已知 $m = 10\text{kN}\cdot\text{m}$，$P = P' = 5\text{kN}$，梁重不计，求支座 A、B 处的反力。

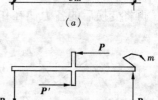

图 3-16 例 3-6 图

【解】 取梁 AB 为研究对象。作用在梁上的力有：两个已知力偶和支座 A、B 处的

反力 R_A、R_B。B 处为可动铰支座，R_B 的作用线沿铅垂方向。A 处为固定铰支座，R_A 的作用线本来未定，但因梁上的荷载只有力偶，根据力偶只能与力偶平衡的性质，可知 R_A 与 R_B 必组成一个力偶，所以 R_A 的作用线也应是铅垂的。假设 R_A 与 R_B 的指向如图 3-16（b）所示。由平面力偶系的平衡条件

$$\Sigma m = 0, \quad P \times 0.5 - m + R_A \times 5 = 0$$

得

$$R_A = \frac{m - 0.5P}{5} = \frac{10 - 0.5 \times 5}{5} = 1.5 \text{kN} (\downarrow)$$

所以

$$R_B = 1.5 \text{kN} (\uparrow)$$

【例 3-7】 多轴钻床在水平放置的工件上钻孔时（图 3-17），每个钻头对工件施加一压力和一力偶。已知：三个力偶的力偶矩分别为 $m_1 = m_2 = 10 \text{N} \cdot \text{m}$，$m_3 = 20 \text{N} \cdot \text{m}$，定位螺栓 A 和 B 之间的距离 $L = 200 \text{mm}$，试求两定位螺栓受的水平力。

【解】 选工件为研究对象，工件在水平面内受有三个力偶和两个定位螺栓的水平反力的作用而处于平衡。因为力偶只能与力偶平衡，故这两个螺栓的水平反力 N_A 和 N_B 必定组成一个力偶，且 $N_A = N_B$。由力偶系平衡条件得：

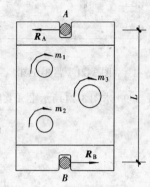

图 3-17 例 3-7 图

$$\Sigma m = 0, \quad N_A \times L - m_1 - m_2 - m_3 = 0$$

所以

$$N_A = \frac{m_1 + m_2 + m_3}{L} = \frac{10 + 10 + 20}{0.2} = 200 \text{N}$$

思 考 题 与 习 题

3-1 用手拔钉子拔不出来，为什么用钉锤一下子能拔出来？如图 3-18 所示，加在手柄上的力为 50N，问拔钉子的力有多大？

3-2 力偶不能和一个力平衡，为什么图 3-19 中的轮子又能平衡呢？

3-3 力偶（F_1、F_1'）作用在平面 Oxy 内，力偶（F_2、F_2'）作用在平面 Oyz 内，它们的力偶矩的大小相等，问两个力偶是否等效？

3-4 如图 3-20 所示的拉力试验机上的摆锤重 G，悬挂点 O 到摆锤重心 C 的距离为 L，摆锤在图示三位置时，问重力 G 对 O 点的力矩各为多少？

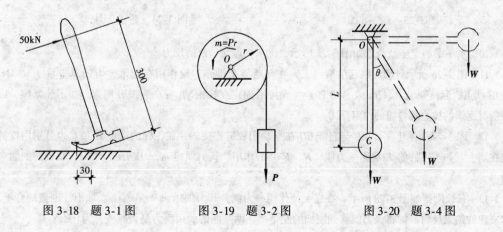

图 3-18 题 3-1 图   图 3-19 题 3-2 图   图 3-20 题 3-4 图

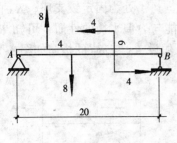

图 3-21 题 3-6 图

3-5 力矩与力偶有何区别?

3-6 图 3-21 中梁 AB 处于平衡,如何确定支座 A,B 处反力的方向?根据是什么?(图中力的单位为牛顿(N),长度单位为厘米(cm))。

3-7 计算 3-22 图中各力对 O 点之矩。

3-8 如图 3-23 中压路机滚子重 $G=20$kN,半径 $r=40$cm,今用水平力 P 拉滚子欲越过高 8cm 的石阶,问力 P 应至少多大?又若此拉力可取任意方向,问要使拉力为最小时,它与水平线的夹角应为多大?并求此拉力的最小值。

3-9 求图 3-24 所示梁 A 支座和 B 支座的反力。

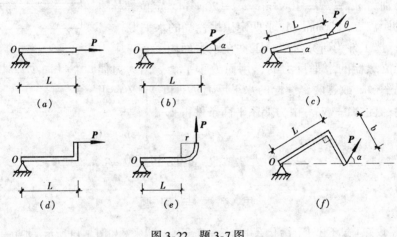

图 3-22 题 3-7 图

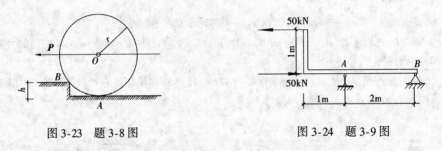

图 3-23 题 3-8 图   图 3-24 题 3-9 图

3-10 水平梁的支座及荷载如图 3-25 所示,试求支座 A、B 的反力。

3-11 图 3-26 所示自动焊机起落架。工人在起落架上操作,设作用在起落架上的总重量 $P=8$kN,重心在 O 点,起落架上 A、B、C 和 D 四个导轮可沿固定立柱滚动。EH 为提升钢索。如不计摩擦,试求平衡时钢索的拉力及导轮的约束反力。

3-12 图 3-27 所示丁字杆 AB 与直杆 CD 在点 D 用铰链连接,并在各杆的端点 A 和 C 也分别用铰链固定在墙上。如丁字杆的 B 端受一力偶（F,F'）的作用,其力偶矩 $m=1$kN·m。求 A、C 铰链的约束反力。

3-13 三铰刚架如图 3-28 所示,在它上面作用一力偶,其力偶矩 $m=50$kN·m。如不计刚架的自重,试求支座的约束反力。如将该力偶移到刚架的左半部,两支座的约束反力是否改变?为什么?

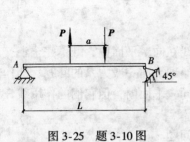

图 3-25 题 3-10 图

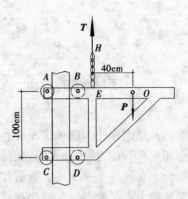

图 3-26 题 3-11 图

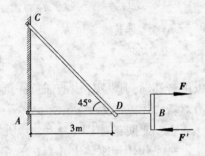

图 3-27 题 3-12 图

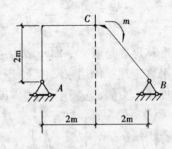

图 3-28 题 3-13 图

第四章 平面一般力系

平面一般力系是指作用于物体上所有各力的作用线在同一平面内，既不完全汇交于一点，也不完全相互平行的力系。在工程实际中，经常遇到平面一般力系的问题，即作用在物体上的力都分布在同一个平面内，或近似地分布在同一平面内，但它们的作用线任意分布，所以平面一般力系又称平面任意力系。

本章主要讨论平面一般力系的简化、合成和平衡问题。

第一节 力的平移定理

力的平移定理是研究平面一般力系的理论基础。

力的平移定理：作用在刚体上任一点的力可以平行移动到该刚体内的任意一点，但必须同时附加一个力偶，这个附加力偶的矩等于原力对新作用点的力矩。

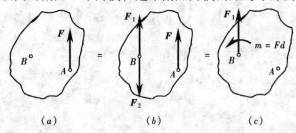

图 4-1 力的平移定理

证明：如图 4-1（a）所示，设 F 是作用于刚体上 A 点的一个力。B 点是力作用面内的任意一点，在 B 点加上两个等值反方向的力 F_1 和 F_2，它们与力 F 平行，且 $F = F_1 = -F_2$，如图 4-1（b）所示。显然，三个力 F、F_1、F_2 组成的新力系与原来的一个力 F 等效。但是这三个力可看作是一个作用在点 B 的力 F_1 和一个力偶（F，F_2）。这样一来，原来作用在点 A 的力 F，现在被一个作用在点 B 的力 F_1 和一个力偶（F，F_2）等效替换。也就是说，可以把作用于点 A 的力平移到另一点 B，但必须同时附加上一个相应的力偶，这个力偶就是附加力偶，如图 4-1（c）所示。显然，附加力偶的矩为

$$m = Fd$$

其中 d 为附加力偶的力偶臂。由图可见，d 就是点 B 到力 F 的作用线的垂直距离，因此 Fd 也等于力 F 对点 B 的矩，即

$$M_B(F) = Fd$$

因此得证

$$m = M_B(F)$$

力的平移定理不仅是力系向一点简化的依据，而且可以用来解释一些实际问题。例如，攻丝时，必须用两手握扳手，而且用力要相等。为什么不允许用一只手扳动扳手呢（图 4-2（a））？

因为作用在扳手 AB 一端的力 F，与作用在点 C 的一个力 F' 和一个为 m 的力偶矩

(图4-2（b））等效。这个力偶使丝锥转动,而这个力 F' 却往往是折断丝锥的主要原因。

此外,根据力的平移定理可知,在平面内的一个力和一个力偶,可以用一个力来等效替换。

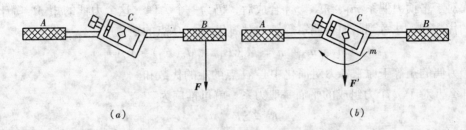

图4-2 力的平移定理在实际中的应用

第二节 平面一般力系向作用面内任一点的简化

我们应用力的平移定理可以对作用于刚体上的平面一般力系进行简化。

一、简化方法和结果

设刚体受一个平面一般力系作用,我们采用向一点简化的方法简化这个力系。为了具体说明力系向一点简化的方法和结果,我们设想只有三个力 F_1、F_2、F_3 作用在刚体上,如图4-3（a）所示,在平面内任取一点 O 作为简化中心;应用力的平移定理,把每个力都平移到简化中心 O 点。这样,得到作用于 O 点的力 F'_1、F'_2、F'_3,以及相应的附加力偶,其力偶矩分别为 m_1、m_2、m_3,如图4-3（b）所示。这些力偶作用在同一平面内,它们分别等于力 F_1、F_2、F_3 对简化中心点 O 的矩,即:

$$m_1 = M_o(F_1)$$
$$m_2 = M_o(F_2)$$
$$m_3 = M_o(F_3)$$

这样,平面一般力系就简化为平面汇交力系和平面力偶系。然后,再分别对这两个力系进行合成。

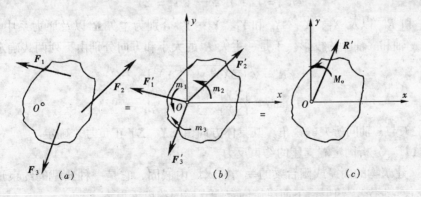

图4-3 平面一般力系向作用面内任意一点的简化

作用于 O 点的平面汇交力系 F'_1、F'_2、F'_3 可按力的多边形法则合成为一个作用于 O

点的力 R'，R' 等于 F'_1、F'_2、F'_3 的矢量和，如图4-3（c）所示。因为，作用于 O 点的 F'_1、F'_2、F'_3 由力的平移定理可知其大小及方向与原力系的 F_1、F_2、F_3 相同，所以

$$R' = F_1 + F_2 + F_3$$

而对于平面力偶系 m_1、m_2、m_3 合成后，仍为一个力偶，这个力偶的矩 M_o 等于各力偶矩的代数和。注意到附加力偶矩等于力对简化中心 O 点的矩，所以

$$M_o = m_1 + m_2 + m_3 = M_o(F_1) + M_o(F_2) + M_o(F_3)$$

即这个力偶的矩等于原来各力对简化中心 O 点的矩的代数和。

那么，对 n 个力组成的平面一般力系，就可推广为

$$R' = \Sigma F \tag{4-1}$$

$$M_o = \Sigma M_o(F) \tag{4-2}$$

二、主矢和主矩

平面一般力系中所有各力的矢量和 R'，称为该力系的主矢；而这些力对于任选的简化中心 O 点的矩的代数和 M_o，称为该力系对于简化中心的主矩。因此，上面所得的结果可以陈述如下：

在一般情形下，平面一般力系向作用面内任选一点 O 简化，可以得到一个力和一个力偶，这个力等于该力系的主矢

$$R' = \Sigma F$$

作用在简化中心 O 点。这个力偶的力偶矩等于该力系对于简化中心 O 点的主矩

$$M_o = \Sigma M_o(F)$$

由于主矢等于各力的矢量和，所以，它与简化中心的选择无关。而主矩等于各力对简化中心的矩的代数和，取不同的点为简化中心，各力的力臂将有改变，则各力对简化中心的矩也有改变，所以在一般情况下主矩与简化中心位置的选择有关。以后如果说到主矩时，必须指出是力系对于哪一点的主矩。

为了求出力系的主矢 R' 的大小和方向，可以应用解析法。通过 O 点选取坐标系，如图4-3（b）所示，则有：

$$R'_x = X_1 + X_2 + \cdots + X_n = \Sigma X$$
$$R'_y = Y_1 + Y_2 + \cdots + Y_n = \Sigma Y$$

上式中 R'_x 和 R'_y 以及 X_1、$X_2 \cdots X_n$ 和 Y_1、$Y_2 \cdots Y_n$ 分别为主矢 R' 以及原力系中各力 F_1、$F_2 \cdots F_n$ 在 x 轴和 y 轴上的投影。于是，主矢 R' 的大小和方向分别由下列两式确定：

$$\left. \begin{array}{l} R' = \sqrt{(\Sigma X)^2 + (\Sigma Y)^2} \\ \tan\alpha = \dfrac{|\Sigma Y|}{|\Sigma X|} \end{array} \right\} \tag{4-3}$$

其中 α 为主矢与 x 轴间所夹的锐角。其具体方向由 ΣX、ΣY 正负号来确定。

【例4-1】 分析固定端支座的约束反力。

【解】 建筑物的雨篷或阳台梁的一端插入墙内嵌固，它是一种典型的约束形式，称为固定端支座或固定端约束。下面讨论固定端支座的约束反力。

一端嵌固的梁如图4-4（a）所示。当 AC 端完全被固定时，在 AC 段将会提供足够的反力与作用于梁 AB 上的主动力平衡。一般情况下，AC 端所受的力是分布力，可以看成

是平面一般力系,如果将这些力向梁端 A 点的简化中心处简化。将得到一个力 R_A 和一个力偶 m_A。R_A 便是反力系向 A 点简化的主矢,m_A 便是主矩。如图4-4(b)所示。因此在

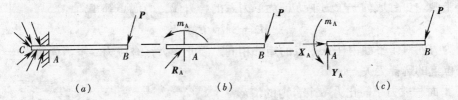

图 4-4 固定端支座约束反力示意图

受力分析中,我们通常认为固定端支座的约束反力为作用于梁端的一个约束力和一个约束力偶,因为约束力的方向未知,所以也可以将约束力看成水平方向和竖直方向的两个力(图4-4(c))。

工程中,固定端支座是一种常见的约束,除前面提到的雨篷或阳台梁外,还有地基中的电线杆等。

【例 4-2】 将图示 4-5 平面一般力系向 O 点简化。已知 $P_1 = 150\text{N}$、$P_2 = 200\text{N}$、$P_3 = 300\text{N}$,力偶的力偶臂 $d = 8\text{cm}$,力偶的力 $F = 200\text{N}$。

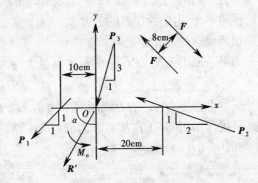

图 4-5 例 4-2 图

【解】 (1)求主矢 R'

$$\Sigma X = -150 \times \frac{\sqrt{2}}{2} - 200 \times \frac{2\sqrt{5}}{5} - 300 \times \frac{\sqrt{10}}{10} = -379.82\text{N}$$

$$\Sigma Y = -150 \times \frac{\sqrt{2}}{2} + 200 \times \frac{\sqrt{5}}{5} - 300 \times \frac{3\sqrt{10}}{10} = -301.23\text{N}$$

$$R' = \sqrt{(\Sigma X)^2 + (\Sigma Y)^2} = \sqrt{(-379.82)^2 + (-301.23)^2} = 484.77\text{N}$$

$$\tan\alpha = \frac{|\Sigma Y|}{|\Sigma X|} = \frac{|-301.23|}{|-379.82|} = 0.793$$

$$\alpha = 38.42°$$

(2) 求主矩 M_O

$$M_O = \Sigma M_O(F) = 150 \times \frac{\sqrt{2}}{2} \times 0.1 + 200 \times \frac{\sqrt{5}}{5} \times 0.2 - 200 \times 0.08 = 12.50\text{N·m}\ (\curvearrowleft)$$

主矢和主矩示于图4-5中。

三、简化结果讨论

平面一般力系向作用面内任一点简化的结果,可能有四种情况,即:(1) $R' = 0$,$M_O \neq 0$;(2) $R' \neq 0$,$M_O = 0$;(3) $R' \neq 0$,$M_O \neq 0$;(4) $R' = 0$,$M_O = 0$。下面对这几种情况作进一步的分析讨论。

1. 平面一般力系简化为一个力偶的情形

如果力系的主矢等于零,而力系对于简化中心的主矩不等于零,即

$$R' = 0, \quad M_o \neq 0$$

在这种情形下，说明作用于简化中心 O 点的平面汇交力系平衡。但是，附加的力偶系并不平衡，可合成为一个力偶，即为原力系的合力偶，力偶矩等于

$$M_o = \Sigma M_o(F)$$

因为力偶对于平面内任意一点的矩都相同，因此当力系合成为一个力偶时，主矩与简化中心位置的选择无关。

2. 平面一般力系简化为一个合力的情形

如果平面力系向 O 点简化的结果为，主矢不等于零，主矩等于零，即

$$R' \neq 0, \quad M_o = 0$$

说明一个作用在 O 点的力 R 与原力系等效。显然，R' 就是这个力系的合力 R，合力 R 的作用线通过简化中心 O 点。

如果平面力系向 O 点简化的结果是主矢和主矩都不等于零，如图 4-6（a）所示，即

$$R' \neq 0, \quad M_o \neq 0$$

现将力偶矩为 M_o 的力偶用两个力 R_1 和 R_2 表示，并令 $R_1 = R' = -R_2$（图 4-6(b)）。于是可将作用于 O 点的力 R' 和力偶（R_1，R_2）合成为一个作用在 O' 点的力 R_1，而 $R' = R$，如图 4-6（c）所示。

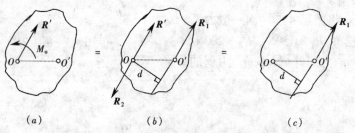

图 4-6 平面一般力系最后的简化结果

这个力 R_1 就是原力系的合力。合力的大小等于主矢；合力的作用线在 O 点的哪一侧，需根据主矢和主矩的方向确定；合力作用线到点 O 的距离 d，可按下式求得：

$$d = \frac{|M_o|}{R'}$$

因为

$$M_o = m(R_1, R_2) = R_1 d = R d$$

3. 平面一般力系平衡的情形

在平面一般力系向其作用面内任一点 O 简化，得到主矢和主矩均为零时，即 $R = 0$，$M_o = 0$，则此平面一般力系为平衡力系。这种情况将在下节详细讨论。

四、平面一般力系的合力矩定理

下面证明，平面任意力系的合力矩定理。

由图 4-6（b）易见，合力 R_1 对点 O 的矩为

$$M_o(R_1) = R_1 d = M_o$$

由力系向一点简化的理论可知，分力（即原力系的各力）对点 O 的矩的代数和等于主矩，即

$$\sum M_\text{o}(F) = M_\text{o}$$

所以
$$M_\text{o}(R) = \sum M_\text{o}(F) \tag{4-4}$$

由于简化中心 O 点是任意选取的,故上式有普遍意义,可叙述如下:平面任意力系的合力对作用面内任一点的矩等于力系中各力对同一点的矩的代数和。这就是合力矩定理。

【例 4-3】 重力坝受力情形如图 4-7 (a) 所示。设 $W_1 = 450 \text{kN}$,$W_2 = 200 \text{kN}$,$P_1 = 300 \text{kN}$,$P_2 = 70 \text{kN}$,$\alpha = 16.6°$。求力系的合力 $\boldsymbol{R}'$ 的大小和方向,以及合力与基线 OA 交点到点 O 的距离 x。

【解】 (1) 先将力系向 O 点简化,求得其主矢 $\boldsymbol{R}'$ 和主矩 M_o(图 4-7 (b))。主矢 $\boldsymbol{R}'$ 在 x、y 轴上的投影为:
$$R'_x = \sum X = P_1 - P_2 \cos\alpha = 232.9 \text{kN}$$
$$R'_y = \sum Y = -W_1 - W_2 - P_2 \cos\alpha = -670 \text{kN}$$

主矢 $\boldsymbol{R}'$ 的大小为:
$$R' = \sqrt{(\sum X)^2 + (\sum Y)^2} = 709.33 \text{kN}$$

主矢 $\boldsymbol{R}'$ 的方向为:
$$\tan\theta = \frac{|\sum Y|}{|\sum X|} = \frac{|-670|}{|232.9|} = 2.877, \quad \theta = 70.83°$$

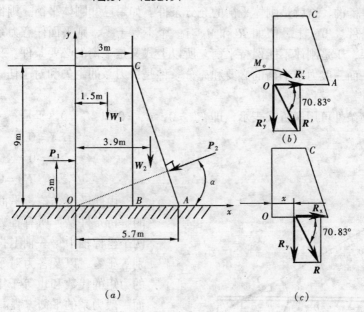

图 4-7 例 4-3 图

对 O 点的主矩为:
$$M_\text{o} = \sum M_\text{o}(F) = -3P_1 - 1.5W_1 - 3.9W_2 = -2355 \text{kN·m}$$

(2) 合力的大小和方向与主矢相同。其作用线位置的值可根据合力矩定理求得(图 4-7 (c))。即
$$M_\text{o} = M_\text{o}(R) = M_\text{o}(R_x) + M_\text{o}(R_y)$$

其中
$$M_o(\mathbf{R}_x) = 0$$

所以
$$M_o = M_o(\mathbf{R}_y) = R_y \cdot x$$

解得
$$x = \frac{|M_o|}{R_y} = 3.5\text{m}$$

第三节 平面一般力系的平衡条件及其应用

现在讨论静力学中最重要的情况，即平面一般力系的主矢和主矩都等于零的情况：
$$\mathbf{R}' = 0$$
$$M_o = 0$$

一、平面一般力系的平衡条件

1. 平面一般力系平衡方程的基本形式

很显然，由 $\mathbf{R}' = 0$ 可知，作用于简化中心 O 点的力系 $\mathbf{F}_1$、$\mathbf{F}_2 \cdots \mathbf{F}_n$ 平衡。又由 $M_o' = 0$ 可知，附加力偶系也平衡。所以，$\mathbf{R}' = 0$，$M_o = 0$，说明了在这样的平面一般力系作用下，刚体是处于平衡的，这就是刚体平衡的充分条件。如果已知刚体平衡，则作用力应当满足上式的两个条件。事实上，假如 $\mathbf{R}'$ 和 M_o 有一个不等于零，则平面任意力系就可以简化为合力或合力偶，于是刚体不能保持平衡。所以上式又是平衡的必要条件。

于是，平面一般力系平衡的必要和充分条件是：力系的主矢和对于任一点的主矩都等于零。

这些平衡条件可用解析式表示，即 $R'_x = 0$、$R'_y = 0$ 和 $M_o = 0$，于是：

$$\left. \begin{array}{l} \Sigma X = 0 \\ \Sigma Y = 0 \\ \Sigma M_o(\mathbf{F}) = 0 \end{array} \right\} \quad (4-5)$$

由此可得结论，平面一般力系平衡的解析条件是：所有各力在任意选取的两个坐标轴中每一轴上投影的代数和分别等于零，以及各力对平面内任意一点的力矩的代数和也等于零。上式称为平面一般力系的平衡方程。

上式有三个方程，只能求解三个未知量。

现举例说明求解平面一般力系平衡问题的方法和主要步骤。

【例 4-4】 起重机的水平梁 AB，A 端以铰链固定，B 端用拉杆 BC 拉住，如图 4-8 所示。梁重 $P = 6$kN，荷载重

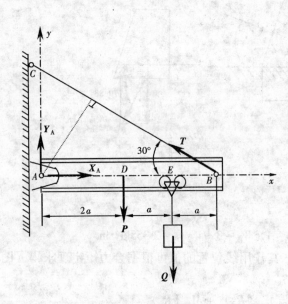

图 4-8 例 4-4 图

$Q = 15\text{kN}$。梁的尺寸如图所示。试求拉杆的拉力和铰链 A 的约束反力。

【解】 (1) 选取梁 AB 与重物一起为研究对象。

(2) 画受力图。在梁上除了受已知力 P 和 Q 作用外，还受未知力：拉杆拉力 T 和铰链的约束反力 R_A 作用。因杆 BC 为二力杆，故拉力 T 沿连线 BC 方向；力 R_A 的方向未知，故分解为两个分力 X_A 和 Y_A。这些力的作用线可近似认为分布在同一平面内。

(3) 列平衡方程。由于梁处于平衡，因此这些力必然满足平面一般力系的平衡方程。取坐标轴如图所示，应用平面一般力系的平衡方程，得：

$$\Sigma X = 0 \quad X_A - T\cos 30° = 0$$
$$\Sigma Y = 0 \quad Y_A + T\sin 30° - P - Q = 0$$
$$\Sigma M_A(F) = 0 \quad T \cdot AB \cdot \sin 30° - P \cdot AD - Q \cdot AE = 0$$

(4) 解联立方程。解得

$$T = 28.5\text{kN} \ (\nwarrow)$$
$$X_A = 24.7\text{kN} \ (\rightarrow)$$
$$Y_A = 6.75\text{kN} \ (\uparrow)$$

求出结果为正的，说明假设反力的指向与实际方向相同。

【例 4-5】 起重机重 $P = 10\text{kN}$，可绕铅直轴转动；起重机的挂钩上挂一重为 $Q = 40\text{kN}$ 的重物，如图 4-9 所示。起重机的重心 C 到转动轴的距离为 1.5m，其他尺寸如图所示。求在止推轴承 A 和轴承 B 处的反作用力。

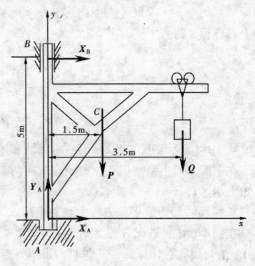

图 4-9 例 4-5 图

【解】 (1) 以起重机为研究对象。

(2) 在止推轴承 A 中只有两个反力：铅直反力 X_A 和水平反力 Y_A 在轴承 B 中只有一个与转动轴垂直的反力 F_B，其方向设为向右。

(3) 取坐标系如图 4-9 所示，应用平面一般力系的平衡方程，得：

$$\Sigma X = 0 \quad X_A + X_B = 0$$
$$\Sigma Y = 0 \quad Y_A - P - Q = 0$$
$$\Sigma M_A(F) = 0 \quad -X_B \times 5 - P \times 1.5 - Q \times 3.5 = 0$$

由此可得：

$$Y_A = P + Q = 50\text{kN} \ (\uparrow)$$
$$X_B = -0.3P - 0.7Q = -31\text{kN} \ (\leftarrow)$$
$$X_A = -X_B = 31\text{kN} \ (\rightarrow)$$

X_B 为负值，说明它的方向与假设的方向相反，即应指向左。

【例 4-6】 图 4-10 所示的水平横梁 AB，在 A 端用铰链固定，在 B 端为一可动铰支座。梁的长为 $4a$，梁重 P，重心在梁的中点 C。在梁的 AC 段上受均布荷载 q 作用，在梁的 BC 段上受力偶作用，力偶矩 $M = Pa$。试求 A 和 B 处的支座反力。

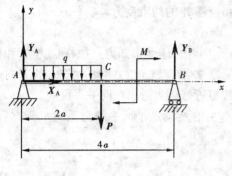

图 4-10 例 4-6 图

【解】 选梁 AB 为研究对象。它所受的主动力有：均布荷载 q，重力 P 和力偶矩为 M 的力偶。它所受的约束反力有：铰链 A 的约束反力，通过点 A，但方向不定，故用两个分力 X_A 和 Y_A 代替；可动支座处 B 的约束反力 Y_B，铅直向上。

取坐标系如图 4-10 所示，列出平衡方程，得：

$$\Sigma X = 0 \quad X_A = 0$$
$$\Sigma Y = 0 \quad Y_A - q \times 2a - P + F_B = 0$$
$$\Sigma M_A(F) = 0 \quad Y_B \times 4a - M - P \times 2a - q \times 2a \times a = 0$$

由上列方程，得：

$$X_A = 0$$
$$Y_A = \frac{P}{4} + \frac{3}{2}qa \quad (\uparrow)$$
$$Y_B = \frac{3}{4}P + \frac{1}{2}qa \quad (\uparrow)$$

从上述例题可见，选取适当的坐标轴和矩心，可以减少每个平衡方程中的未知量的数目。在平面一般力系情形下，力矩应取在两未知力的交点上，而坐标轴应当与尽可能多的未知力相垂直。

2. 平面一般力系平衡方程的二力矩形式

在例 4-6 中，若以方程 $\Sigma m_B(F) = 0$ 来取代方程 $\Sigma Y = 0$，可以不解联立方程直接求得 Y_A 值。因此在计算某些问题时，采用力矩方程往往比投影方程简便。下面介绍平面一般力系平衡方程的其他两种形式。

三个平衡方程中有一个投影方程和两个力矩方程，即：

$$\left.\begin{array}{l}\Sigma X = 0 \\ \Sigma M_A(F) = 0 \\ \Sigma M_B(F) = 0\end{array}\right\} \quad (4-6)$$

其中 A、B 两点的连线 AB 不能与 x 轴垂直。

为什么上述形式的平衡方程也能满足力系平衡的必要和充分条件呢？这是因为，如果力系对点 A 的主矩等于零，则这个力系不可能简化为一个力偶；但可能有两种情形：这个力系或者是简化为经过点 A 的一个力，或者平衡。如果力系对另一点 B 的主矩也同时为零，则这个力系或有一合力沿 A、B 两点的连线，或者平衡（图 4-11）。如果再加上 $\Sigma X = 0$，那么力系如果有合力，则此合力必与 x 轴垂直。因此上式的附加条件（即边线 AB 不能与 x 轴垂直）完全排除了力系简化为一个合力的可能性，故所研究的力系必为平衡力系。

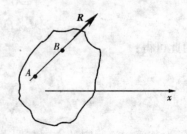

图 4-11 二矩式附加条件示意图

3. 平面一般力系平衡方程的三力矩形式

同理,也可写出三个力矩的平衡方程,即:

$$\left.\begin{array}{l}\sum M_A(F) = 0 \\ \sum M_B(F) = 0 \\ \sum M_C(F) = 0\end{array}\right\} \quad (4-7)$$

其中 A、B、C 三点不能共线。为什么必须有这个附加条件,读者可自行证明。

上述三组方程都可以用来解决平面一般力系平衡问题。究竟选取哪一组方程,需根据具体条件确定。对于受平面一般力系作用的单个刚体的平衡问题,只可以写出三个独立的平衡方程,求解三个未知量。任何第四个方程都是前三个方程的线性组合,因而不是独立的。我们可以利用这个方程来校核计算的结果。

二、平面平行力系的平衡方程

平面平行力系是平面一般力系的一种特殊情形。

如图 4-12 所示,设物体受平面平行力系 F_1、$F_2 \cdots F_n$ 的作用。如选取 x 轴与各力垂直,则不论力是否平衡,每一个力在 x 轴上投影恒等于零,即 $\sum X \equiv 0$。于是,平行力系的独立平衡方程的数目只有两个,即:

$$\left.\begin{array}{l}\sum Y = 0 \\ \sum M_o(F) = 0\end{array}\right\} \quad (4-8)$$

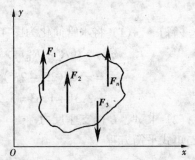

图 4-12 平面平行力系示意图

平面平行力系的平衡方程,也可写出两个力矩方程的形式,即:

$$\left.\begin{array}{l}\sum M_A(F) = 0 \\ \sum M_B(F) = 0\end{array}\right\} \quad (4-9)$$

其中 A、B 两点的连线必须不与各力平行。

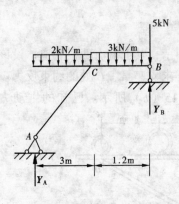

图 4-13 例 4-7 图

【**例 4-7**】 如图 4-13 所示,均布荷载沿水平方向分布,求此梁支座 A 和 B 处的支反力。

【**解**】 取整体 ABC 为研究对象。受力分析如图 4-13 所示,此梁受平面平行力系作用,列出平衡方程如下:

$\sum Y = 0 \quad Y_A + Y_B - 2 \times 3 - 3 \times 1.2 - 5 = 0$,

$\sum M_A = 0$

$Y_B \times (3 + 1.2) - 2 \times 3 \times 1.5 - 3 \times 1.2 \times 3.6 - 5 \times 4.2 = 0$

由上面两个方程联立求解,得:

$$Y_A = 4.37 \text{kN} (\uparrow)$$
$$Y_B = 10.23 \text{kN} (\uparrow)$$

【**例 4-8**】 图 4-14 所示一外径 $R = 25$cm,内径 $R_1 = 23$cm,跨度 $l = 12$m 的架空给水铸铁管,两端搁在支座上,管中充满水。铸铁的重度 $\gamma = 76.5$kN/m³,水的重度 $\gamma' = 9.8$kN/m³。试求 A、B 两支座反力。

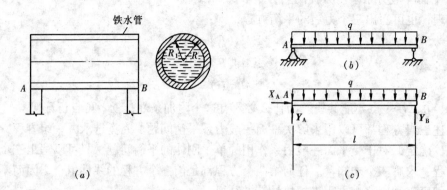

图 4-14 例 4-8 图

【解】 (1) 将水管简化为图 4-14 (b) 所示的简支梁。均布荷载集度为

$$q = \pi(R^2 - R_1^2)\gamma + \pi R_1^2 \gamma'$$
$$= \pi \times (25^2 - 23^2) \times 10^{-4} \times 76.5 + \pi \times 23^2 \times 10^{-4} \times 9.8$$
$$= 2.31 + 1.63 = 3.94 \text{kN/m}$$

(2) 求 A、B 两支座反力

由二矩式平衡方程

$$\Sigma X = 0 \quad X_A = 0$$

$$\Sigma M_A = 0 \quad Y_B \times l - ql \cdot \frac{l}{2} = 0$$

$$\Sigma M_B = 0 \quad -Y_A \times l + ql \cdot \frac{l}{2} = 0$$

得

$$X_A = 0$$

$$Y_A = \frac{ql}{2} = \frac{3.94 \times 12}{2} = 23.64 \text{kN} (\uparrow)$$

$$Y_B = \frac{ql}{2} = 23.64 \text{kN} (\uparrow)$$

【例 4-9】 图 4-15 (a) 所示为一管道支架，尺寸如图示，其上搁有两根管道，设该支架所承受的管重 $G_1 = 12$kN，$G_2 = 7$kN，且支架自重不计。求支座 A、C 处的约束反力。

【解】 取管道支架整体为研究对象，其受力如图 4-15 (b) 所示。已知的主动力

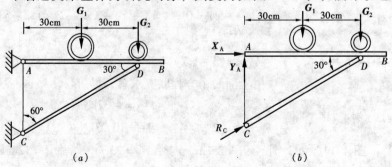

图 4-15 例 4-9 图

G_1、G_2 和未知的约束反力 X_A、Y_A、R_C 组成一平面一般力系，且每两个未知力的作用线分别交于 A、C、D 三点，故应用平面一般力系的三矩式平衡方程求解。

分别以 A、C、D 三点为矩心，列平衡方程

$$\Sigma M_A(F) = 0 \quad R_C \times 60\sin 30° - G_1 \times 30 - G_2 \times 60 = 0$$

$$\Sigma M_C(F) = 0 \quad -X_A \times 60\tan 30° - G_1 \times 30 - G_2 \times 60 = 0$$

$$\Sigma M_D(F) = 0 \quad -Y_A \times 60 + G_1 \times 30 = 0$$

解得未知力 X_A、Y_A、R_C 的大小为

$$R_C = 26\text{kN} (\nearrow) \quad X_A = -22.5\text{kN} (\leftarrow) \quad Y_A = 6\text{kN} (\uparrow)$$

计算结果 X_A 为负值，说明 X_A 的实际方向与假设方向相反。Y_A、R_C 为正值，说明 Y_A、R_C 与假设方向相同。

第四节 物体系统的平衡

在工程实际中，如组合构架、三铰拱等结构，都是由几个物体组成的系统。当物体系统平衡时，组成该系统的每一个物体都处于平衡状态，因此对于每一个受平面一般力系作用的物体，均可写出三个平衡方程。如物体系统由 n 个物体组成，则共有 $3n$ 个独立方程。如系统中有的物体受平面汇交力系或平面平行力系作用时，则系统的平衡方程数目相应减少。当系统中的未知量数目等于独立平衡方程的数目时，则所有未知量都能由平衡方程求出，这样的问题称为静定问题。显然前面列举的各例都是静定问题。在工程实际中，有时为了提高结构的刚度和坚固性，常常增加多余的约束，因而使这些结构的未知量的数目多于平衡方程的数目，未知量就不能全部由平衡方程求出，这样的问题称为静不定问题或超静定问题。本书只研究静定问题。

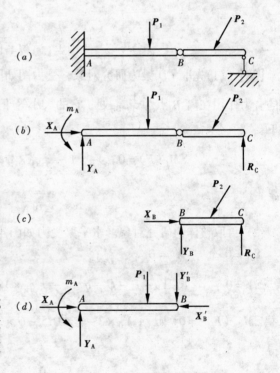

图 4-16 物体系统平衡

求解物体系统的平衡问题，关健在于将系统的内力转化为外力，恰当地选取研究对象，正确地选取投影轴和矩心，列出的适当的平衡方程。总的原则是：尽可能地减少每一个平衡方程中的未知量，最好是只含有一个未知量，以避免求解联立方程。例如，对于图 4-16 所示的连续梁，就适合于先取附属 BC 部分作为研究对象，列出平衡方程，解出部分未知量；再从系统中选取基本部分或整个系统作为研究对象，列出另外的平衡方程，以至求出所有的未知量为止。

【例 4-10】 如图 4-17（a）所示，水平梁由 AC 和 CD 两部分组成，它们在 C 处用铰链相连。梁的 A 端固定在墙上，在 B 处受可动铰支座支持。已知：$Q = 10\text{kN}$，$P = 20\text{kN}$，均布荷载 $q = 5\text{kN/m}$，梁的 BD 段受线性分布荷载，在 D 端为零，在 B 处达最大值 $q_0 = 6\text{kN/m}$。试求 A 和 B 处的约束反力。

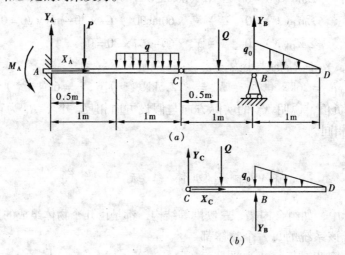

图 4-17 例 4-10 图

【解】 (1) 先取 CD 梁为研究对象，受力图如图 4-17（b）所示，注意到三角形分布荷载的合力作用在离 B 点为 $\frac{1}{3}l_{BD}$ 处，它的大小等于三角形的面积，即 $\frac{1}{2}q_0 \times 1$。列平衡方程如下：

$$\Sigma M_C(F) = 0 \quad Y_B \times 1 - \frac{1}{2}q_0 \times 1 \times \left(1 + \frac{1}{3}\right) - Q \times 0.5 = 0$$

解得

$$Y_B = 9\text{kN} \ (\uparrow)$$

(2) 再取整体为研究对象。水平梁受力如图 4-17（a）所示。列平衡方程如下：

$\Sigma X = 0 \quad X_A = 0$

$\Sigma Y = 0 \quad Y_A + Y_B - P - Q - q \times 1 - \frac{1}{2}q_0 \times 1 = 0$

$\Sigma M_A(F) = 0 \quad M_A + Y_B \times 3 - P \times 0.5 - Q \times 2.5 - q \times 1 \times 1.5 - \frac{1}{2}q_0 \times 1 \times \left(3 + \frac{1}{3}\right) = 0$

解得：

$$X_A = 0$$
$$Y_A = 29\text{kN} \ (\uparrow)$$
$$M_A = 25.5\text{kN} \cdot \text{m} \ (\curvearrowright)$$

【例 4-11】 结构受力如图 4-18（a）所示。试求 CD 和 EF 杆所受的力。已知 $a = 2\text{m}$。

【解】 CD 和 EF 杆均为二力杆，其约束反力均通过杆的中心线，或者受拉或者受压。既然题目只要求计算这两个未知力，我们选择研究对象和方程式时应尽量避免出现其他未知力。因此,不宜选择整体作为研究对象,因为那样涉及不到待求的未知力。现在分别取 AE 杆和 DB 杆作为研究对象,使待求的未知力 S_1、S_2 成为作用于研究对象上的外力,选择合适的平衡方程,这样就可以很方便地求出 CD 杆和 EF 杆所受的力。具体做法如下:

(1) 以 DB 杆为研究对象,画出受力图 4-18 (b) 所示,图中分别为 CD 杆和 EF 杆对 DB 的作用力,并假设杆件受拉。以 E 点为矩心,写出平衡方程

$$\Sigma M_B(F) = 0 \quad -4S_1 - 2S_2 = 0$$

得: $S_2 = -2S_1$

(2) 以 AE 杆为研究对象,受力如图 4-18 (c)。以 A 点为矩心,写出平衡方程

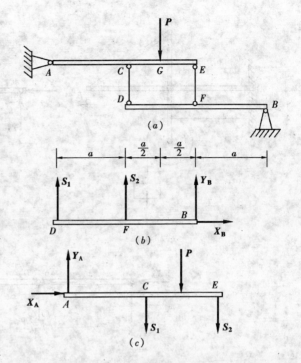

图 4-18 例 4-11 图

$$\Sigma M_A(F) = 0 \quad -2S_1 - 3P - 4S_2 = 0$$

上两式联立求解得:

$$S_1 = \frac{P}{2} \quad S_2 = -P$$

S_1 为正值,说明 CD 杆受拉;S_2 为负值,说明 EF 杆受压。

【例 4-12】 物体重 $G = 12\text{kN}$,由滑轮构架支承如图 4-19 (a) 所示,若 $AD = DB = 1\text{m}$,$CD = DE = 0.75\text{m}$,不计杆和滑轮自重及各处摩擦力。试求 A、B 处的支座反力以及 BC 杆所受的力。

【解】 (1) 首先考虑求 A、B 处的支座反力。此时可将支架与滑轮一起作为研究对象,使大多数未知力转化成内力,研究对象上所受的未知外力小于等于相应的平衡方程的数目。其受力分析如图 4-19 (b) 所示。其中 T_1、T_2 为绳子的拉力。当系统平衡时,显然:

$T_1 = T_2 = G$

$\Sigma X = 0 \quad X_A - T_1 = 0$

$\Sigma Y = 0 \quad -T_2 + Y_A + Y_B = 0$

$\Sigma M_A = 0 \quad -T_1(DE - r) - T_2(AD + r) + Y_B \cdot AB = 0$

由上可得:

$X_A = T_1 = 12\text{kN} \ (\rightarrow)$

$Y_B = \dfrac{T_1(DE - r) + T_2(AD + r)}{AB} = \dfrac{12 \times 1.75}{2} = 10.5\text{kN} \ (\uparrow)$

$Y_A = T_2 - F_B = 12 - 10.5 = 1.5\text{kN} \ (\uparrow)$

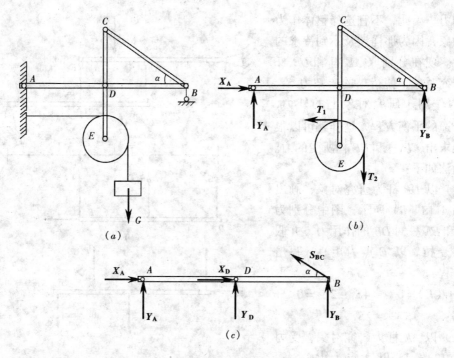

图 4-19 例 4-12 图

(2) 求 BC 杆所受的力。取杆 AB 作为研究对象，这样 BC 杆所受的力就转化成了作用于 AB 杆上的外力。AB 杆的受力分析如图 4-19 (c) 所示。其中 X_D、Y_D 为 CE 杆通过铰链 D 作用于 AB 杆上的力，S_{BC} 是 CB 杆对 AB 杆的作用力。因为 BC 杆为二力杆，所以 S_{BC} 沿 BC 方向。先假设 BC 为拉杆，将杆 AB 所受的全部外力对 D 点取力矩，列出力矩平衡方程，此时 X_D、Y_D 不出现在平衡方程中：

$$\sum M_D(F) = 0 \quad Y_B \times BD + S_{BC} \cdot \sin\alpha \cdot BD - Y_A \cdot AD = 0$$

$$S_{BC} = \frac{Y_A \times AD - Y_B \times BD}{BD \cdot \sin\alpha} = \frac{1.5 \times 1 - 10.5 \times 1}{1 \times 0.6} = -15 \text{kN} \ (\searrow)$$

S_{BC} 为负值，说明力的方向与假设相反，即 BC 杆实际上受压，其压力为 15kN。

第五节　简单静定平面桁架的内力计算

在工程实际中，房屋建筑、桥梁、起重机、油田井架、电视塔以及其他结构物常用桁架结构。

桁架是一种由杆件彼此在两端用铰链连接而成的结构，它在受力后几何形状不变。

如果桁架所有的杆件都在同一平面内，这种桁架称为平面桁架。桁架中杆件的铰链接头称为节点。桁架的优点是：杆件主要承受拉力或压力，可以充分发挥材料的作用，减轻结构的重量，节约材料。

为了简化桁架的计算，工程实际中采用以下几个假设：

(1) 桁架中的各杆件都是直杆，且轴线都位于同一平面内；
(2) 杆件在两端用光滑的铰链连接；

(3) 桁架所受的力(荷载)都作用在节点上,而且在桁架的平面内;

(4) 桁架杆件的重量略去不计,或平均分配在杆件两端的节点上。

凡是符合上述几点假设的桁架,称为理想桁架。

实际的桁架,当然与上述假设有差别,如桁架的节点不是铰接的,杆件的中心线也不可能是绝对直的。但在工程实际中,采用上述假设能够简化计算,而且所得的结果符合工程实际的需要。根据这些假设,桁架中的各杆件都看成为只是两端受到力作用的二力杆件。因此,各杆件所受的力必定沿着杆轴方向,为拉力或压力。假设拉力为正号,压力为负号。

本节只研究平面桁架中的简单桁架。此种桁架是以铰接三角形为基础,每增加一个节点需增加两根杆件,这样构成的桁架称为简单平面桁架。

下面介绍两种计算桁架杆件内力的方法:节点法和截面法。

一、节点法

桁架的每个节点都受到一个平面汇交力系的作用。为了求出每个杆件的内力,可以逐个地取节点为研究对象,由已知力求出全部未知力(杆件的内力),这就是节点法。在求解平面汇交力系平衡问题时,这里采用解析法。现举例说明节点法的方法和步骤。

【**例 4-13**】 平面桁架尺寸和支座如图 4-20(a)所示。在节点处受一集中荷载 $P = 10kN$ 的作用。试求桁架各杆件所受的内力。

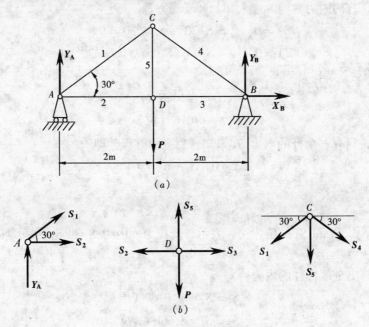

图 4-20 例 4-13 图

【**解**】 (1) 求支座反力。

以桁架整体为研究对象。在桁架上受四个力作用(图 4-20(a))。列平衡方程,即:

$$\Sigma X = 0 \quad X_B = 0$$

$$\Sigma M_A(F) = 0 \quad Y_B \times 4 - P \times 2 = 0$$

$$\Sigma M_B(F) = 0 \quad P \times 2 - Y_A \times 4 = 0$$

解得：

$$X_B = 0$$
$$Y_B = 5\text{kN}$$
$$F_A = 5\text{kN}$$

(2) 求各杆内力。

为了求各杆内力，应设想将杆件截断，取出每个节点来研究。桁架的每个节点都在外荷载、支座反力和杆件内力的作用下保持平衡。因此，求桁架的内力就是求解平面汇交力系的平衡问题，可逐次按每个节点用两个平衡方程来求解。解题时可以先假设各杆都受拉力，各节点的受力如图4-20（b）所示。

为计算方便，最好逐次列出只含两个未知力的节点的平衡方程。

在节点 A，杆的内力 S_1 和 S_2 未知。列平衡方程，即：

$$\Sigma X = 0 \quad S_2 + S_1 \cos 30° = 0$$
$$\Sigma Y = 0 \quad Y_A + S_1 \sin 30° = 0$$

代入 Y_A 的值后，解得：

$$S_1 = -10\text{kN}（压）$$
$$S_2 = 8.66\text{kN}（拉）$$

在节点 C，杆的内力 S_3 和 S_4 未知。列平衡方程，即：

$$\Sigma X = 0 \quad S_4 \cos 30° - S_1 \cos 30° = 0$$
$$\Sigma Y = 0 \quad -S_5 - (S_1 + S_4)\sin 30° = 0$$

代入 $S_1' = S_1$ 值后，解得：

$$S_4 = -10\text{kN}（压）$$
$$S_5 = 10\text{kN}（拉）$$

在节点 D，只有一个杆的内力 S_3 未知。列平衡方程，即

$$\Sigma X = 0 \quad S_3 - S_2 = 0$$

代入 $S_2' = S_2$ 值后，得：

$$S_3 = 8.66\text{kN}（拉）$$

计算结果内力 S_2、S_5 和 S_3 的值为正，表示杆受拉力，内力 S_1 和 S_4 的值为负，表示与假设相反，杆受压力。

到此，已解出全部杆件的内力：

$$S_1 = S_4 = -10\text{kN}（压）$$
$$S_2 = S_3 = 8.66\text{kN}（拉）$$
$$S_5 = 10\text{kN}（拉）$$

可以用节点 D 的另一个方程校核计算结果，即

$$\Sigma Y = S_5 - P = 10 - 10 = 0$$

计算无误。

总结上述节点法的步骤和要点如下：

(1) 一般先求出桁架的支座反力。

(2) 逐个地取桁架的节点作为研究对象。由于每个节点受平面汇交力系作用而平衡，只能确定两个未知量，所以必须从未知力的两杆的节点开始（这样的节点通常在支座上）可用解析法或图解法求出两杆未知力的大小和方向。然后，取另一节点，该点的未知力同样不能多于两个，按同样方法求出这一节点上的未知力。如此逐个地进行，最后一个节点可用来校核所得结果是否正确。

(3) 判断每个杆件是受拉力还是受压力。对于被截割的节点，如果杆件对节点的作用力指向节点，则节点受压力，根据作用和反作用定律，杆件也受压力；同理，如果杆件对节点的作用力背离节点，则杆件受拉力。

二、截面法

如果只要求计算桁架中某几个杆件所受的内力，可以选取适当的截面，假想地把桁架截开分为两部分，取其中任一部分（两个或两个以上的节点）为研究对象，根据平面一般力系的平衡条件，求出被截开（未知）杆件的内力，这就是截面法。

【例 4-14】 如图 4-21 所示平面桁架，各杆件的长度都等于 1m。在节点 E 上作用荷载 $P_1 = 10kN$，在节点 G 上作用荷载 $P_2 = 7kN$。试计算杆 1、2 和 3 的内力。

【解】 先求桁架的支座反力。以桁架整体为研究对象。在桁架上受主动力 P_1 和 P_2 以及约束反力 X_A、Y_A 和 Y_B 的作用。列出平衡方程，即：

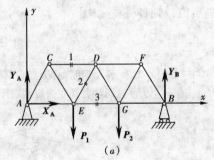

$\Sigma X = 0 \quad X_A = 0$

$\Sigma Y = 0 \quad Y_A + Y_B - P_1 - P_2 = 0$

$\Sigma M_B(F) = 0 \quad P_1 \times 2 + P_2 \times 1 - Y_A \times 3 = 0$

解之得：

$X_A = 0$

$Y_A = 9kN \ (\uparrow)$

$Y_B = 8kN \ (\uparrow)$

为求得杆 1、2 和 3 的内力，可作一截面 m-n 将三杆截断。选取桁架左半部分为研究对象。假

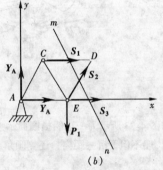

图 4-21 例 4-14 图

设所截断的三杆都受拉力，则这部分桁架的受力图如图所示。列平衡方程，即：

$\Sigma Y = 0 \quad Y_A + S_2 \sin 60° - P_1 = 0$

$\Sigma M_E(F) = 0 \quad -S_1 \times \dfrac{\sqrt{3}}{2} \times 1 - Y_A \times 1 = 0$

$\Sigma M_D(F) = 0 \quad P_1 \times \dfrac{1}{2} + S_3 \times \dfrac{\sqrt{3}}{2} \times 1 - Y_A \times 1.5 = 0$

由上式联立求解，得：

$S_1 = -10.4kN$（压力）

$S_2 = 1.15kN$（拉力）

$S_3 = 9.81kN$（拉力）

如果取桁架的右半部分为研究对象，可得同样的结果。

由上例可见，采用截面法时，选择适当的力矩方程，常可较快地求得某些指定杆件的内力。当然，应注意到，平面任意力系只有三个独立的平衡方程。因而，作截面时每次最多只能截断三根杆件。如截断杆件多于三根时，它们的内力一般不能全部求出。

总结上述截面法的步骤和要点如下：

(1) 用解析法求出桁架支座反力。

(2) 如果需要求某杆的内力，可以通过该杆作一截面，将桁架截为两部分（只截杆件，不要截在节点上），但被截的杆件数一般不能多于三根。研究一部分桁架的平衡，在杆件被截处，画出杆件的内力，通常假定它们受拉力。

(3) 对所研究的那部分桁架列出三个平衡方程。为了求解简单起见，常可采用力矩方程，将矩心取在两个未知力的交点上，这样的方程只含一个未知量。

(4) 由于受力分析时，内力都假定为拉力。所以计算结果若为正值，则杆件受拉力；若为负值，则杆件受压力。

思 考 题 与 习 题

4-1 如图 4-22 所示，司机操作方向盘驾驶汽车时，可用双手对方向盘施加一力偶，也可用单手对方向盘施加一个力。这两种方式能否得到同样的效果？这是否说明一个力与一个力偶等效？为什么？

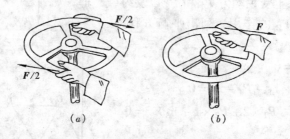

图 4-22　题 4-1 图

4-2 如图 4-23 所示为一小船横断面示意图。重为 G 的人站在正中时，使船平移下沉一距离；若人站在船弦时，船不但下沉一距离，还侧倾角度。为什么？

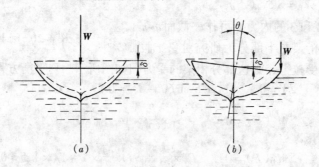

图 4-23　题 4-2 图

4-3 简化中心的选取对平面力系简化的最后结果是否有影响？为什么？

4-4 如图 4-24 所示，作用在物体上的一般力系：F_1、F_2、F_3、F_4 各力分别作用于 A、B、C、D 四点，且画出的力多边形刚好闭合，问该力系是否平衡？为什么？

4-5 如图4-25所示，当球拍的力作用在乒乓球边缘A点时，该球将作何种运动。
(1) 沿该点切线方向作直线运动；
(2) 作旋转运动；
(3) 同时作直线运动和顺时针方向旋转；
(4) 同时作直线运动和逆时针方向旋转。

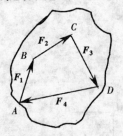

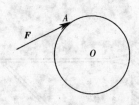

图4-24 题4-4图　　　　　　　　图4-25 题4-5图

4-6 如图4-26所示，梁由三根链杆支承，求约束反力时，应用平衡方程$\Sigma M_A(\boldsymbol{F})=0$，$\Sigma M_B(\boldsymbol{F})=0$ 和$M_C(\boldsymbol{F})=0$；或$\Sigma M_A(\boldsymbol{F})=0$，$\Sigma M_C(\boldsymbol{F})=0$和$\Sigma Y=0$能否求出？为什么？

4-7 三铰刚架的AC段上作用一力偶，其力偶矩为m，如图4-27所示，当求A、B、C约束反力时，能否将m移到右段BC上？为什么？

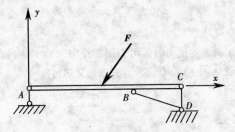

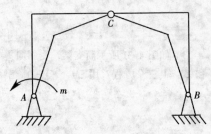

图4-26 题4-6图　　　　　　　　图4-27 题4-7图

4-8 已知平面一般力系向某点简化得到一个合力，试问能否选一适当的简化中心，把力系简化为一个合力偶？反之，如平面一般力系向一点简化得到一个力偶，能否选一适当的简化中心，使力系简化为一个合力？为什么？

4-9 已知一不平衡的平面力系在x轴上的投影代数和为零，且对平面内某一点之矩的代数和为零，试问该力系简化的最后结果如何？

4-10 如图4-28所示，平面力系中$F_1=F_2=F_3=F_4$，且各夹角均为直角，试将力系向A点及B点简化。

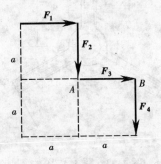

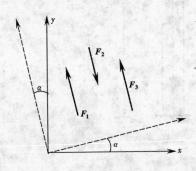

图4-28 题4-10图　　　　　　　　图4-29 题4-11图

4-11 如图4-29所示平行力系，如选取的坐标系的 y 轴不与各力平行，则平面平行力系的平衡方程是否可写出 $\Sigma X = 0$，$\Sigma Y = 0$，$\Sigma M_o(F) = 0$ 三个独立的平衡方程？为什么？

4-12 如图4-30所示，物体系统处于平衡。
(1) 分别画出各部分和整体的受力图；
(2) 求各支座的约束反力时，研究对象应如何选取？
提示：图 (b) 中 A、B、C 处约束反力不要分解。

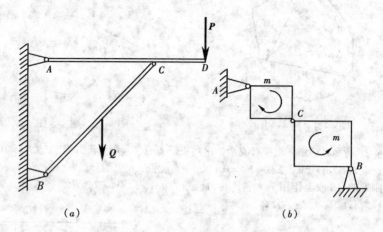

图4-30　题4-12图

4-13 如图4-31所示简支梁，受斜向集中力作用。在求其支反力时，可否用 $\Sigma M_A(F) = 0$，$\Sigma M_B(F) = 0$ 和 $\Sigma Y = 0$ 三个方程？用 $\Sigma M_A(F) = 0$，$\Sigma M_B(F) = 0$ 和 $\Sigma M_C(F) = 0$ 三个方程求解又如何？

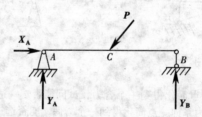

图4-31　题4-13图

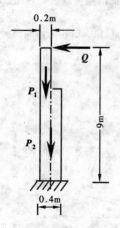

图4-32　题4-14图

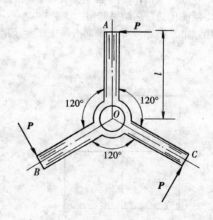

图4-33　题4-15图

4-14 某厂房柱,高9m,柱上段 BC 重 P_1 = 8kN,下段 CO 重 P_2 = 37kN,柱顶水平力 Q = 6kN,各力作用位置如图4-32所示。以柱底中心 O 点为简化中心,求这三个力的主矢和主矩。

4-15 如图4-33所示铰盘,有三根长度为 l 的铰杠,杠端各作用一垂直于杠的力 P。求该力系向铰盘中心 O 点的简化结果。如果向 A 点简化,结果怎样?为什么?

4-16 不平衡的平面一般力系,已知 $\Sigma X = 0$,且 $\Sigma M_o(F) = -10\text{N}\cdot\text{m}$,其中 O 点为简中化心,又知该力系合力作用线到 O 点的距离为1m,试求此合力的大小和方向,并用图表示出合力作用线的位置。

4-17 如图4-34所示等边三角形板 ABC,边长 a,今沿其边缘作用大小均为 P 的力,各力的方向如图4-34(a)所示。试求三力的合成结果。若三力的方向改变成如图4-34(b)所示,其合成结果如何?

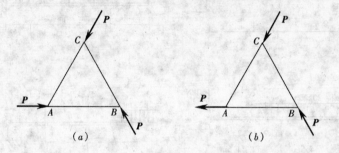

图 4-34 题 4-17 图

4-18 重力坝受力情况如图4-35所示。设坝的自重分别为,G_1 = 9 600kN,水压力 P = 10 120kN,G_2 = 21 600kN,试将这力系向坝底 O 点简化,并求其最后的简化结果。

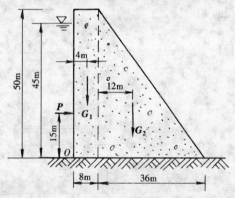

图 4-35 题 4-18 图

4-19 求图4-36所示多跨静定梁的支座反力。

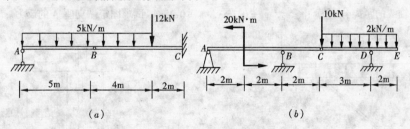

图 4-36 题 4-19 图

4-20 求图4-37所示各梁的支座反力。

4-21 求图4-38所示梁的支座反力。斜梁 AC 上的均布荷载沿梁的长度分布。

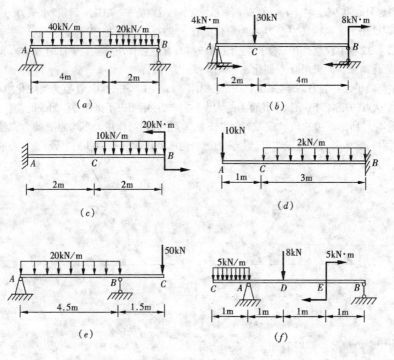

图 4-37 题 4-20 图

4-22 求图 4-39 所示各梁的支座反力。

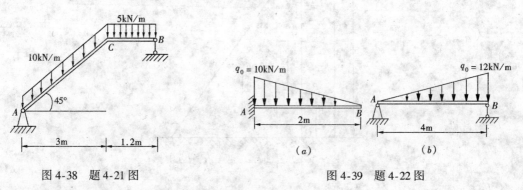

图 4-38 题 4-21 图   图 4-39 题 4-22 图

4-23 求图 4-40 所示三角形支架铰链 A、B 处的约束反力。

4-24 某厂房柱高 9m，受力如图 4-41 所示。已知 $P_1 = 20$kN，$P_2 = 50$kN，$Q = 5$kN，$q = 4$kN/m；力 P_1、P_2 至柱轴线的距离分别为 e_1、e_2，$e_1 = 0.15$m，$e_2 = 0.25$m，试求固定端支座 A 的反力。

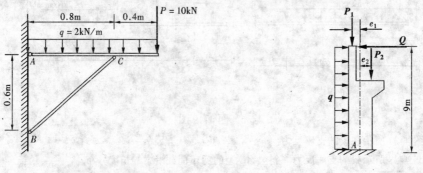

图 4-40 题 4-23 图   图 4-41 题 4-24 图

4-25 如图 4-42 所示，起重工人为了把高 10m，宽 1.2m，重量 $G=200$kN 的塔架立起来，首先用垫块将其一端垫高 1.56m，而在其另一端用木桩顶住塔架，然后再用卷扬机拉起塔架。试求当钢丝绳处于水平位置时，钢丝绳的拉力需多大才能把塔架拉起？并求此时木桩对塔架的约束反力。（提示：木桩对塔架可视为铰链约束。）

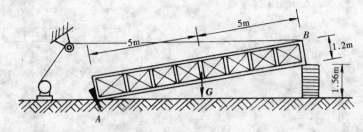

图 4-42　题 4-25 图

4-26 求图 4-43 所示刚架的支座反力。

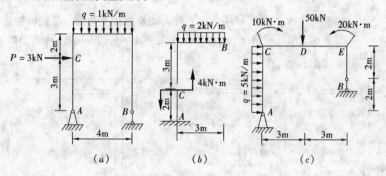

图 4-43　题 4-26 图

4-27 匀质杆 ABC 挂在绳索 AD 上而平衡，如图 4-44 所示。已知 AB 段长为 l，重为 G；BC 段长为 $2l$，重为 $2G$，$\angle ABC=90°$，求 α 角。

4-28 塔式起重机，重 $G=500$kN（不包括平衡锤重 Q）作用于点 C，如图 4-45 所示。跑车 E 的最大起重量 $P=250$kN，离 B 轨最远距离 $l=10$m，为了防止起重机左右翻倒，需在 D 处加一平衡锤，要使跑车在满载或空载时，起重机在任何位置都不致翻倒，求平衡锤的最小重量 Q 和平衡锤到左轨 A 的最大距离。跑车自重不计，且 $e=1.5$m，$b=3$m。

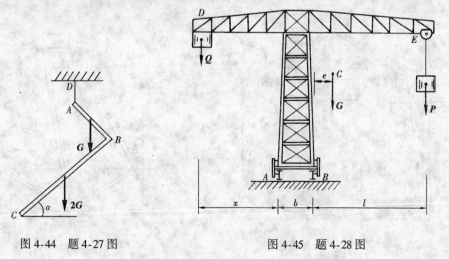

图 4-44　题 4-27 图　　　　图 4-45　题 4-28 图

4-29 如图 4-46 所示起重机在多跨静定梁上，载有重物 $P=10kN$，起重机重 $G=50kN$，其重心位于铅垂线 EC 上。梁自重不计，求支座 A、B 和 D 的反力。

4-30 三铰拱式组合屋架如图 4-47 所示，求其支座 A、B 的反力、拉杆 AB 的拉力及铰链 C 所受的力。

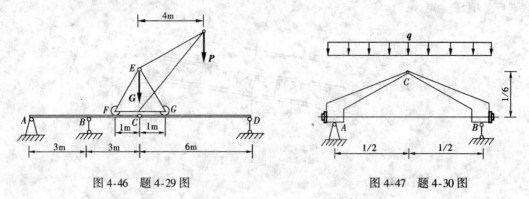

图 4-46 题 4-29 图　　　　　　图 4-47 题 4-30 图

4-31 一个重 $G=4kN$ 的物体，按图 4-48 所示三种方式悬挂在支架上。已知滑轮直径 $d=300mm$，其余尺寸如图 4-48（a）所示。求这种情况下立柱固定端支座 A 的反力及链杆 DE 所受的力。

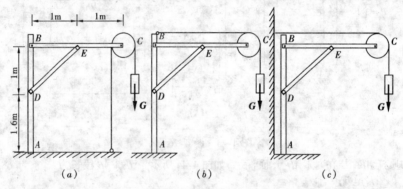

图 4-48 题 4-31 图

4-32 如图 4-49 所示的厂房结构是由两个刚架 AC 和 BC 用铰链连接组成，A 和 B 两铰链固结于地基，吊车梁支承在牛腿 D 和 E 上。各部分的尺寸如图所示。已知刚架重 $G_1=G_2=60kN$，吊车梁重 $P=20kN$，荷载 $Q=10kN$，风力 $F=10kN$，D 和 E 两点分别在 G_1 和 G_2 的作用线上。试求铰链 A、B、C 三处的反力。

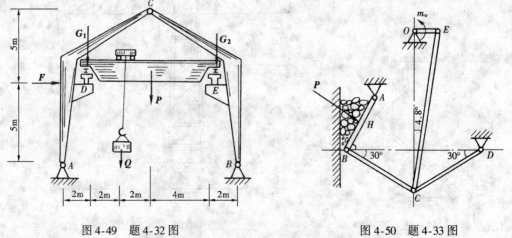

图 4-49 题 4-32 图　　　　　　图 4-50 题 4-33 图

4-33 如图4-50所示破碎机传动机构，活动板 AB 长为 600mm，AH = 400mm，OE = 100mm，P = 100kN。试求图示位置时电机对杆 OE 作用的力偶的力偶矩 m。

4-34 求图4-51所示各静定平面刚架的支座反力。

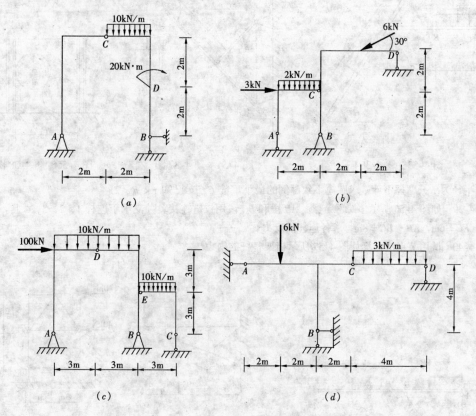

图4-51 题4-34图

4-35 求图4-52所示各静定平面刚架的支座反力。

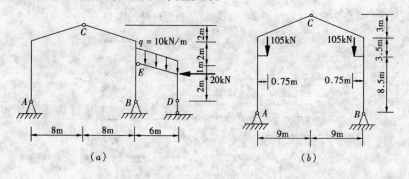

图4-52 题4-35图

4-36 如图4-53所示结构，已知：$q = F/a$，$m = F \cdot a$，C 处为光滑接触。求支座 A、E 处的约束反力。

4-37 如图4-54所示结构，A、B、C、D 均为铰链，各杆和滑轮的自身重力不计，试求 A、B 处的约束反力。（已知：BD = 1m，C 是 BD 中点，AC = 0.5m，AE = 0.35m，滑轮半径 r = 0.15m。）

4-38 如图4-55所示无底的圆柱形空筒放在光滑地面上，内放两个圆球。每个球重为 Q，半径为 r，

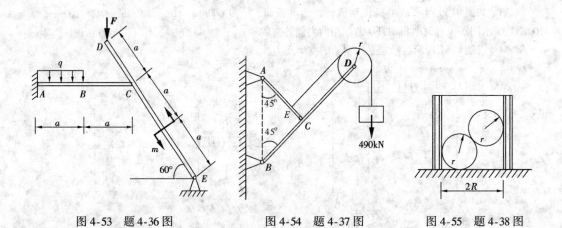

图 4-53 题 4-36 图   图 4-54 题 4-37 图   图 4-55 题 4-38 图

筒的半径为 R，摩擦不计，求圆筒不致翻倒的最小重量 G_{min}。已知 $r < R < 2r$。

4-39 如图 4-56 所示多跨静定梁，AB 段和 BC 段用铰链连接，并支承于连杆 1、2、3、4 上。已知：$AD = EC = 6m$，$AB = BC = 8m$，求各连杆的反力。

4-40 试用节点法计算如图 4-57 所示桁架各杆的内力。

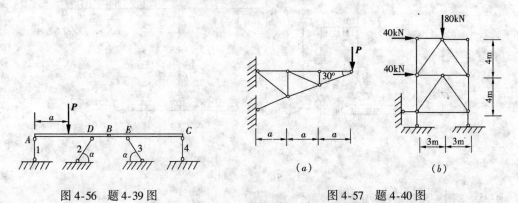

图 4-56 题 4-39 图   图 4-57 题 4-40 图

4-41 试采用较简捷的方法计算如图 4-58 所示桁架指定杆件的内力。

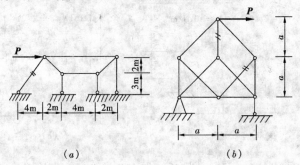

图 4-58 题 4-41 图

第五章 材料力学的基本概念

第一节 变形固体的概念及其基本假设

一、变形固体

工程中构件和零件都是由固体材料制成,如铸铁、钢、木材、混凝土等。这些固体材料在外力作用下都会或多或少地产生变形,我们将这些固体材料称为变形固体。

变形固体在外力作用下会产生两种不同性质的变形:一种是当外力消除时,变形也随着消失,这种变形称为弹性变形;另一种是外力消除后,变形不能全部消失而留有残余,这种不能消失的残余变形称为塑性变形。一般情况下,物体受力后,既有弹性变形,又有塑性变形。但工程中常用的材料,在所受外力不超过一定范围时,塑性变形很小,可忽略不计,认为材料只产生弹性变形而不产生塑性变形。这种只有弹性变形的物体称为理想弹性体。只产生弹性变形的外力范围称为弹性范围。本书将只限于给出材料在弹性范围内的变形、内力及应力等计算方法和计算公式。

工程中大多数构件在外力作用下产生变形后,其几何尺寸的改变量与构件原始尺寸相比,常是极其微小的,我们称这类变形为小变形。材料力学研究的内容将限于小变形范围。由于变形很微小,我们在研究构件的平衡问题时,就可采用构件变形前的原始尺寸进行计算。

二、变形固体的基本假设

为了使计算简便,在材料力学的研究中,对变形固体作了如下的基本假设:

1. 均匀连续假设

假设变形固体在其整个体积内毫无空隙地充满了物质,而且各点处材料的力学性能完全相同。

2. 各向同性假设

假设材料在各个方向具有相同的力学性能。

常用的工程材料如钢材、玻璃等都可认为是各向同性材料。如果材料沿各个方向具有不同的力学性能,则称为各向异性材料。

综上所述,材料力学的研究对象,是由均匀连续、各向同性的变形固体材料制成的构件,且限于小变形范围。

第二节 杆件变形的基本形式

一、杆件

材料力学中的主要研究对象是杆件。所谓杆件,是指长度远大于其他两个方向尺寸的构件。杆件的几何特点可由横截面和轴线来描述。横截面是与杆长方向垂直的截面,而轴线是各截面形心的连线（图 5-1）。将各截面相同、且轴线为直线的杆，称为等截面直杆。

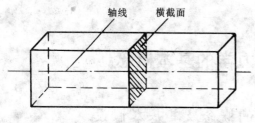

图 5-1 杆件示意图

二、杆件变形的基本形式

杆件在不同形式的外力作用下，将发生不同形式的变形。但杆件变形的基本形式有以下四种：

（1）轴向拉伸和压缩（图 5-2(a)、(b)） 在一对大小相等、方向相反、作用线与杆轴线相重合的外力作用下，杆件将发生长度的改变（伸长或缩短）。

（2）剪切（图 5-2(c)） 在一对相距很近、大小相等、方向相反的平行横向外力作用下，杆件的横截面将沿外力方向发生错动。

（3）扭转（图 5-2(d)） 在一对大小相等、方向相反、位于垂直于杆轴线的两平面内的力偶作用下，杆的任意两横截面将绕轴线发生相对转动。

（4）弯曲（图 5-2(e)） 在一对大小相等、方向相反、位于杆的纵向平面内的力偶作用下，杆件的轴线由直线弯成曲线。

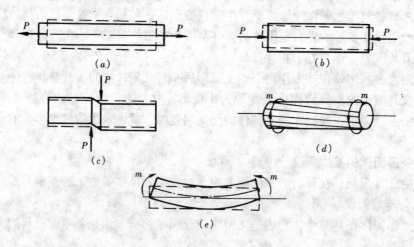

图 5-2 杆件变形的基本形式

工程实际中的杆件，可能同时承受不同形式的外力而发生复杂的变形，但都可以看作是上述基本变形的组合。由两种或两种以上基本变形组成的复杂变形称为组合变形。

在以下几章中，将分别讨论上述各种基本变形和组合变形。

第三节 内力、截面法、应力

一、内力的概念

杆件在外力作用下产生变形，从而杆件内部各部分之间就产生相互作用力，这种由外力引起的杆件内部之间的相互作用力，称为内力。

二、截面法

研究杆件内力常用的方法是截面法。截面法是假想地用一平面将杆件在需求内力的截面处截开，将杆件分为两部分（图 5-3(a)）；取其中一部分作为研究对象，此时，截面上的内力被显示出来，变成研究对象上的外力（图 5-3(b)）；再由平衡条件求出内力。

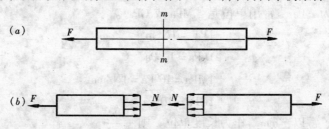

图 5-3 截面法求内力示意图

截面法可归纳为如下三个步骤：

(1) 截开 用一假想平面将杆件在所求内力截面处截开，分为两部分；

(2) 代替 取出其中任一部分为研究对象，以内力代替弃掉部分对所取部分的作用，画出受力图；

(3) 平衡 列出研究对象上的静力平衡方程，求解内力。

三、应力

由于杆件是由均匀连续材料制成，所以内力连续分布在整个截面上。由截面法求得的内力是截面上分布内力的合内力。只知道合内力，还不能判断杆件是否会因强度不足而破坏。例如图 5-4 所示两根材料相同而截面不同的受拉杆，在相同的拉力 F 作用下，两杆横截面上的内力相同，但两杆的危险程度不同，显然细杆比粗杆危险，容易被拉断，因为细杆的内力分布密集程度比粗杆的大。因此，为了解决强度问题，还必须知道内力在横截面上分布的密集程度（简称集度）。

我们将内力在一点处的分布集度，称为应力。

为了分析图 5-5(a) 所示截面上任意一点 E 处的应力，围绕 E 点取一微小面积 ΔA，作用在微小面积 ΔA 上的合内力记为 ΔP，则比值

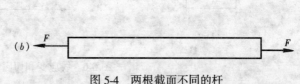

图 5-4 两根截面不同的杆

$$p_m = \frac{\Delta P}{\Delta A}$$

称为 ΔA 上的平均应力。平均应力 p_m 不能精确地表示 E 点处的内力分布集度。当 ΔA 无限趋近于零时，平均应力 p_m 的极限值 p 才能表示 E 点处的内力集度，即

$$p = \lim_{\Delta A \to 0} \frac{\Delta P}{\Delta A} = \frac{dP}{dA}$$

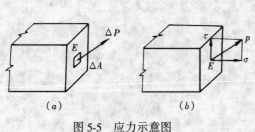

图 5-5 应力示意图

上式中 p 称为 E 点处的应力。

一般情况下，应力 p 的方向与截面既不垂直也不相切。通常将应力 p 分解为与截面垂直的法向分量 σ 和与截面相切的切向分量 τ（图 5-5(b)）。垂直于截面的应力分

量 σ 称为正应力或法向应力；相切于截面的应力分量 τ 称为切应力或切向应力（剪应力）。

应力的单位为"Pa"，常用单位是"MPa 或 GPa"。

$$1Pa = 1N/m^2$$
$$1kPa = 10^3Pa$$
$$1MPa = 10^6Pa = 1N/mm^2$$
$$1GPa = 10^9Pa$$

工程图纸上，常以"mm"作为长度单位，则

$$1N/mm^2 = 10^6N/m^2 = 10^6Pa = 1MPa$$

第四节 变形和应变

杆件受外力作用后，其几何形状和尺寸一般都要发生改变，这种改变量称为变形。变形的大小是用位移和应变这两个量来度量。

位移是指位置改变量的大小，分为线位移和角位移。应变是指变形程度的大小，分为线应变和切应变或角应变。

图 5-6（a）所示微小正六面体，棱边边长的改变量 Δu 称为线变形（图 5-6（b）），Δu 与 Δx 的比值 ε 称为线应变。线应变是无量纲的。

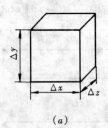 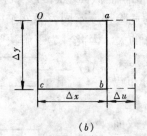 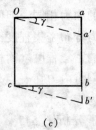

(a) (b) (c)

图 5-6 线应变和切应变

$$\varepsilon = \frac{\Delta u}{\Delta x}$$

上述微小正六面体的各边缩小为无穷小时，通常称为单元体。单元体中相互垂直棱边夹角的改变量 γ（图 5-6（c）），称为切应变或角应变（剪应变）。角应变用弧度来度量，它也是无量纲的。

第六章 轴向拉伸和压缩

第一节 轴向拉伸和压缩的概念

在房屋建筑工程中，经常见到这样一些构件，例如图 6-1（a）所示的砖柱，图 6-1（b）所示的起重架中的杆 AC 和 BC，它们受力的变形形式，都是轴向拉伸或压缩。

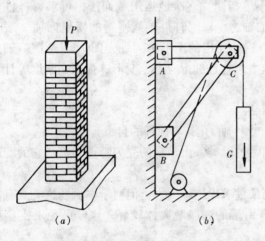

图 6-1 轴向拉伸或压缩的实例

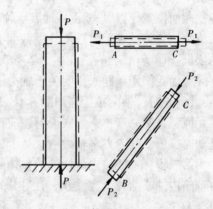

图 6-2 轴向拉伸或压缩杆件的受力图

这些受拉或受压的杆件虽外形各有差异，加载方式也并不相同，但它们的共同特点是：作用于杆件上外力的合力作用线与杆件轴线重合，杆件变形是沿轴线方向的伸长或缩短。若把这些杆件的形状和受力情况进行简化，都可以简化成图 6-2 所示的受力图。图中用实线表示受力前的情况，虚线表示受力后的情况。

第二节 轴力和轴力图

一、轴向拉伸或压缩时横截面上的内力

截面法是求内力的基本方法。它不但在本节中用于求轴向拉（压）杆的内力，而且将在以后各章中用于求其它各种变形时杆件的内力，因此应着重掌握它。下面通过对图 6-3（a）所示的轴向压杆求横截面的内力，来阐明截面法。

第一步：沿欲求内力的横截面，假想地把杆件截开分为两部分。任取一部分为脱离体作为研究对象，而弃去另一部分（图 6-3（b）或图 6-3（c））。

第二步：在脱离体的截开面上加上内力，使研究对象和未截开之前一样处于平衡状态。这里，杆件左右两段在横截面上相互作用的内力是一个分布力系，其合力为 N。由脱离体的平衡条件可知，轴向拉（压）杆横截面的内力，只能是轴向力。因为外力的作用

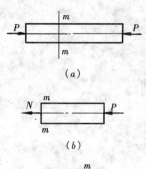

图 6-3 截面法求轴力

线与杆件轴线重合,内力的合力作用线也必然与杆件的轴线重合,所以称为轴力。习惯上,把拉伸时的轴力规定为正,压缩时的轴力规定为负。我们在求轴力的时候,通常把轴力设成拉力,即假设轴力的箭头背离所截开的截面。

第三步:建立所取研究对象的平衡方程,并解出内力,即轴力 N。由图 6-3(b) 的平衡条件有

$$\Sigma X = 0 \quad -N-P=0$$

得

$$N=-P \text{(压)}$$

二、轴向拉(压)杆的轴力图

若沿杆件轴线作用的外力多于两个,则在杆件各部分的横截面上轴力不尽相同。逐次地运用截面法,可求得杆件上所有横截面上的轴力。以与杆件轴线平行的横坐标轴 x 表示各横截面位置,以纵坐标 N 轴表示轴力值,这样作出的图形称为轴力图,即 N 图。轴力图清楚、完整地表示出杆件各横截面上的轴力,它是进行应力、变形、强度、刚度等计算的依据。

下面我们用例题来说明关于轴力图的绘制。

【例 6-1】 轴向拉压杆如图 6-4(a) 所示,求作轴力图(不计杆的自重)。

【解】 第一步:一般来说解题应识别问题的种类。由该杆的受力特点,可知它的变形是轴向拉压,其内力是轴力 N。

第二步:一般应先由杆件的整体的平衡条件求出支座反力。但对于本例题这类具有自由端的构件或结构,应注意,往往以取含自由端的一段脱离体较好,这样可免求支座反力。

第三步:用截面法求内力。取各截面左侧脱离体作为研究对象,其受力如图 6-4(b) 所示,由各脱离体的平衡条件求得各段杆中的轴力。

AB 段:由 $\quad \Sigma X=0 \quad N_1-1=0$

得: $\quad N_1=1\text{kN}$(拉)

BC 段:由 $\quad \Sigma X=0 \quad N_2-4-1=0$

得: $\quad N_2=5\text{kN}$(拉)

CD 段:由 $\quad \Sigma X=0 \quad N_3+6-4-1=0$

得: $\quad N_3=-1\text{kN}$(压)

DE 段:由 $\quad \Sigma X=0 \quad N_4-2+6-4-1=0$

得: $\quad N_4=1\text{kN}$(拉)

如果在第二步已求得右端支座反力,则也可以取含支座端一段脱离体求解。例如求 DE 段中的 N_4(图 6-4(b)):

由 $\quad \Sigma X=0 \quad N_4-X_E=0$

得: $\quad N_4=F_E=1\text{kN}$(拉)

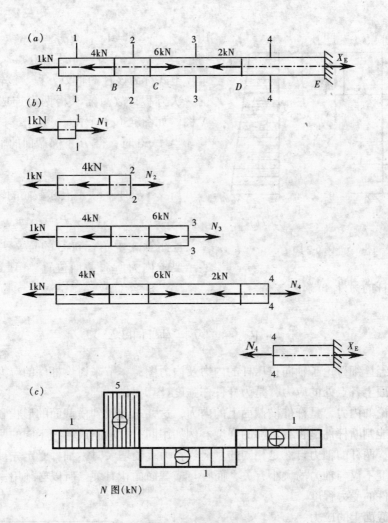

图 6-4 截面法求轴力

第四步根据各段杆的轴力 N 值作轴力图。如图 6-4（c）所示。

轴力图一般都应与受力图对正。对 N 图而言，当杆水平放置或倾斜放置时，正值应画在与杆件轴线平行的横坐标轴的上方或斜上方，而负值则画在下方或斜下方，并必须标出符号 + 或 - ，如图 6-4（c）所示。当杆件竖直放置时，正负值可分别画在一侧并标出 + 或 - 号。内力图上必须标全横截面的内力值及其单位，还应适当地画出一些纵坐标线，纵坐标线必须垂直于横坐标轴。内力图旁应标明为何种内力图，即图名。当熟练时，各脱离体图可不画出，而直接由截面一侧外力求出轴力；横坐标轴 x 和纵坐标轴 N 可以省略不画。

【例 6-2】 竖柱 AB 如图 6-5（a）所示，其横截面为正方形，边长为 a，柱高 h，材料的重度为 γ，柱顶受荷载 P 作用。求作柱的轴力图。

【解】 由受力特点识别该柱子属于轴向拉压杆，其内力是轴力 N。

由于考虑柱子的自重荷载，以竖向的 x 坐标表示横截面位置，则该柱各横截面的轴力是 x 的函数。对任意 x 截面取上段为研究对象，脱离体如图 6-5（a）所示。图中，$N_{(x)}$ 是任意 x 截面的轴力；$G = \gamma a^2 x$ 是该段脱离体的自重。

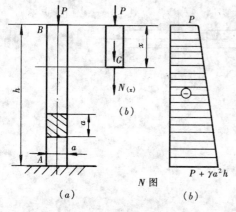

图6-5 例6-2图

由 $\Sigma X = 0 \quad N_{(x)} + P + G = 0$

得： $N_{(x)} = -P - \gamma a^2 x \quad (0 < x < h)$

上式称为该柱的轴力方程。该轴力方程是 x 的一次方程，故只需求得两点连成直线，即得 N 图，如图6-5(c)所示。

当 $x \to 0$ 时，得 B 下邻截面的轴力

$$N_{BA} = -P$$

当 $x \to h$ 时，得 A 上邻截面的轴力

$$N_{BA} = -P - \gamma a^2 h$$

应注意式中角标符号的意义，第一个角标表示要求内力所属截面位置，第二个角标表示该截面所属杆的另外一端。

第三节 轴向拉压杆的应力

上节已经详细讨论了轴向拉压杆的内力及内力图，本节来讨论杆件的应力。由内力计算杆件横截面上各点处的应力，是为杆件作强度计算提供基础。

上节讨论的内力，是杆件横截面上的内力，这并未涉及到横截面的形状和尺寸。只根据轴力并不能判断杆件是否有足够的强度。例如用同一材料制成粗细不同的两根杆，在相同的拉力下，两杆的轴力自然是相同的。但当拉力逐渐增大时，细杆必定先被拉断。这说明拉杆的强度不仅与轴力的大小有关，而且与横截面面积有关。所以必须用横截面上的应力来度量杆件的受力程度。

一、横截面上的应力

在拉（压）杆的横截面上，与轴力 N 对应的应力是正应力 σ。由我们研究的材料是连续的假设可知，横截面上每一点都存在着内力。但还不知道 σ 在横截面上的分布规律，这就必须从研究杆件的变形入手，以确定应力的分布规律。

拉伸变形前，在等直杆的侧面上画垂上于杆轴的直线 ab 和 cd，如图 6-6 所示。拉伸变形后，发现 ab 和 cd 仍为直线，且于仍然垂直轴线，只是分别平行地移至 $a'b'$ 和 $c'd'$。根据这一现象，提出如

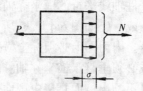

图6-6 轴向拉压杆应力分布图

下的假设：变形前原为平面的横截面，变形后仍保持为平面。这就是平面假设，由这一假设可以推断，拉杆所有纵向纤维的伸长相等。又因我们研究的材料是均匀的，各纵向纤维的性质相同，因而其受力也就一样。所以杆件横截面上的内力是均匀分布的，即在横截面上各点处的正应力都相等，即 σ 等于常量。于是得出

$$\sigma = \frac{N}{A} \tag{6-1}$$

这就是拉杆横截面上正应力 σ 的计算公式。当轴力为压力时，它同样可用于压应力计算。正应力 σ 和轴力 N 的符号规定一样，规定拉应力为正，压应力为负。

使用公式（6-1）时，要求外力的合力作用线必须与杆件轴线重合。此外，因为集中力作用点附近应力分布比较复杂，所以它不适用于集中力作用点附近的区域。

在某些情况下，杆件横截面沿轴线而变化，如图 6-7 所示。当这类杆件受到拉力或压力作用时，如外力作用线与杆件的轴线重合，且截面尺寸沿轴线的变化缓慢，则横截面上的应力仍可近似地用公式（6-1）计算。这时横截面面积不再是常量，而是轴线坐标 x 的函数。若以 $A_{(x)}$ 表示坐标为 x 的横截面的面积，$N_{(x)}$ 和 $\sigma_{(x)}$ 表示横截面上的轴力和应力，由公式（6-1）得

$$\sigma_{(x)} = \frac{N_{(x)}}{A_{(x)}}$$

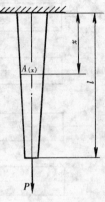

图 6-7 变截面杆的应力

【例 6-3】 如图 6-8 所示，(a) 图为一悬臂吊车的简图，斜杆 AB 为直径 $d = 20\text{mm}$ 的钢杆，荷载 $Q = 15\text{kN}$。当 Q 移到点 A 时，求斜杆 AB 横截面上的应力。

【解】 由三角形 ABC 求出

$$\sin\alpha = \frac{BC}{AB} = \frac{0.8}{\sqrt{(0.8)^2 + (1.9)^2}} = 0.388$$

当荷载 Q 移到 A 点时，斜杆 AB 受到的拉力最大，设其值为 $P_{\max}$，根据横梁的平衡条件

$$\Sigma M_C = 0$$
$$P_{\max}\sin\alpha \cdot AC - Q \cdot AC = 0$$

得

$$P_{\max} = \frac{Q}{\sin\alpha}$$

将已知数值代入 $P_{\max}$ 的表达式，得

$$P_{\max} = \frac{Q}{\sin\alpha} = \frac{15}{0.388} = 38.7\text{kN}$$

斜杆 AB 的轴力为

$$N = P_{\max} = 38.7\text{kN}$$

由此求得 AB 杆横截面上的应力为

$$\sigma = \frac{N}{A} = \frac{38.7 \times 10^3}{\frac{\pi}{4}(20)^2} = 123\text{MPa}$$

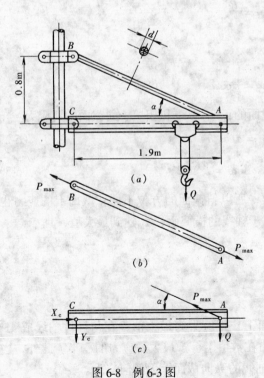

图 6-8 例 6-3 图

二、直杆轴向拉伸或压缩时斜截面上应力

前面讨论了直杆轴向拉伸或压缩时，横

截面上正应力的计算，今后将用这一应力作为强度计算的依据。但对不同材料的实验表明，拉（压）杆破坏并不都是沿横截面发生，有时却是沿斜截面发生的。为了更全面研究拉（压）杆的强度，应进一步讨论斜截面上的应力。

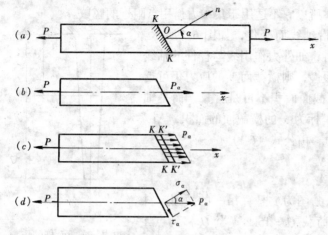

图 6-9 斜截面上的应力

如图 6-9（a）所示，设直杆的轴向拉力为 P 得横截面面积为 A。由公式 $\sigma = \dfrac{N}{A}$ 得横截面上正应力 σ 为

$$\sigma = \frac{N}{A} = \frac{P}{A}$$

设与横截面成 α 角的斜截面 $K\text{-}K$ 的面积为 A_α，A_α 与 A 之间的关系应为

$$A_\alpha = \frac{A}{\cos\alpha}$$

如图 6-9（b）、（c），若沿斜截面 $K-K$ 假想地把杆件分成两部分，以 p_α 表示斜截面上 $K-K$ 内力，由左段的平衡条件可知

$$P_\alpha = P$$

仿照证明横截面上正应力均匀分布的方法，也可得出斜截面上应力均匀分布的结论。若以 p_α 表示斜截面 $K-K$ 上的应力，于是有

$$p_\alpha = \frac{P_\alpha}{A_\alpha} = \frac{P}{A_\alpha}$$

把 $A_\alpha = \dfrac{A}{\cos\alpha}$ 代入上式，并注意到 $\sigma = \dfrac{P}{A}$，得

$$p_\alpha = \frac{P}{A}\cos\alpha = \sigma\cos\alpha$$

如图 6-9（d），把应力分解成垂直于斜截面的正应力 σ_α 和相切于斜截面的切应力 τ_α，

$$\sigma_\alpha = p_\alpha \cos\alpha = \sigma\cos^2\alpha \tag{6-2}$$

$$\tau_\alpha = p_\alpha \sin\alpha = \sigma\cos\alpha\sin\alpha = \frac{\sigma}{2}\sin 2\alpha \tag{6-3}$$

从以上公式看出，σ_α 和 τ_α 都是的 α 函数，所以斜截面的方位不同，截面上的应力也就不同。当 $\alpha = 0$ 时，斜截面 $K-K$ 成为垂直于轴线的横截面，σ_α 达到最大值，且

$$\sigma_{\alpha max} = \sigma$$

当 $\alpha = 45°$ 时，τ_α 达到最大值，且

$$\tau_{\alpha max} = \frac{\sigma}{2}$$

可见，轴向拉伸（压缩）时，在杆件的横截面上，正应力为最大值；在与杆件轴线成 $45°$ 的斜截面上，切应力为最大值，且最大切应力在数值上等于最大正应力的一半。此外，当 $\alpha = 90°$ 时，$\sigma_\alpha = \tau_\alpha = 0$，这表示在平行于杆件轴线的纵向截面上无任何应力。

第四节 轴向拉压杆的变形、虎克定律

直杆在轴向拉力作用下,将引起轴向尺寸的伸长和横向尺寸的缩小;反之,在轴向压力作用下,将引起轴向的缩短和横向的增大。

一、轴向拉压杆的变形

1. 纵向变形及线应变

如图 6-10 所示,设正方形截面等直杆的原长为 l,横截面面积为 A。在轴向拉力 P 作用下,长度由 l 变为 l_1。杆件在轴线方向的伸长为

$$\Delta l = l_1 - l$$

图 6-10 轴向拉杆的变形

将 Δl 除以 l 得杆件轴线方向的线应变

$$\varepsilon = \frac{\Delta l}{l} \tag{6-4a}$$

又可把上式写成

$$\Delta l = \varepsilon \cdot l \tag{6-4b}$$

若纵向线应变 ε 为已知,则可以由上式求得轴向拉压杆的纵向变形 Δl。由此可见,杆件的变形,是杆件各点应变的总和。同时杆件的变形,是由杆件上点或面的位移来描述的。例如轴向拉压杆,其纵向变形 Δl 就是两端面(形心)之间的相对位移。

2. 横向变形及横向线应变

若杆件变形前的横向尺寸为 b,变形后为 b_1,如图 6-10 所示,则横向应变为

$$\varepsilon' = \frac{\Delta b}{b} = \frac{b_1 - b}{b} \tag{6-5}$$

3. 横向变形系数或泊松比

试验结果表明:当应力不超过比例极限时,横向应变 ε' 与轴向应变 ε 之比的绝对值是一个常数。即

$$\mu = \left| \frac{\varepsilon'}{\varepsilon} \right| \tag{6-6}$$

μ 称为横向变形系数或泊松比,μ 是无量纲的量。

因为当杆件轴向伸长时,则横向缩小;而轴向缩短时,则横向增大。所以 ε' 和 ε 的符号总是相反的。这样,ε' 和 ε 的关系可以写成:

$$\varepsilon' = -\mu \cdot \varepsilon \tag{6-7}$$

泊松比是材料固有的弹性常数,其值随材料而异。一般钢材的 μ 值约在 $0.25 \sim 0.33$ 之间。表 6-1 中列出了几种常用材料的 E 和 μ 的值。

几种常用材料的 E 和 μ 的值　　　　表 6-1

材料名称	E (GPa)	μ	材料名称	E (GPa)	μ
钢	200～220	0.24～0.30	铝 合 金	70～72	0.26～0.33
合 金 钢	186～206	0.25～0.30	木　　材	8～12	
灰 铸 铁	78.5～157	0.23～0.27	混 凝 土	15～36	0.16～0.18
铜及其合金	72.6～128	0.31～0.42			

二、轴向拉压杆的变形计算公式及虎克定律

当杆件横截面上的应力为

$$\sigma = \frac{N}{A} = \frac{P}{A}$$

时，轴向外荷载 P 和纵向变形 Δl 之间存在正比关系，即

$$P \propto \Delta l$$

则有

$$N \propto \Delta l,\ \sigma \propto \varepsilon$$

可写成

$$\sigma = E \cdot \varepsilon \tag{6-8}$$

式中　E——比例常数，称为材料的弹性模量，常用单位是 MPa，E 的值随材料而不同而变化，它的具体值由实验来确定。几种常用材料的 E 和 μ 值已列入表 6-1 中。

式（6-8）称为材料的单向拉压虎克定律。虎克定律可叙述为：当应力不超过材料的比例极限时，应力与应变成正比。

若把 $\sigma = \dfrac{N}{A}$、$\varepsilon = \dfrac{\Delta l}{l}$ 两式代入式（6-8）中，得

$$\Delta l = \frac{Nl}{EA} = \frac{Pl}{EA} \tag{6-9}$$

这表示：当应力不超过比例极限时，杆件的伸长 Δl 与轴力 N 或拉力 P 及杆件的原长度 l 成正比，与横截面面积 A 成反比。这是虎克定律的另一表达式。以上结果同样可以用于轴向压缩的情况，只要把轴向拉力改为压力，把伸长改为缩短就可以了。从式（6-9）看出，对长度相同，受力相等的杆件，EA 越大，则变形越小，EA 称为杆件的抗拉(或抗压)刚度。

当横截面尺寸或轴力沿杆件轴线变化，而并非常量时，上述计算变形的方法应稍作变化。在变截面的情况下，设截面尺寸沿轴线的变化是平缓的，且外力作用线与轴线重合，如图 6-11 所示。这时如以相邻横截面从杆中取出长度为 dx 的微段，并以 $A_{(x)}$ 和 $N_{(x)}$ 分别表示横截面面积和横截面上的轴力，把公式 $\Delta l = \dfrac{Nl}{EA}$ 应用于这一微段，求得微段的伸长为

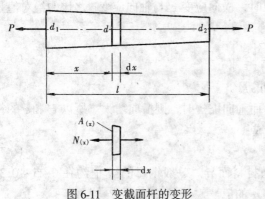

图 6-11　变截面杆的变形

$$d(\Delta l) = \frac{N_{(x)}dx}{EA_{(x)}}$$

将上式积分，得杆件的伸长为

$$\Delta l = \int_l \frac{N_{(x)}dx}{EA_{(x)}}$$

在等截面杆的情况下，当轴力不是常量时，也应按上述方式计算变形。

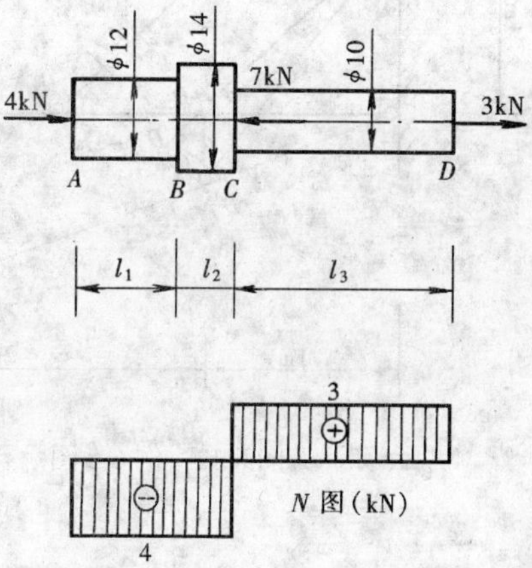

【例 6-4】 如图 6-12 所示，阶梯杆受轴向荷载。杆件材料的抗拉、抗压性能相同。$l_1 = 100$mm，$l_2 = 50$mm，$l_3 = 200$mm；材料的 $E = 2 \times 10^5$MPa，$\mu = 0.3$。求：(1) 各段杆的纵向线应变；(2) 全杆的纵向变形；(3) 各段杆直径的变形。

图 6-12 例 6-4 图

【解】 (1) 各段的纵向线应变

AB、BC、CD 三段杆的内力分别为：

$$N_{AB} = N_{BC} = -4\text{kN}$$

$$N_{CD} = 3\text{kN}$$

AB、BC、CD 三段杆横截面上的应力分别为：

$$\sigma_{AB} = \frac{4N_{AB}}{\pi \cdot 12^2} = \frac{4 \times (-4) \times 10^3}{\pi \cdot (12)^2} = -35.4\text{MPa}$$

$$\sigma_{BC} = \frac{4N_{BC}}{\pi \cdot 14^2} = \frac{4 \times (-4) \times 10^3}{\pi \cdot (14)^2} = -26.0\text{MPa}$$

$$\sigma_{CD} = \frac{4N_{CD}}{\pi \cdot 10^2} = \frac{4 \times 3 \times 10^3}{\pi \cdot (10)^2} = 38.2\text{MPa}$$

则得 AB、BC、CD 三段杆的纵向线应变为：

$$\varepsilon_{AB} = \frac{\sigma_{AB}}{E} = \frac{-35.4}{2 \times 10^5} = -1.77 \times 10^{-4}$$

$$\varepsilon_{BC} = \frac{\sigma_{BC}}{E} = \frac{-26.0}{2 \times 10^5} = -1.3 \times 10^{-4}$$

$$\varepsilon_{CD} = \frac{\sigma_{CD}}{E} = \frac{38.2}{2 \times 10^5} = 1.91 \times 10^{-4}$$

(2) 杆的纵向变形

$$\Delta l = \varepsilon_{AB} \cdot l_1 + \varepsilon_{BC} \cdot l_2 + \varepsilon_{CD} \cdot l_3$$
$$= -1.77 \times 10^{-4} \times 100 - 1.3 \times 10^{-4} \times 50 + 1.91 \times 10^{-4} \times 200$$
$$= 1.4 \times 10^{-2}\text{mm}$$

(3) 各段直径的变形

$$\Delta d_{AB} = \varepsilon'_{AB} \cdot d_{AB} = -\mu \cdot \varepsilon_{AB} \cdot d_{AB} = -0.3 \times (-1.77 \times 10^{-4}) \times 12 = 6.37 \times 10^{-4}\text{mm}$$

$$\Delta d_{BC} = \varepsilon'_{BC} \cdot d_{BC} = -\mu \cdot \varepsilon_{BC} \cdot d_{BC} = -0.3 \times (-1.3 \times 10^{-4}) \times 14 = 5.46 \times 10^{-4}\text{mm}$$

$$\Delta d_{CD} = \varepsilon'_{CD} \cdot d_{CD} = -\mu \cdot \varepsilon_{CD} \cdot d_{CD} = -0.3 \times 1.91 \times 10^{-4} \times 10 = -5.73 \times 10^{-4}\text{mm}$$

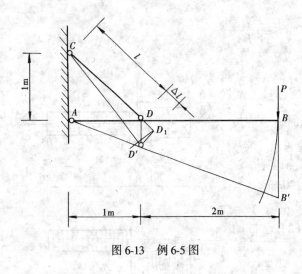

图 6-13 例 6-5 图

【例 6-5】 图示 6-13 结构的 AB 为刚性杆，B 端受荷载 $P = 10\text{kN}$ 作用。拉杆 CD 的横截面积 $A = 4\text{cm}^2$，材料的 $E = 200\text{GPa}$，$\angle ACD = 45°$。求 B 端的竖向位移 Δ_{By}。

【解】 截开 CD 杆，取 AB 杆为研究对象，由 $\Sigma M_A = 0$ 求得 CD 杆中的拉力为：

$$N = \frac{P \times 3}{1 \times \sin 45°} = \frac{10 \times 3}{0.707}$$

$$= 42.42\text{kN}$$

则得拉杆 CD 的纵向变形

$$\Delta l = \frac{Nl}{EA} = \frac{42.42 \times 10^3 \times 1.414 \times 10^3}{200 \times 10^3 \times 4 \times 10^2} = 0.75\text{mm}$$

如图，由于变形微小，则 D、D_1、B 点实际移动的圆弧线可以用切线 DD'、D_1D'、BB' 代替，称为切线法。由几何关系得

$$\overline{DD'} = \frac{\Delta l}{\cos 45°} = \frac{0.75}{0.707} = 1.06\text{mm}$$

则得 B 端的竖向位移

$$\Delta_{By} = \overline{BB'} = 3\overline{DD'} = 3 \times 1.06 = 3.18\text{mm}（向下）$$

【例 6-6】 如图 6-14（a）所示等截面直杆，已知其原长 l、横截面积 A、材料的重度 γ、弹性模量 E，受杆件自重和下端处集中力 P 作用。求该杆下端面的竖向位移 Δ_{By}。

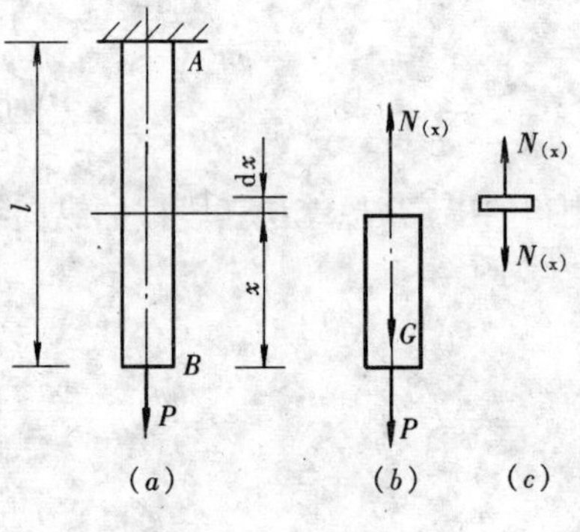

【解】 取脱离体如图 6-14（b）所示，求得内力

$$N_{(x)} = P + G = P + \gamma \cdot A \cdot x$$

在 x 截面处取微段 dx 如图 6-14（c）所示。由于是微段，所以可以略去两端内力的微小差值，则微段的变形

$$d\Delta l = \frac{N_{(x)}dx}{EA}$$

图 6-14 例 6-6 图

积分得全杆的变形 Δl 就是 B 端竖向位移 Δ_{By}

$$\Delta_{By} = \Delta l = \int_0^l \frac{N_{(x)}dx}{EA} = \int_0^l \frac{P + \gamma \cdot A \cdot x}{EA}dx = \frac{Pl}{EA} + \frac{\gamma \cdot l^2}{2EA}$$

第五节 材料在拉伸和压缩时的力学性能

分析杆件的强度时，除计算杆件在外力作用下的应力外，还应了解材料的力学性能。

所谓材料的力学性能主要是指，材料在外力作用下表现出的变形和破坏方面的特性。认识材料的力学性能主要是依靠试验的方法。

一、材料拉伸时的力学性能

在室温下，以缓慢平稳加载的方式进行的拉伸试验，称为常温、静载拉伸试验。它是确定材料的力学性能基本试验。拉伸试件的形状如图6-15所示，中间为较细的等直杆段，两端加粗。在中间等直杆段取长为 l 的一段作为工作段，l 称为标距。为了便于比较不

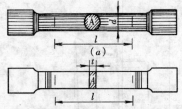

图6-15 拉伸试件

同材料的试验结果，应将试件加工成标准尺寸。对圆截面试件，标距 l 与横截面直径 d 有两种比例，$l = 10d$ 和 $l = 5d$。对矩形截面试件，标距 l 与横截面面积 A 之间的关系规定为 $l = 11.3\sqrt{A}$ 和 $l = 5.65\sqrt{A}$。

由国家规定的试验标准，对试件的形状，加工精度，试验条件等都有具体规定。试验时使试件受轴向拉伸，观察试件从开始受力直到拉断的全过程，了解试件受力与变形之间的关系，以测定材料力学性能的各项指标。由于材料品种很多，我们主要以低碳钢和铸铁为代表，来说明材料在拉伸时的力学性能。

（一）低碳钢在拉伸时的力学性能

低碳钢一般是指含碳量在0.3%以下碳素钢。在拉伸试验中，低碳钢表现出来的机械性能最为典型，而且也是工程中使用较广的钢材。

试件装上试验机后，缓缓加载。试验机的示力盘上指出一系列拉力 P 的数值，对应着每一个拉力 P，同时又可测出试件标距 l 的伸长量 Δl。以纵坐标表示拉力 P，横坐标表示伸长量 Δl。根据测得的一系列数据，作图表示 P 和 Δl 的关系，如图6-16所示，称为拉伸图或 $P - \Delta l$ 曲线。

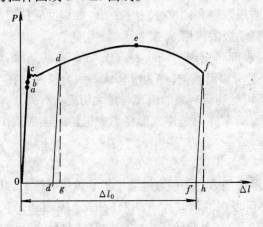

图6-16 拉伸图或 $P - \Delta l$ 曲线

$P - \Delta l$ 曲线与试件尺寸有关。为了消除试件尺寸的影响，把拉力除以试件横截面的原始面积 A，得出试件横截面上的正应力：$\sigma = \dfrac{P}{A}$；同时，把伸长量 Δl 除以标距的原始长度 l，得到试件在工作段内的应变：$\varepsilon = \dfrac{\Delta l}{l}$。以 σ 为纵坐标，ε 为横坐标，作图表示 σ 与 ε 的关系，如图6-17，称为应力应变图或 $\sigma - \varepsilon$ 曲线。

根据试验结果，低碳钢的力学性能大致如下：

1. 弹性阶段

在拉伸的初始阶段，σ 与 ε 的关系为直线 oa，这表示在这一阶段内 σ 与 ε 成正比，即

$$\sigma \propto \varepsilon$$

或者把它写成等式

$$\sigma = E\varepsilon$$

这就是杆件拉伸或压缩的虎克定律。由公式 $\sigma = E\varepsilon$，并从 $\sigma - \varepsilon$ 曲线的直线部分看出：

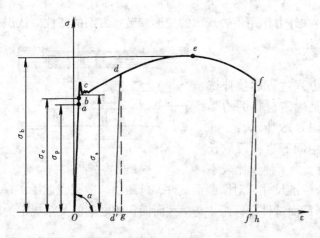

图 6-17 应力应变图或 σ-ε 曲线

$$E = \frac{\sigma}{\varepsilon}$$

所以 E 是直线 Oa 的斜率。直线 Oa 的最高点 a 所对应的应力,用 σ_p 来表示,称为比例极限。可见,当应力低于比例极限时,应力与应变成正比,材料服从虎克定律。

超过比例极限后,从 a 点到 b 点,σ 与 ε 之间的关系不再是直线。但变形仍然是弹性的,即解除拉力后变形将完全消失。b 点所对应的应力是材料只出现弹性变形的极限值,称为弹性极限,用 σ_e 来表示。在 $\sigma-\varepsilon$ 曲线上,a、b 两点非常接近,所以工程上对弹性极限和比例极限并不严格区分。因而也经常说,应力低于弹性极限时,应力与应变成正比,材料服从虎克定律。

在应力大于弹性极限后,如再解除拉力,则试件变形的一部分随之消失,但还遗留下一部分不能消失的变形。前者是弹性变形,而后者就是塑性变形。

2. 屈服阶段

当应力超过 b 点增加到某一数值时,应变有非常明显的增加,而应力先是下降,然后在很小的范围内波动,在 $\sigma-\varepsilon$ 曲线上出现接近水平线的小锯齿形线段。这种应力先是下降然后即基本保持不变,而应变显著增加的现象,称为屈服或流动。在屈服阶段内的最高应力和最低应力分别称为上屈服极限和下屈服极限。上屈服极限的数值与试件形状、加载速度等因素有关,一般是不稳定的。下屈服极限则有比较稳定的数值,能够反应材料的性能。通常就把下屈服极限称为屈服极限或流动极限,用 σ_s 来表示。

表面磨光的试件在应力达到屈服极限时,表面将出现与轴线大致成 45°倾角的条纹,如图 6-18 所示。这是由于材料内部晶格之间相对滑移而成的,称为滑移线。因为拉伸时在与杆轴成倾角 45°的斜截面上,切应力为最大值,可见屈服现象的出现与最大切应力有关。

当材料屈服时,将引起显著的塑性变形。而零件的塑性变形将影响机器的正常工作,所以屈服极限 σ_s 是衡量材料强度的重要指标。

3. 强化阶段

过了屈服阶段后,材料又恢复了抵抗变形的能力,要使它继续变形必须增加拉力。这种现象称为材料的强化。在图 6-17 中,强化阶段中的最高点 e 所对应的应力,是材料所能承受的最大应力,称为强度极限,用 σ_b 表示。在强化阶段中,试件的横向尺寸有明显的缩小。

4. 局部变形阶段(颈缩阶段)

过 e 点后,在试件的某一局部范围内,横向尺寸突然缩小,形成颈缩现象,如图 6-19 所示。由于在颈缩部分横截面面积迅速减小,使试件继续伸长所需要的拉力也相应减少。在应力-应变图中,用横截面原始面积 A 算出的应力 $\sigma = \dfrac{P}{A}$ 随之下降,降落到 f 点,试件被拉断。

图 6-18 滑移线示意图　　　　图 6-19 颈缩示意图

因为应力到达强度极限后,试件出现颈缩现象,随后即被拉断,所以强度极限 σ_b 是衡量材料强度的另一重要指标。

5. 延伸率和截面收缩率

试件拉断后,弹性变形消失,而塑性变形依然保留。试件的长度由原始长度 l 变为 l_1。用百分比表示的比值

$$\delta = \frac{l_1 - l}{l} \times 100\% \qquad (6-10)$$

式 (6-10) 中的 δ 称为延伸率。试件的塑性变形越大,则 $(l_1 - l)$ 越大,延伸率 δ 也就越大。因此,延伸率是衡量材料塑性的指标。低碳钢的延伸率很高,其平均值约为 $\delta = 20\% \sim 30\%$,这说明低碳钢的塑性性能很好。

工程上通常按延伸率的大小把材料分成两大类,$\delta > 5\%$ 的材料称为塑性材料,如碳钢、黄铜、铝合金等;而把 $\delta < 5\%$ 的材料称为脆性材料。如灰铸铁、玻璃、陶瓷等。

试件拉断后,若以 A_1 表示颈缩处的最小横截面面积,用百分比表示的比值

$$\psi = \frac{A - A_1}{A} \times 100\% \qquad (6-11)$$

或 (6-11) 中的 ψ 称为截面收缩率。式中 A 为试件横截面的原始面积。ψ 也是衡量材料塑性的指标。

6. 卸载定律及冷作硬化

在低碳钢的拉伸试验中,如把试件拉到超过屈服极限的 d 点,然后逐渐卸除拉力,应力和应变关系将沿着斜直线 dd' 回到 d' 点。斜直线 dd' 近似地平行于 Oa。这说明:在卸载过程中,应力和应变按直线规律变化。这就是卸载定律。拉力完全卸除后,应力—应变图中,$d'g$ 表示消失了的弹性变形,而 Od' 表示不再消失的塑性变形。

卸载后,如在短期内再次加载,则应力和应变关系大致上沿卸载时的斜直线 $d'd$ 变化,直到 d 点后,又沿曲线 def 变化。可见在再次加载过程中,直到 d 点以前,材料的变形是弹性的,过 d 点后才开始出现塑性变形。比较图 6-17 中的 $Oabcdef$ 和 $d'def$ 两条曲线,可见在第二次加载时,其比例极限(亦即弹性阶段)得到了提高,但塑性变形和延伸率却有所降低。这表示:在常温下把材料预拉到塑性变形,然后卸载,当再次加载时,将使材料的比例极限提高而塑性降低。这种现象称为冷作硬化。冷作硬化现象经退火后又可消除。

工程上经常利用冷作硬化来提高材料的弹性阶段。如起重用的钢索和建筑用的钢筋,常用冷拔工艺以提高强度。又如对某些零件进行喷丸处理,使其表面发生塑性变形,形成冷硬层,以提高零件表面层的强度。但另一方面,零件初加工后,由于冷作硬化使材料变脆变硬,给下一步加工造成困难,且容易产生裂纹,往往就需要在工序之间安排退火,以消除冷作硬化的影响。

(二) 铸铁拉伸时的力学性能

灰口铸铁拉伸时的应力–应变关系是一段微弯曲线,如图 6-20 所示,没有明显的直线部分。在较小的拉力下就被拉断,没有屈服和颈缩现象,拉断前的应变很小,延伸率也

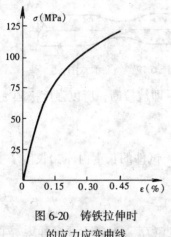

图 6-20 铸铁拉伸时的应力应变曲线

很小。所以,灰口铸铁是典型的脆性材料。

由于铸铁的 $\sigma-\varepsilon$ 图没有明显的直线部分,弹性模量 E 的数值随应力的大小而变。但在工程中铸铁的拉力不能很高,而要较低的拉应力下,则可近似地认为变形服从虎克定律。通常取曲线的割线代替曲线的开始部分,并以割线的斜率作为弹性模量,称为割线弹性模量。

铸铁拉断时的最大应力即为其强度极限,因为没有屈服现象,强度极限是衡量强度的惟一指标。铸铁等脆性材料抗拉强度很低,所以不宜作为抗拉杆件的材料。

铸铁经球化处理成为球墨铸铁后,力学性能有显著变化,不但有较高的强度,还有较好的塑性性能。国内不少工厂成功地用球墨铸铁代替钢材制造曲轴、齿轮等零件。

(三)其他塑性材料在拉伸时的力学性能

工程上常用的塑性材料,除低碳钢外,还有中碳钢、某些高碳钢和合金钢、铝合金、青铜、黄铜等。图 6-21 中是几种塑性材料的曲线。其中有些材料,如 16Mn 钢,和低碳钢一样,有明显的弹性阶段、屈服阶段、强化阶段和局部变形阶段。有些材料,如黄铜,没有屈服阶段,但其他三阶段却很明显。

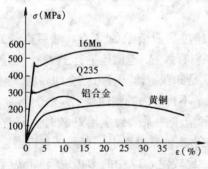

图 6-21 常用材料的应力应变曲线

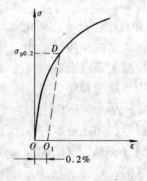

图 6-22 名义屈服极限

对于没有明显屈服阶段的塑性材料,通常以产生 0.2% 的塑性应变所对应的应力作为屈服极限,并称为名义屈服极限,用 $\sigma_{0.2}$ 来表示,如图 6-22 所示。

各类碳素钢中随含碳量的增加,屈服极限和强度极限相应增高,但延伸率降低。例如合金钢、工具钢等高强度钢,其屈服极限较高,但塑性性能却较差。

在我国,结合国内资源,近年来发展了普通低合金钢,如 16Mn、15 MnTi 等。这些低合金钢的生产工艺和成本与普通钢相近,但有强度高、韧性好等良好的性能,目前使用颇广。如南京长江大桥采用 16Mn 钢,比用低碳钢节约了大约 15% 左右的钢材;解放牌汽车大梁采用 16Mn 钢后,降低了成本,还提高了寿命。

二、材料在压缩时的力学性能

金属材料的压缩试件,一般制成很短的圆柱,以免试验时被压弯。圆柱高度约为直径的1.5～3倍。

低碳钢压缩时的曲线如图6-23所示。试验结果表明：低碳钢压缩时的弹性模量E，屈服极限σ_s，都与拉伸时大致相同。屈服阶段以后，试件越压越扁，横截面面积不断增大，试件抗压能力也继续增高，因而得不到压缩时的强度极限。由于可以从拉伸试验了解到低碳钢压缩时的主要性能，所以不一定要进行压缩试验。

图6-24表示铸铁压缩时的曲线。试件仍然在较小的变形下突然破坏。破坏断面与轴线大致成45°～50°的倾角。表明这类试件的斜截面因剪切而破坏。铸铁的抗压强度极限比它的抗拉强度极限高4～5倍。其他脆性材料，如混凝土、石料等，抗压强度也远高于抗拉强度。脆性材料抗拉强度低，塑性性能差，但抗压能力强，而且价格低廉，宜于作为抗压杆件的材料。铸铁坚硬耐磨，易于浇铸成形状复杂的零部件，广泛地用于铸造成机床床身、机座、缸体及轴承座等受压零部件。因此，其压缩试验比拉伸试验更为重要。综上所述，衡量材料力学性能的指标主要有：比例极限（或弹性极限）σ_p，屈服极限σ_s，强度极限σ_b，弹性模量E，延伸率δ和截面收缩率ψ等。表6-2中列出了几种常用材料在常温、静载下的主要力学性能。

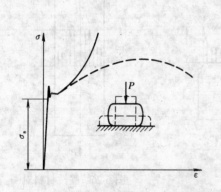
图6-23 低碳钢压缩时的应力应变曲线

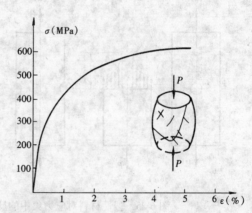
图6-24 铸铁压缩时的应力应变曲线

几种常用材料的主要力学性能　　　　表6-2

材料名称	屈服极限 σ_s（MPa）	强度极限 σ_b（MPa）		伸长率 δ（%）
		受拉	受压	
Q235低碳钢	220～240	370～460		25～27
16Mn钢	280～340	470～510		19～31
灰口铸铁	98～390		640～1300	<0.5
混凝土C20		1.6	14.2	
混凝土C30		2.1	21	
红松（顺纹）		96	32.2	

三、塑性材料和脆性材料力学性能的比较

塑性材料和脆性材料的力学性能，有着明显的差别，现比较归结如下：

1. 变形比较

塑性材料有流动阶段，断裂前塑性变形明显；脆性材料没有流动阶段，并在微小的变形时就发生断裂。

2. 强度比较

塑性材料在拉伸和压缩时有着基本相同的屈服极限，故既可用于受拉构件，也可用于受压构件；脆性材料抗压强度远大于抗拉强度，因此适用于受压构件。

3. 抗冲击比较

塑性材料能吸收较多的冲击变形能，故塑性材料的抗冲击能力要比脆性材料强，对承受冲击或振动的构件，宜采用塑性材料。

4. 对应力集中敏感性比较

塑性材料因为有着较长的屈服阶段，所以当杆件孔边最大应力到达屈服极限时，若继续加力，则孔边缘材料的变形将继续增长，而应力保持不变，所增加的外力只使截面上屈服区域不断扩展，这样横截面上的应力将逐渐趋于均匀。所以说塑性材料对于应力集中并不敏感，如图 6-25 所示。而脆性材料则不然，随着外力的增加，孔边应力也急剧上升并始终保持最大值，当达到强度极限时，孔边首先产生裂纹，所以脆性材料对于应力集中就十分敏感，如图 6-26 所示。塑性材料在常温静荷作用时，可以不考虑应力集中的影响，而脆性材料则必须加以考虑。

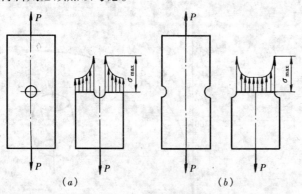

图 6-25 塑性材料对应力集中的反应　　图 6-26 脆性材料对应力集中的反应

值得指出的是，对于塑性材料和脆性材料的划分，通常是依据在常温、静载下对材料拉伸试验所得延伸率的大小来判别的。但是，现代试验的结果表明，材料的性质能在很大程度上随外界条件而转化，例如，塑性很好的低碳钢，在低温、高速加载时，也会发生脆性破坏；反之，高温也可以使脆性材料塑性化。另外，材料的力学行为还与状态有关，例如，大理石在三个方向同时压缩时，也会发生很大的塑性变形。因此，对材料塑性和脆性的分类是相对的、有条件的，比较确切的说法，应该是材料处于塑性状态或脆性状态。

四、极限应力、安全因数、许用应力

在工程中，引起构件断裂或产生显著的塑性变形都是不允许的。我们把材料破坏时的应力称为危险应力或极限应力，用 σ^0 表示。对于塑性材料，当应力到达屈服极限 σ_s（或 $\sigma_{0.2}$）时，杆件将发生明显的塑性变形，影响其正常工作，一般认为这时材料已经破坏，因而把屈服极限 σ_s（或 $\sigma_{0.2}$）作为塑性材料的极限应力；对于脆性材料，直到断裂也无明显的塑性变形，断裂是脆性材料破坏的惟一标志，因而断裂时的强度极限 σ_b 就是脆性材料的极限应力。即

塑性材料 $\qquad \sigma^0 = \sigma_s$ 或 $\sigma^0 = \sigma_{0.2}$

脆性材料 $\qquad \sigma^0 = \sigma_b$

为了保证构件有足够的承载力,构件在荷载作用下的应力(工作应力)显然应低于极限应力。强度计算中,把极限应力 σ^0 除以一个大于 1 的安全因数 n,并将所得结果称为许用应力,用 $[\sigma]$ 来表示,即

$$[\sigma] = \frac{\sigma^0}{n} \tag{6-12}$$

对塑性材料

$$[\sigma] = \frac{\sigma_s}{n_s} \quad \text{或} \quad [\sigma] = \frac{\sigma_{0.2}}{n_s}$$

对脆性材料

$$[\sigma] = \frac{\sigma_b}{n_b}$$

式中大于 1 的因数 n_s 和 n_b 分别称为塑性材料和脆性材料的安全因数。表 6-3 中列出了常用材料的许用应力值。

常用材料的许用应力　　　　表 6-3

材料名称	许用应力(MPa)		材料名称	许用应力(MPa)	
	轴向拉伸	轴向压缩		轴向拉伸	轴向压缩
Q215 钢	140	140	混凝土	0.1~0.7	1~9
Q235 钢	160	160	铜	30~120	30~120
16Mn 钢	240	240	强铝	80~150	80~150
45 钢	190	190	松木(顺纹)	7~12	10~12
灰口铸铁	32~80	120~150			

安全因数(许用应力)的选定,涉及正确处理安全与经济之间的关系。因为从安全的角度考虑,应加大安全因数,降低许用应力,这就难免要增加材料的消耗,有损于经济。相反,如从经济的角度考虑,势必要减小安全系数,提高许用应力。这样虽可少用材料,减轻自重,但有损于安全。所以应合理地权衡安全与经济两个方面的要求,而不应片面地强调某一方面的需要。

至于确定安全因数时应考虑的因素,一般有以下几点:(1)材料的素质,包括材料组成的均匀程度,质地好坏,是塑性材料还是脆性材料等。(2)荷载情况,包括对荷载的估计是否准确,是静荷载还是动荷载等。(3)实际构件简化过程和计算方法的精确程度。(4)构件在工程中的重要性,工作条件,损坏后造成后果的严重程度,维修的难易程度等。(5)对减轻结构自重和提高结构机动性要求。上述这些因素都足以影响安全系数的确定。例如材料的均匀程度较差,分析方法的精度不高,荷载估计粗糙等都是偏于不安全的因素,这时就要适当地增加安全因数的数值,以补偿这些不利因素的影响。又如某些工程结构对减轻自重的要求高,材料质地好,而且不要求长期使用。这时就不妨适当地提高许用应力的数值。可见在确定安全因数时,要综合考虑到多方面的因素,对具体情况作具体分析。很难作统一的规定。不过,人类对客观事物的认识总是逐步地从不完善趋向于完善。随着原材料质量的日益提高,制造工艺和设计方法的不断改进,对客观世界认识的不断深化,安全因数的选择必将日益趋向于合理。

许用应力和安全因数的具体数据,国家有相关行业规范可供参考。在静载的情况下,

对塑性材料可约取 $n_s = 1.4 \sim 1.7$。由于脆性材料均匀性较差,且破坏突然发生,有更大的危险性,所以约取 $n_b = 2 \sim 5$。

第六节 轴向拉压杆的强度条件及强度计算

上节介绍了材料的力学性能。在这一基础上,现在讨论轴向拉(压)时杆件的强度计算。

一、强度条件

为确保轴向拉伸(压缩)杆件具有足够的强度,把许用应力作为杆件实际工作应力的最高限度。即要求工作应力不超过材料的许用应力。于是,得强度条件如下:

$$\sigma = \frac{N}{A} \leq [\sigma] \tag{6-13}$$

二、强度条件计算的三类问题

根据上述强度条件,可以解决以下三种类型的强度计算问题。

1. 强度校核

若已知杆件尺寸、荷载数值和材料的许用应力,即可用强度条件

$$\sigma = \frac{N}{A} \leq [\sigma]$$

验算杆件是否满足强度要求。

2. 设计截面

若已知杆件所承担的荷载及所用材料的许用应力,可把强度条件 $\sigma = \frac{N}{A} \leq [\sigma]$ 改写成

$$A \geq \frac{N}{[\sigma]}$$

由此即可确定杆件所需的横截面的最小面积。

3. 确定许可荷载

若已知杆件的尺寸和材料的许用应力,由强度条件 $\sigma = \frac{N}{A} \leq [\sigma]$ 有

$$N_{max} \leq [\sigma] A$$

由此就可以确定杆件所能承担的最大轴力。根据杆件的最大轴力又可以确定工程结构的许可荷载。

下面我们用例题说明上述三种类型的强度计算问题。

【例 6-7】 圆木直杆的大、小头直径及所受轴向荷载如图 6-27(a)所示,B 截面是杆件的中点截面。材料的容许拉应力 $[\sigma_l] = 6.5$MPa,容许压应力 $[\sigma_c] = 10$MPa。试对该杆作强度校核。

【解】 (1) 求得 N 图,如图 6-27(b)所示。

(2) 可判断 A 右邻截面和 B 右邻截面是危险截面;危险截面上的任一点是危险点。

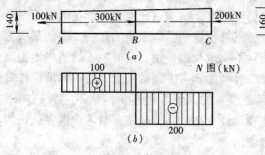

图 6-27 例 6-7 图

(3) 截面几何参数

$$A_A = \frac{\pi \cdot d_A^2}{4} = \frac{3.14 \times (140)^2}{4} = 1.54 \times 10^4 \text{mm}^2$$

$$A_B = \frac{\pi \cdot d_B^2}{4} = \frac{3.14 \times (150)^2}{4} = 1.77 \times 10^4 \text{mm}^2$$

(4) 计算危险点应力，并作强度校核

A 右邻截面上：

$$\sigma_{max} = \frac{N_{AB}}{A_A} = \frac{100 \times 10^3}{1.54 \times 10^4} = 6.5 \text{MPa} = [\sigma_t]$$

B 右邻截面上：

$$|\sigma_{cmax}| = \frac{|N_{BC}|}{A_B} = \frac{200 \times 10^3}{1.77 \times 10^4} = 11.3 \text{MPa} > [\sigma_c] = 10 \text{MPa}$$

所以不安全。

【例 6-8】 如图 6-28（a）所示，砖柱柱顶受轴向荷载 P 作用。已知砖柱横截面面积 $A = 0.3\text{m}^2$，自重 $G = 40\text{kN}$，材料容许压应力 $[\sigma_c] = 1.05\text{MPa}$。试按强度条件确定柱顶的容许荷载 $[P]$。

【解】 (1) 求得 N 图如图 6-28（b）所示。

(2) 判断柱底截面是危险截面，其上任一点是危险点；

(3) 由强度条件

$$\frac{|N|}{A} \leq [\sigma_c]$$

得 $|N_{max}| \leq [\sigma_c] A = 1.05 \times 10^6 \times 0.3 = 3.15 \times 10^5 \text{N} = 315 \text{kN}$

即 $[P] + 40 = 315$

得 $[P] = 315 - 40 = 275 \text{kN}$

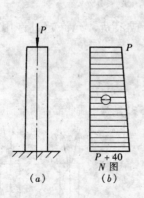

图 6-28 例 6-8 图

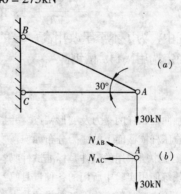

图 6-29 例 6-9 图

【例 6-9】 如图 6-29(a)所示，三角支架的 AB 杆拟用直径 $d = 25\text{mm}$ 的圆钢，AC 杆拟用木材。已知钢材的 $[\sigma] = 170\text{MPa}$，木材的 $[\sigma_c] = 10\text{MPa}$。试校核 AB 杆的强度，并确定 AC 杆的横截面积。

【解】 (1) 取节点 A，如图 6-29（b）所示，求内力，得

$$N_{AB} = 60 \text{kN} \qquad N_{AC} = -52 \text{kN}$$

(2) 校核 AB 杆的强度

$$\sigma_{max} = \frac{N_{AB}}{A_{AB}} = \frac{4 \times 60 \times 10^3}{3.14 \times (25)^2} = 122.3 \text{MPa} < [\sigma]$$

故 AB 杆安全。

(3) 确定 AC 杆的横截面积

$$A_{AC} \geq \frac{|N_{AC}|}{[\sigma_c]} = \frac{52 \times 10^3}{10 \times 10^6} = 5.2 \times 10^{-3} \text{mm}^2 = 52 \text{cm}^2$$

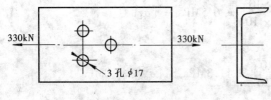

【例 6-10】 如图 6-30 所示,槽钢截面杆,两端受轴向荷载 $P = 330$kN 作用,杆上需钻三个直径 $d = 17$mm 的通孔,材料的容许应力 $[\sigma] = 170$MPa。试确定所需槽钢的型号。

图 6-30 例 6-10 图

【解】 (1) 求内力 $N = 330$kN

(2) 判断危险截面是两孔处截面,其上任一点是危险点。

(3) 由强度条件,有

$$A \geq \frac{N}{[\sigma]} = \frac{330 \times 10^3}{170} = 1.94 \times 10^3 \text{mm}^2 = 19.4 \text{cm}^2$$

查得槽钢№14b 的毛面积 $A_g = 21.31 \text{cm}^2$
腰厚 $d = 8$mm
得净面积 $A_n = 21.31 - 2 \times 0.8 \times 1.7 = 18.59 \text{cm}^2$
实际工作应力

$$\sigma_{max} = \frac{N}{A_n} = \frac{330 \times 10^3}{18.59 \times 10^2} = 177.5 \text{MPa} > [\sigma] = 170 \text{MPa}$$

超过许用应力 $\frac{177.5 - 170}{170} \times 100\% = 4.4\% < 5\%$

实际工程中,为了不至于改用高一号的型钢造成浪费,允许超过许用值的 5% 以内,所以这里可确定选用№14b 槽钢。

思考题与习题

6-1 试述轴向拉压杆的受力及变形特点。并指出图示 6-31 结构中哪些部位属于轴向拉伸或压缩。

6-2 轴向拉压杆横截面上的应力分布如何?

6-3 你在实验中所采用的试件是标准试件吗?

6-4 你能熟练使用实验中所用的各种量具吗?

6-5 你在实验之前是怎样确定试验机读盘上的量程的?

6-6 轴向拉压杆中,最大正应力和最大切应力各发生在什么方位的截面上?

6-7 低碳钢单向拉伸的曲线可分为哪几个阶段?对应的强度指标是什么?其中哪一个指标是强度设计的依据?

6-8 叙述低碳钢单向拉伸试验中的屈服现象。

6-9 材料的两个延性指标是什么?

6-10 材料的弹性模量 E,标志材料的何种性能?

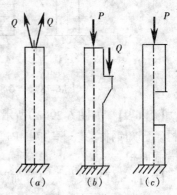

图 6-31 题 6-1 图

6-11 如图 6-32 所示结构，用低碳钢制造杆①，用铸铁制造杆②，是否合理？

6-12 求图示 6-33 各杆指定截面上的轴力。

6-13 画出图 6-34 所示各杆的轴力图。

6-14 直杆受力如图 6-35 所示。它们的横截面面积为 A 及 $A_1 = \dfrac{A}{2}$，弹性模量为 E，试求：

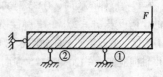

图 6-32 题 6-11 图

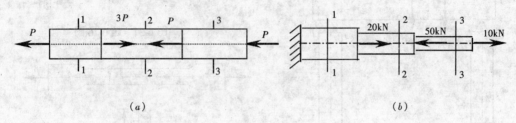

图 6-33 题 6-12 图

(1) 各段横截面上的应力 σ；
(2) 杆的纵向变形 Δl。

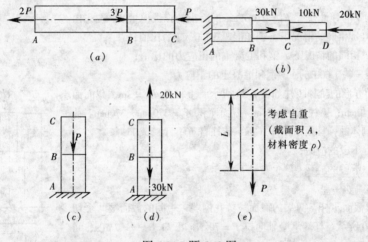

图 6-34 题 6-13 图

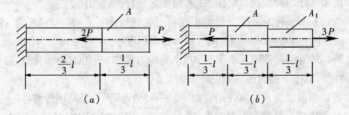

图 6-35 题 6-14 图

6-15 横梁 AB 支承在支座 A、B 上，两支柱的横截面面积都是 $A = 9 \times 10^4 \text{mm}^2$，作用在梁上的荷载可沿梁移动，其大小如图 6-36 所示。求支座柱子的最大正应力。

6-16 如图 6-37 所示板件，受轴向拉力 $P = 200\text{kN}$ 作用，试求：

(1) 互相垂直的两斜面 AB 和 AC 上的正应力和切应力；
(2) 这两个斜面上的切应力有何关系？

6-17 拉伸试验时，Q235 钢试件直径 $d = 10$mm，在标矩 $l = 100$mm 内的伸长 $\Delta l = 0.06$mm。已知 Q235 钢的比例极限 $\sigma_P = 200$MPa，弹性模量 $E = 200$GPa，问此时试件的应力是多少？所受的拉力是多大？

6-18 平板拉伸试样如图 6-38 所示，宽 $b = 29.8$mm，厚 $h = 4.1$mm。拉伸试验时，每增加 3kN 拉力，测得轴向应变 $\varepsilon = 120 \times 10^{-6}$，横向应变 $\varepsilon' = -38 \times 10^{-6}$。求材料的弹性模量 E 及泊松比 μ。

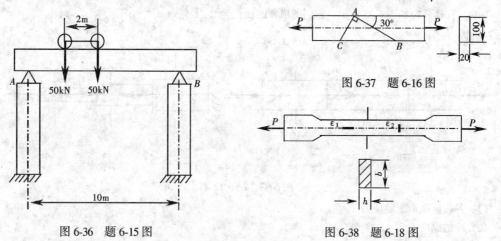

图 6-36 题 6-15 图   图 6-38 题 6-18 图

6-19 设低碳钢的弹性模量 $E_1 = 210$GPa，混凝土的弹性模量 $E_2 = 28$GPa，求：
(1) 在正应力 σ 相同的情况下，钢和混凝土的应变的比值；
(2) 在应变 ε 相同的情况下，钢和混凝土的正应力的比值；
(3) 当应变 $\varepsilon = -0.00015$ 时，钢和混凝土的正应力。

6-20 截面为方形的阶梯砖柱如图 6-39 所示。上柱高 $H_1 = 3$m，截面面积 $A_1 = 240$mm $\times$ 240mm；下柱高 $H_2 = 4$m，截面面积 $A_2 = 370$mm $\times$ 370mm。荷载 $P = 40$kN，砖砌体的弹性模量 $E = 3$GPa，砖柱自重不计，试求：
(1) 柱子上、下段的应力；
(2) 柱子上、下段的应变；
(3) 柱子的总缩短。

6-21 一矩形截面木杆，两端的截面被圆孔削弱，中间的截面被两个切口减弱。如图 6-40 所示。杆端承受轴向拉 $P = 70$kN，已知 $[\sigma] = 7$MPa，问杆是否安全？

6-22 如图 6-41 所示，杆①为直径 $d = 50$mm 的圆截面钢杆，许用应力 $[\sigma]_1 = 140$MPa；杆②为边长 $a = 100$mm 的方形截面木杆，许用应力 $[\sigma]_2 = 4.50$MPa。已知节点 B 处挂一重物 $Q = 36$kN，试校核两杆的强度。

6-23 如图 6-42 所示雨篷结构简图，水平梁 AB 上受均匀荷载 $q = 10$kN/m，B 端用斜杆 BC 拉住。试按下列两种情况设计截面：

图 6-39 题 6-20 图

(1) 斜杆由两根等边角钢制造，材料许用应力 $[\sigma] = 160$MPa，选择角钢的型号；
(2) 若斜杆用钢丝绳代替，每根钢丝绳的直径 $d = 2$mm，钢丝的许用应力 $[\sigma] = 160$MPa，求所需钢丝绳的根数。

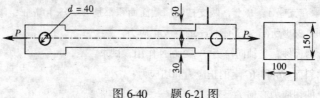

图 6-40 题 6-21 图

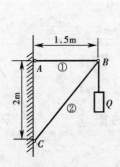

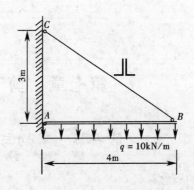

图 6-41 题 6-22 图　　　　　图 6-42 题 6-23 图

6-24　悬臂吊车如图 6-43 所示，小车可在 AB 梁上移动，斜杆 AC 的截面为圆形，许用应力 $[\sigma]$ = 170MPa。已知小车荷载 P = 15kN，试求杆 AC 的直径 d。

6-25　如图 6-44 所示结构中，AC、BD 两杆材料相同，许用应力 $[\sigma]$ = 160MP，弹性模量 E = 200GPa，荷载 P = 60kN。试求两杆的横截面面积。

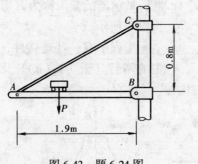
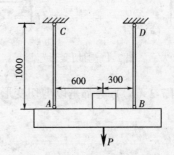

图 6-43 题 6-24 图　　　　　图 6-44 题 6-25 图

6-26　如图 6-45 所示起重架，在 D 点作用荷载 P = 30kN，若杆 AD、ED、AC 的许用应力分别为 $[\sigma]_1$ = 40MPa、$[\sigma]_2$ = 100MPa、$[\sigma]_3$ = 100MPa，求三根杆所需的面积。

6-27　如图 6-46 所示结构中，杆①为钢杆，A_1 = 1000mm², $[\sigma]_1$ = 160MPa，杆②为木杆，A_2 = 20000mm², $[\sigma]_2$ = 7MPa。求结构的许可荷载 $[P]$。

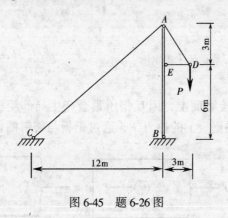
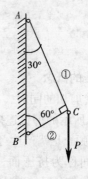

图 6-45 题 6-26 图　　　　　图 6-46 题 6-27 图

第七章 剪 切

第一节 剪切与挤压的概念

一、剪切的概念

剪切变形是杆件的基本变形之一。它是指杆件受到一对垂直于杆轴方向的大小相等、方向相反、作用线相距很近的外力作用所引起的变形,如图7-1(a)所示。此时,截面 cd 相对于 ab 将发生相对错动,即剪切变形。若变形过大,杆件将在两个外力作用面之间的某一截面 $m-m$ 处被剪断,被剪断的截面称为剪切面,如图7-1(b)所示。

工程中有一些连接件,如铆钉连接中的铆钉(图7-2(a))及销轴连接中的销钉(图7-2(b))等都是以剪切变形主的构件。

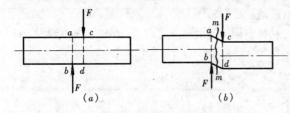

图7-1 剪切变形

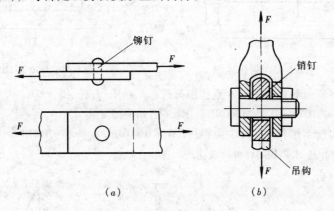

图7-2 剪切的工程实例

二、挤压的概念

构件在受剪切的同时,在两构件的接触面上,因互相压紧会产生局部受压,称为挤压。如图7-3所示的铆钉连接中,作用在钢板上的拉力 F,通过钢板与铆钉的接触面传递给铆钉,接触面上就产生了挤压。两构件的接触面称为挤压面,作用于接触面的压力称挤压力,挤压面上的压应力称挤压应力,当挤压力过大时,孔壁边缘将受压起"皱"(图7-3(a)),铆钉局部压"扁",使圆孔变成椭圆,连

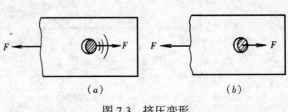

图7-3 挤压变形

接松动（图7-3（b）），这就是挤压破坏。因此，连接件除剪切强度需计算外，还要进行挤压强度计算。

第二节　剪切与挤压的实用计算

一、剪切的实用计算

如图7-4（a）所示连接件中，铆钉（图7-4（b））剪切面上的内力可用截面法求得。假想将铆钉沿剪切面截开分为上下两部分，任取其中一部分为研究对象（图7-4（c）），由平衡条件可知，剪切面上的内力 V 必然与外力方向相反，大小由 $\Sigma X = 0$，$F - V = 0$，得

$$V = F$$

这种平行于截面的内力 V 称为剪力。

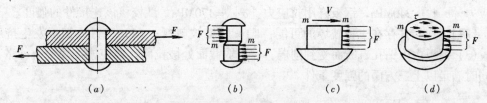

图7-4　铆钉的受力分析

与剪力 V 相应，在剪切面上有切应力 τ 存在（图7-4（d））。切应力在剪切面上的分布情况十分复杂，工程上通常采用一种以试验及经验为基础的实用计算方法来计算，假定剪切面上的切应力 τ 是均匀分布的。因此，

$$\tau = \frac{V}{A} \tag{7-1}$$

式中：A 为剪切面面积，V 为剪切面上的剪力。

为保证构件不发生剪切破坏，就要求剪切面上的平均切应力不超过材料的许用切应力，即剪切时的强度条件为

$$\tau = \frac{V}{A} \leqslant [\tau] \tag{7-2}$$

式中：$[\tau]$ 为许用切应力。许用切应力由剪切实验测定。

各种材料的许用切应力可在有关手册中查得。

二、挤压的实用计算

挤压应力在挤压面上的分布也很复杂，如图7-5（a）所示。因此也采用实用计算法，假定挤压应力均匀地分布在计算挤压面上，这样，平均挤压应力为

$$\sigma_c = \frac{F_c}{A_c} \tag{7-3}$$

式中 A_c 为挤压面的计算面积。当接触面为平面时，接触面的面积就是计算挤压面积，当接触面为半圆柱面时，取圆柱体的直径平面作为计算挤压面面积（图7-5（b））。这样计算所得的挤压应力和实际最大挤压应力值十分接近。由此可建立挤压强度条件：

$$\sigma_c = \frac{F_c}{A_c} \leqslant [\sigma_c] \tag{7-4}$$

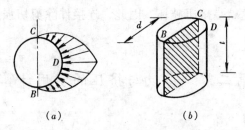

图 7-5 挤压应力与计算挤压面

式中 $[\sigma_c]$ 为材料的许用挤压应力，由试验测得。许用挤压应力 $[\sigma_c]$ 比许用压应力 $[\sigma]$ 高，约为 (1.7~2.0) 倍，因为挤压时只在局部范围内引起塑性变形，周围没有发生塑性变形的材料将会阻止变形的扩展，从而提高了抗挤压的能力。

【例 7-1】 图 7-6 (a) 所示一铆钉连接件，受轴向拉力 F 作用。已知：$F = 100$kN，钢板厚 $\delta = 8$mm，宽 $b = 100$mm，铆钉直径 $d = 16$mm，许用切应力 $[\tau] = 140$MPa，许用挤压应力 $[\sigma_c] = 340$MPa，钢板许用拉应力 $[\sigma] = 170$MPa。试校核该连接件的强度。

【解】 连接件存在三种破坏的可能：(1) 铆钉被剪断；(2) 铆钉或钢板发生挤压破坏；(3) 钢板由于钻孔，断面受到削弱，在削弱截面处被拉断。要使连接件安全可靠，必须同时满足以上三方面的强度条件。

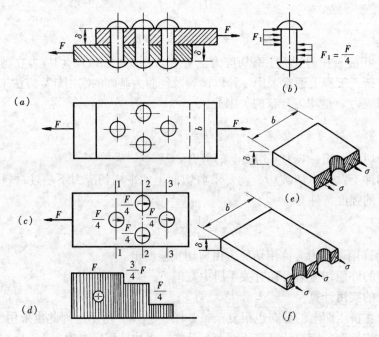

图 7-6 例 7-1 图

(1) 铆钉的剪切强度条件

连接件有 n 个直径相同的铆钉时，且对称于外力作用线布置，则可设各铆钉所受的力相等：

$$F_1 = \frac{F}{n}$$

现取一个铆钉作为计算对象，画出其受力图（图 7-6 (b)），每个铆钉所受的作用力

$$F_1 = \frac{F}{n} = \frac{F}{4}$$

用截面法求得剪切面上的剪力

$$V = F_1$$

根据式（7-2），得

$$\tau = \frac{V}{A} = \frac{F_1}{A} = \frac{F/4}{\pi d^2/4} = \frac{100 \times 10^3}{\pi \times 16^2} = 124 \text{MPa} < [\tau] = 140 \text{MPa}$$

所以铆钉满足剪切强度条件。

（2）挤压强度校核

每个铆钉所受的挤压力

$$F_c = F_1 = \frac{F}{4}$$

根据式（7-4），得

$$\sigma_c = \frac{F_c}{A_c} = \frac{F/4}{d\delta} = \frac{100 \times 10^3}{4 \times 16 \times 8} = 195 \text{MPa} < [\sigma_c] = 340 \text{MPa}$$

所以连接件满足挤压强度条件。

（3）板的抗拉强度校核

两块钢板的受力情况及开孔情况相同，只要校核其中一块即可。现取下面一块钢板为研究对象，画出其受力图（图7-6（c））和轴力图（图7-6（d））。

截面1-1和3-3的净面积相同（图7-6（e）），而截面3-3的轴力较小，故截面3-3不是危险截面。截面2-2的轴力虽比截面1-1小，但净面积也小（图7-6（f）），故需对截面1-1和2-2进行强度校核。

截面1-1：

$$\sigma_1 = \frac{N_1}{A_1} = \frac{F}{(b-d)\delta} = \frac{100 \times 10^3}{(100-16)8} = 149 \text{MPa} < [\sigma] = 170 \text{MPa}$$

截面2-2：

$$\sigma_2 = \frac{N_2}{A_2} = \frac{3F/4}{(b-2d)\delta} = \frac{3 \times 100 \times 10^3}{4(100-2 \times 16)8} = 138 \text{MPa} < [\sigma] = 170 \text{MPa}$$

所以钢板满足抗拉强度条件。

经以上三方面的校核，该连接件满足强度要求。

思考题与习题

7-1 剪切变形的受力特点和变形特点是什么？

7-2 挤压变形与轴向压缩变形有什么区别？

7-3 挤压面与计算挤压面有何不同？

7-4 如图7-7所示，正方形的混凝土柱，其横截面边长为 $b = 200$mm，其基底为边长 $a = 1$m 的正方形混凝土板。柱受轴向压力 $F = 100$kN，假设地基对混凝土板的反力为均匀分布，混凝土的许用切应力 $[\tau] = 1.5$MPa，试问若使柱不致穿过混凝土板，所需的最小厚度 δ 应为多少？

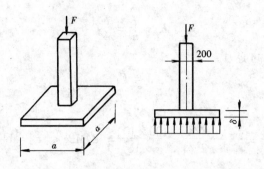

图 7-7 题 7-4 图

7-5 如图 7-8 所示，厚度 $t=6\text{mm}$ 的两块钢板用三个铆钉连接，已知 $F=50\text{kN}$，已知连接件的许用切应力 $[\tau]=100\text{MPa}$，$[\sigma_c]=280\text{MPa}$，试确定铆钉直径 d。

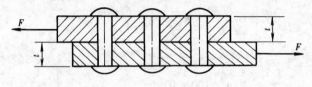

图 7-8 题 7-5 图

第八章 扭　　转

第一节　扭转的概念

扭转是杆件的基本变形之一。在垂直于杆件轴线的两个平面内，作用一对大小相等、方向相反的力偶时，杆件就会产生扭转变形。扭转变形的特点是各横截面绕杆的轴线发生相对转动。杆件任意两横截面之间相对转过的角度 φ 称为扭转角，如图8-1所示。

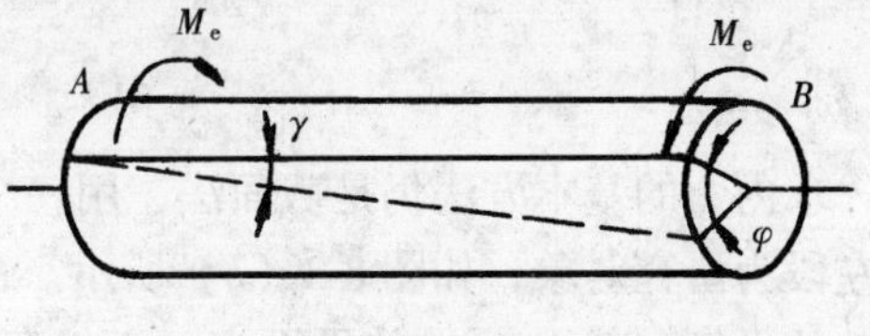

工程中受扭的杆件是很多的，例如图8-2（a）所示汽车方向盘的操纵杆、图8-2（b）所示攻丝锥的锥杆及图8-2（c）所示机械中的传动轴等都主要是受扭的杆件。工程中将以扭转变形为主的杆件称为轴。本章只介绍圆截面杆扭转时的强度和刚度计算。

图8-1　扭转变形

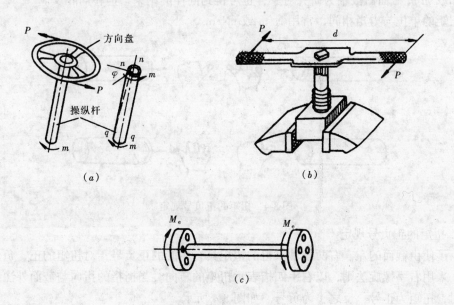

图8-2　扭转的工程实例

第二节　圆轴扭转时横截面上的内力

一、圆轴扭转时的内力——扭矩

在对圆轴进行强度和刚度计算之前，先要计算出圆轴横截面上的内力——扭矩

1. 扭矩

图 8-3（a）所示圆轴，在垂直于轴线的两个平面内，受一对外力偶矩 M_e 作用，现求任一截面 m-m 的内力。

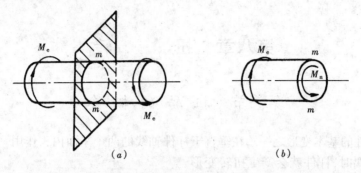

图 8-3　截面法求扭矩

求内力的基本方法仍是截面法，用一个假想横截面在轴的任意位置 m-m 处将轴截开，取左段为研究对象，如图 8-3（b）所示。由于左端作用一个外力偶 M_e 作用，为了保持左段轴的平衡，截面 m-m 的平面内，必然存在一个与外力偶相平衡的内力偶，其内力偶矩 M_n 称为扭矩，大小由 $\Sigma M_x = 0$，得

$$M_n = M_e$$

如取 m-m 截面右段轴为研究对象，也可得到同样的结果，但转向相反。

扭矩的单位与力矩相同，常用 N·m 或 kN·m。

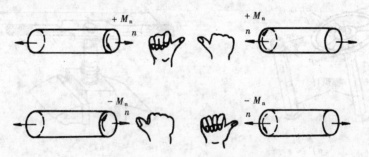

图 8-4　扭矩的正负号规定

2. 扭矩的正负号规定

为了使由截面的左、右两段轴求得的扭矩具有相同的正负号，对扭矩的正、负作如下规定：采用右手螺旋法则，以右手四指表示扭矩的转向，当拇指的指向与截面外法线方向一致时，扭矩为正号；反之，为负号。如图 8-4 所示。

二、扭矩图

当一根轴上同时受到多个外力偶作用时，各段轴的扭矩可用截面法分段计算。为了直观表示各段轴的扭矩变化规律，用平行于轴线的横坐标表示截面位置，以垂直于轴线的纵坐标表示扭矩的大小。正扭矩画在横坐标轴的上方；负扭矩画在横坐标轴的下方。这种表示扭矩沿轴线变化规律的图形，称为扭矩图。

【例 8-1】　图 8-5（a）所示一圆轴，A、B、C 处各作用着外力偶，试画出该轴的扭矩图。

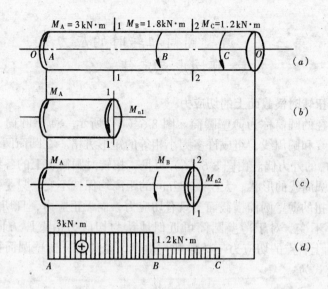

图 8-5 例 8-1 图

【解】 (1) 计算各段轴的扭矩

AB 段：用 1-1 截面将轴在 AB 段内截开，取左段为脱离体，用 M_{n1} 表示截面上的扭矩，并假设转向为正（图 8-5（b）所示）。由平衡方程

$$\Sigma M_x = 0 \quad M_{n1} - M_A = 0$$

得

$$M_{n1} = M_A = 3 \text{kN} \cdot \text{m}$$

正值表示扭矩的转向与假设一致。故 M_{n1} 是正扭矩。

BC 段：用 2-2 截面将轴在 BC 段内截开，取左段为脱离体，用 M_{n2} 表示截面上的扭矩，并假设转向为正（图 8-5（c）所示）。由平衡方程

$$\Sigma M_x = 0 \quad M_{n2} - M_A + M_B = 0$$

得

$$M_{n2} = M_A - M_B = 3 - 1.8 = 1.2 \text{kN} \cdot \text{m}$$

正值表示扭矩的转向与假设一致。故 M_{n2} 是正扭矩。

(2) 画扭矩图

取平行于轴线的横坐标 x 表示截面位置，纵坐标表示扭矩。M_{n1} 和 M_{n2} 均为正值，应画在 x 轴上方，按一定比例量取各段轴的扭矩值，画出扭矩图，如图 8-5（d）所示。

三、外力偶矩的计算

工程中作用于传动轴上的外力偶矩 M_e 一般不直接给出，而是给出轴所传递的功率 P 和轴的转数 n，它们之间的换算关系为：

$$M_e = 9549 \frac{P}{n} \tag{8-1}$$

式中　M_e——传动轴上某处的外力偶矩（N·m）

　　　P——传动轴上某处的输入或输出功率（kW）

　　　n——传动轴每分钟的转速（r/min）

第三节 薄壁圆筒扭转时的应力及剪切虎克定律

一、薄壁圆筒扭转时横截面上的切应力

壁厚远小于半径的圆筒称为薄壁圆筒。图8-6（a）所示一薄壁圆筒，在其表面等间距地画上一些纵向线和圆周线，组成许多大小相等的矩形方格。在圆筒两端施加一对方向相反、力偶矩为 M_e 的外力偶。由图8-6（b）可见，扭转时圆筒表上的各纵向线均倾斜了相同的角度 γ，而圆周线的形状、大小及相互间的距离均保持不变，只是绕轴线作相对转动。实验表明，受扭的薄壁圆筒横截面上只有切应力，而无正应力，且切应力方向垂直于半径，沿圆周大小不变。对于薄壁圆筒可近似地认为切应力沿壁厚方向均匀分布（图8-7），因此，横截面上各点的切应力 τ 为常数。由静力条件得，薄壁圆筒扭转时横截面上的切应力 τ 计算公式为：

$$\tau = \frac{M_n}{2\pi R^2 t} \tag{8-2}$$

式中　M_n——扭矩；
　　　R——薄壁圆筒的平均半径；
　　　t——壁厚。

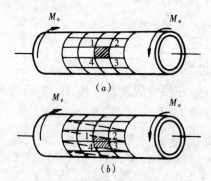

图8-6　薄壁圆筒的扭转变形

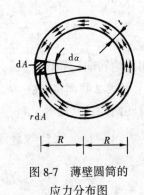

图8-7　薄壁圆筒的应力分布图

二、剪应变

在受扭的薄壁圆筒中某点取一微小的正六面体（单元体），把它放大，如图8-8所示。在切应力 τ 作用下，与横截面平行的左右截面发生相对错动，致使正六面体变为斜平行六面体。原来的直角有了微小的变化，这个直角的改变量称为剪应变，用 γ 表示，其单位为（rad）。

三、切应力互等定理、纯剪切及剪切虎克定律

现在进一步研究单元体的受力情况。设单元体的边长分别为 dx、dy、dz，如图8-9所示。已知单元体左右两侧面上，无正应力，只有切应力 τ。这两个面上的切应力数值相等，但方向相反。于是这两个面上的剪力组成一个力偶，其力偶矩为 $(\tau dz dy) dx$。单元体的前、后两个面上无任何应力。因为单元体是平衡的，所以它的上、下两个面上必存在大小相等、方向相反的切应力 τ'，它们组成的力偶矩为 $(\tau' dz dx) dy$，应与左、右面上的力偶平衡，即

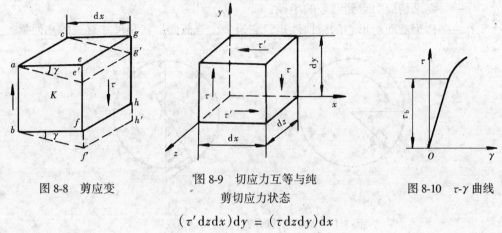

图 8-8 剪应变　　图 8-9 切应力互等与纯剪切应力状态　　图 8-10 τ-γ 曲线

$$(\tau' \mathrm{d}z\mathrm{d}x)\mathrm{d}y = (\tau \mathrm{d}z\mathrm{d}y)\mathrm{d}x$$

由此可得

$$\tau' = \tau \tag{8-3}$$

上式表明,在单元体相互垂直的两个平面上,切应力必然成对存在,且数值相等;方向垂直于这两个平面的交线,且同时指向或同时背离这一交线。这一规律称为切应力互等定理。

上述单元体上的两个侧面上只有切应力,而无正应力,这种受力状态称为纯剪切应力状态。切应力互等定理对于纯剪切应力状态或其他应力状态都是适用的。

τ 与 γ 的关系,如同 σ 与 ε 一样。实验证明:当切应力 τ 不超过材料的比例极限 τ_b 时,切应力与剪应变成正比,如图 8-10 所示,即

$$\tau = G\gamma \tag{8-4}$$

式 (8-4) 称为剪切虎克定律。式中 G 称为材料的剪切弹性模量,它是表示材料抵抗剪切变形能力的物理量,其单位与应力相同,常采用 GPa。各种材料的 G 值均由实验测定。钢材的 G 值约为 80GPa。G 值越大,表示材料抵抗剪切变形的能力越强,它是材料的刚度指标之一。对于各向同性的材料,其弹性模量 E、剪变模量 G 和泊松比 μ 三者之间的关系为

$$G = \frac{E}{2(1+\mu)} \tag{8-5}$$

第四节　圆轴扭转时横截面上的切应力

一、切应力分布规律

由上一节薄壁圆筒扭转的实验可知,实心圆轴和空心圆轴扭转时横截面上任意点也只存在着切应力,切应力的方向仍垂直于半径 (8-11 (a))。经分析可知,切应力 τ 的大小与横截面上要求切应力点到圆心的距离 (半径) ρ 成正比,如图 8-11 (b) 所示。

二、切应力计算公式

经理论推导可得,圆轴扭转时横截面上任意一点的切应力计算公式为:

$$\tau = \frac{M_\mathrm{n}\rho}{I_\mathrm{P}} \tag{8-6}$$

式中　M_n——横截面上的扭矩；

　　　ρ——要求切应力点到圆心的半径；

　　　I_P——称为截面对形心的极惯性矩，它是一个与截面形状和尺寸有关的几何量。

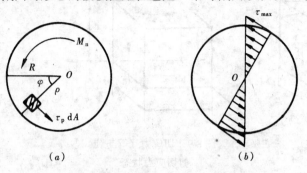

图 8-11　圆轴扭转时的应力及其分布规律

由式（8-6）可以看出，在同一截面上切应力沿半径方向呈直线变化，同一圆周上各点切应力相等（图 8-11（b））。

三、极惯性矩、抗扭截面因数

1. 极惯性矩

极惯性矩的定义为：

$$I_P = \int_A \rho^2 \mathrm{d}A \tag{8-7}$$

实心圆轴截面（图 8-12）的极惯性矩为：

$$I_P = \frac{\pi D^4}{32} \tag{8-8}$$

空心圆轴截面（图 8-13）的极惯性矩为：

$$I_P = \frac{\pi(D^4 - d^4)}{32} \tag{8-9}$$

式中　I_P 的常用单位为 m^4 或 mm^4。

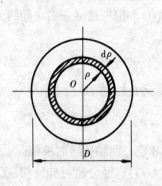　　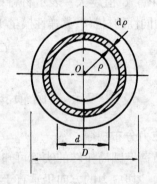

图 8-12　圆截面　　　　　　　图 8-13　圆环截面

2. 抗扭截面因数

将极惯性矩 I_P 与圆轴最大半径 ρ_{max} 的比值称为抗扭截面因数，用 W_P 表示，即

$$W_P = \frac{I_P}{\rho_{max}} = \frac{I_P}{D/2} \tag{8-10}$$

上式中 W_P 的单位为 m^3 或 mm^3。

对于实心圆截面 $$W_P = \frac{I_P}{\rho_{max}} = \frac{\frac{\pi D^4}{32}}{\frac{D}{2}} = \frac{\pi D^3}{16} \tag{8-11}$$

对于空心圆截面 $$W_P = \frac{\pi D^3}{16}(1 - \alpha^4) \tag{8-12}$$

上式中 $\alpha = d/D$

第五节 圆轴扭转时的强度条件及强度计算

一、最大切应力

由式 (8-6) 可知最大切应力 τ_{max} 发生在最外圆周处，即在 $\rho_{max} = \frac{D}{2}$ 处。于是

$$\tau_{max} = \frac{M_n \rho_{max}}{I_P} = \frac{M_n}{I_P / \rho_{max}}$$

则 $$\tau_{max} = \frac{M_n}{W_P} \tag{8-13}$$

二、圆轴扭转时的强度条件

为了保证轴的正常工作，轴内最大切应力不应超过材料的许用切应力 $[\tau]$，所以圆轴扭转时的强度条件为：

$$\tau_{max} = \frac{M_{nmax}}{W_P} \leqslant [\tau] \tag{8-14}$$

式中 $[\tau]$ 为材料的许用切应力，各种材料的许用切应力可查阅有关手册。

三、圆轴扭转时的强度计算

根据强度条件，可以对轴进行三方面计算，即强度校核、设计截面和确定许用荷载。

【例 8-2】 图 8-14 所示一钢制圆轴，受一对外力偶的作用，其力偶矩 $M_e = 2.5 kN \cdot m$，已知轴的直径 $d = 60 mm$，许用切应力 $[\tau] = 60 MPa$。试对该轴进行强度校核。

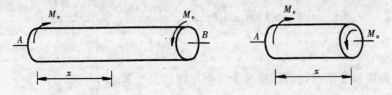

图 8-14 例 8-2 图

【解】 (1) 计算扭矩 M_n

$$M_n = M_e$$

(2) 校核强度

圆轴受扭时最大切应力发生在横截面的边缘上，按式 (8-14) 计算，得

$$\tau_{max} = \frac{M_n}{W_P} = \frac{M_n}{\frac{\pi D^3}{16}} = \frac{2.5 \times 10^6 \times 16}{3.14 \times 60^3} = 59 MPa < [\tau] = 60 MPa$$

故轴满足强度要求。

【例 8-3】 图 8-15 所示两圆轴用法兰上的八个螺栓联接。已知法兰边厚 $t = 20$mm,平均直径 $D = 200$mm,圆轴直径 $d = 100$mm,圆轴扭转时能承受的最大剪应力 $\tau_{max} = 70$MPa,螺栓的许用切应力 $[\tau] = 60$MP,许用挤压应力 $[\sigma_c] = 120$MP。试求螺栓直径 d_1。

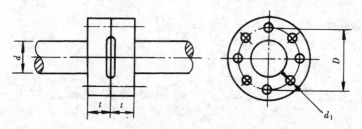

图 8-15 例 8-3 图

【解】 两圆轴扭转时要靠法兰上的 8 个螺栓传递扭矩,使螺栓受剪。

通过已知的圆轴扭转时所能承受的最大剪应力 τ_{max},可求出传递扭矩 M_n,通过 M_n 可求出每个螺栓所承受的剪力 V,最后通过剪切强度条件和挤压强度条件确定螺栓直径 d_1。

(1) 求扭矩 M_n

$$\tau_{max} = \frac{M_n}{W_P}$$

将 $\tau_{max} = 70$ MPa 和 $W_P = \pi d^3/16$ 代入上式,得

$$M_n = \tau_{max} W_P = 70 \times \frac{\pi 100^3}{16} = 13.8 \times 10^6 \text{N} \cdot \text{mm} = 13.8 \text{kN} \cdot \text{m}$$

(2) 求每个螺栓承受的剪力 V 和挤压力 P_c。

根据静力关系,圆轴传递的扭矩等于每个螺栓所受剪力对法兰圆心力矩的代数和,即

$$M_n = 8V \times \frac{D}{2}$$

$$V = \frac{M_n}{4D} = \frac{13.8 \times 10^6}{4 \times 200} = 17.25 \times 10^3 \text{N} = 17.25 \text{kN}$$

$$P_c = V = 17.25 \text{kN}$$

(3) 按剪切强度条件和挤压强度条件确定螺栓直径 d_1。

由剪切强度条件 $\tau = \frac{V}{A} \leq [\tau]$ 确定直径

即

$$A = \frac{\pi d^2}{4} \geq \frac{V}{[\tau]}$$

得

$$d_1 \geq \sqrt{\frac{4V}{\pi[\tau]}} = \sqrt{\frac{4 \times 17.25 \times 10^3}{\pi \times 60}} = 19.1 \text{mm}$$

由挤强度条件 $\sigma_c = \frac{P_c}{A_c} \leq [\sigma_c]$ 确定直径 d_1。

即

$$A_c = d_1 t \geq \frac{P_c}{[\sigma_c]}$$

得
$$d_1 \geqslant \frac{P_c}{t[\sigma_c]} = \frac{17.25 \times 10^3}{20 \times 120} = 7.18 \text{mm}$$

故选用 $d_1 = 20$mm 能同时满足剪切强度条件和挤压强度条件。

第六节 圆轴扭转时的变形及刚度条件

一、变形计算公式

对于长为 l，扭矩 M_n 为常数的等截面圆轴两端截面间的相对扭转角 φ 为：

$$\varphi = \frac{M_n l}{GI_P} \tag{8-15}$$

式（8-15）就是扭转角的计算公式。扭转角的单位为弧度（rad）。由上式可见，扭转角 φ 与扭矩 M_n、轴长 l 成正比；与 φ 成反比。在 M_n、l 一定时，GI_P 越大，变形 φ 就越小。GI_P 反映了圆轴抵抗扭转变形的能力，称为抗扭刚度。

二、刚度条件

为了保证圆轴的正常工作，除要求满足强度条件外，还常限制变形，使最大单位长度的扭转角不超过许用的单位长度扭转角，即

$$\frac{\varphi}{l} = \frac{M_n}{GI_P} \leqslant \left[\frac{\varphi}{l}\right] \tag{8-16}$$

上式的左边是轴的最大单位长度扭转角（rad/m）；右边是许用单位长度扭转角（rad/m），其具体的数值可从有关手册中查到。

思 考 题 与 习 题

8-1 试述切应力互等定理及剪切虎克定律。

8-2 圆轴扭转时，横截面上的切应力沿半径方向如何分布？

8-3 试用截面法求图 8-16 所示圆轴各段的扭矩 M_n，并画出扭矩图。

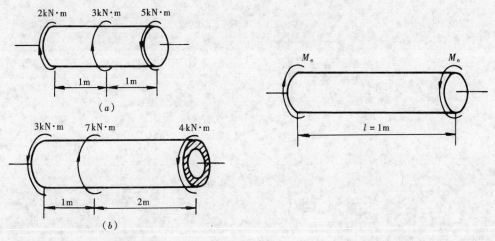

图 8-16 题 8-3 图 　　　　　图 8-17 题 8-4 图

8-4 图 8-17 所示一圆轴，直径 $D = 110$mm，力偶矩 $M_e = 14$kN.m，材料的许用切应力 $[\tau] = 70$MPa，

试校核轴的强度。

8-5 图 8-18 示两圆轴由法兰上的 12 个螺栓联结。已知轴传递扭矩 $M_e = 50\text{kN}\cdot\text{m}$,法兰边厚 $t = 20\text{mm}$,平均半径 $D = 300\text{mm}$,轴的许用切应力 $[\tau] = 40\text{MPa}$,螺栓的许用切应力 $[\tau] = 60\text{MPa}$,许用挤压应力 $[\sigma_c] = 120\text{MPa}$。试求轴的直径 d 和螺栓的直径 d_1。

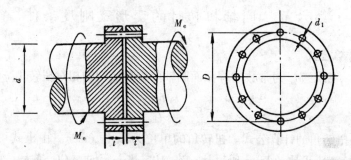

图 8-18 题 8-5 图

第九章 平面图形的几何性质

在工程力学以及工程实际的计算中，经常要用到与截面有关的一些几何量。例如轴向拉压杆的横截面面积 A、圆轴扭转时的抗扭截面系数 W_p 和极惯性矩 I_p 等都与构件的强度和刚度有关。以后在弯曲等其他问题的计算中，还将遇到平面图形的另外一些如形心、静矩、惯性矩、抗弯截面因数等几何量。这些与平面图形形状及尺寸有关的几何量统称为平面图形的几何性质。

另外，物体重心位置和形心位置的确定在工程中有着重要意义。例如，挡土墙或起重机等重心的位置若超过某一范围，受荷载后就不能保证挡土墙或起重机的平衡。又如混凝土振捣器、振动打桩机等，其转动部分的重心又必须偏离转轴，才能发挥预期的作用。本章将重点介绍物体的重心、形心及平面图形几何性质的概念和计算方法。

第一节 重心和形心

一、重心的概念

地球上的任何物体都受到地球引力的作用，这个力称为物体的重力。可将物体看作是由许多微小部分组成，每一微小部分都受到地球引力的作用，这些引力汇交于地球中心。但是，由于一般物体的尺寸远比地球的半径小得多，因此，这些引力近似地看成是空间平行力系。这些平行力系的合力就是物体的重力。由实验可知，不论物体在空间的方位如何，物体重力的作用线始终是通过一个确定的点，这个点就是物体重力的作用点，称为物体的重心。

二、一般物体重心的坐标公式

1. 一般物体重心的坐标公式

如图 9-1 所示，为确定物体重心的位置，将它分割成 n 个微小块，各微小块重力分别为 G_1、G_2…G_n，其作用点的坐标分别为 $(x_1、y_1、z_1)$、$(x_2、y_2、z_2)$…$(x_n、y_n、z_n)$，各微小块所受重力的合力 W 即为整个物体所受的重力 $G = \Sigma G_i$，其作用点的坐标为 $C(x_c、y_c、z_c)$。对 y 轴应用合力矩定理，有

$$G \cdot x_c = \Sigma G_i x_i$$

得

$$x_c = \frac{\Sigma G_i x_i}{G}$$

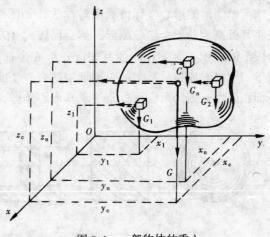

图 9-1 一般物体的重心

同理,对 x 轴取矩可得

$$y_c = \frac{\sum G_i y_i}{G}$$

将物体连同坐标转 90°而使坐标面 oxz 成为水平面,再对 x 轴应用合力矩定理,可得

$$z_c = \frac{\sum G_i z_i}{G}$$

因此,一般物体的重心坐标的公式为

$$x_c = \frac{\sum G_i x_i}{G}, y_c = \frac{\sum G_i y_i}{G}, z_c = \frac{\sum G_i Z_i}{G} \tag{9-1}$$

2. 均质物体重心的坐标公式

对均质物体用 γ 表示单位体积的重力,体积为 V,则 $G = V\gamma$,微小体积为 V_i,微小体积重力 $G_i = V_i \cdot \gamma$,代入式 (9-1),得均质物体的重心坐标公式为

$$x_c = \frac{\sum V_i x_i}{V}, y_c = \frac{\sum V_i y_i}{V}, z_c = \frac{\sum V_i Z_i}{V} \tag{9-2}$$

由上式可知,均质物体的重心与重力无关,所以,均质物体的重心就是其几何中心,称为形心。对均质物体来说重心和形心是重合的。

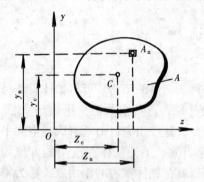

图 9-2 均质薄板的重心

3. 均质薄板的重心(形心)坐标公式

对于均质等厚的薄平板,如图 9-2 所示取对称面为坐标面 oyz,用 δ 表示其厚度,A_i 表示微体积的面积,将微体积 $V_i = \delta \cdot A_i$ 及 $V = \delta \cdot A$ 代入式 (9-2),得重心(形心)坐标公式为

$$y_c = \frac{\sum A_i y_i}{A}, z_c = \frac{\sum A_i z_i}{A} \tag{9-3}$$

因为每一微小部分的 x_i 为零,所以 $x_c = 0$。

由于均质薄板的重心坐标只与板的平面形状有关,而与板的厚度无关,故式 (9-3) 也是平面图形形心的坐标公式。

二、平面图形的形心计算

求简单图形的形心坐标可利用对称法,如图 9-3 所示。求组合平面图形的形心坐标,可先将其分割为若干个简单图形,然后可按式 (9-3) 求得,这时公式中的 A_i 为所分割的简单图形的面积,而 z_i、y_i 为其相应的形心坐标,这种方法称为分割法。另外,有些组合图形,可以看成是从某个简单图形中挖去一个或几个简单图形而成,如果将挖去的面积用负面积表示,则仍可应用分割法求其形心坐标,这种方法又称为负面积法。

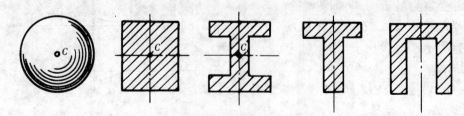

图 9-3 简单图形的形心

【例 9-1】 试求图 9-4 所示 T 形截面的形心坐标。

【解】 将平面图形分割为两个矩形,如图 9-4 所示,每个矩形的面积及形心坐标为

$$A_1 = 200 \times 50 \quad z_1 = 0 \quad y_1 = 150$$
$$A_2 = 200 \times 50 \quad z_2 = 0 \quad y_2 = 25$$

由式 (9-3) 可求得 T 形截面的形心坐标为

$$y_c = \frac{\sum A_i y_i}{A} = \frac{A_1 y_1 + A_2 y_2}{A_1 + A_2} = \frac{200 \times 50 \times 150 + 200 \times 50 \times 25}{200 \times 50 + 200 \times 50} = 85 \text{mm}$$
$$z_c = 0$$

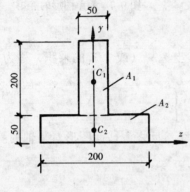

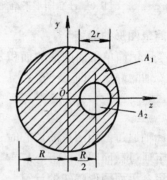

图 9-4 例 9-1 图   图 9-5 例 9-2 图

【例 9-2】 试求图 9-5 所示阴影部分平面图形的形心坐标。

【解】 将平面图形分割为两个圆,如图 9-5 所示,每个圆的面积及形心坐标为

$$A_1 = \pi \cdot R^2 \quad z_1 = 0 \quad y_1 = 0$$
$$A_2 = -\pi \cdot r^2 \quad z_2 = R/2 \quad y_2 = 0$$

由式 (9-3) 可求得阴影部分平面图形的形心坐标为

$$y_c = 0$$

$$z_c = \frac{\sum A_i z_i}{A} = \frac{A_1 z_1 + A_2 z_2}{A_1 + A_2} = \frac{\pi \cdot R^2 \cdot 0 - \pi \cdot r^2 \cdot \frac{R}{2}}{\pi \cdot R^2 - \pi \cdot r^2} = \frac{-r^2 R}{2(R^2 - r^2)}$$

第二节 静 矩

一、定义

图 9-6 所示,任意平面图形上所有微面积 dA 与其到 z 轴(或 y 轴)距离乘积的总和,称为该平面图形对 z 轴(或 y 轴)的静矩,用 S_z(或 S_y)表示,即

$$\left. \begin{array}{l} S_z = \int_A y \, dA \\ S_y = \int_A z \, dA \end{array} \right\} \tag{9-4}$$

由上式可知,静矩为代数量,它可为正,可为负,也可为零。常用单位为 m^3 或 mm^3。

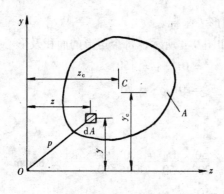
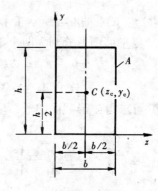

图 9-6 任意图形的静矩　　　　图 9-7 简单图形的静矩

二、简单图形的静矩

图 9-7 所示简单平面图形的面积 A 与其形心坐标 y_c（或 z_c）的乘积，称为简单图形对 z 轴或 y 轴的静矩，即

$$\left. \begin{array}{l} S_z = A \cdot y_c \\ S_y = A \cdot z_c \end{array} \right\} \quad (9\text{-}5)$$

当坐标轴通过截面图形的形心时，其静矩为零；反之，截面图形对某轴的静矩为零，则该轴一定通过截面图形的形心。

三、组合平面图形静矩的计算

$$\left. \begin{array}{l} S_z = \Sigma A_i \cdot y_{ci} \\ S_y = \Sigma A_i \cdot z_{ci} \end{array} \right\} \quad (9\text{-}6)$$

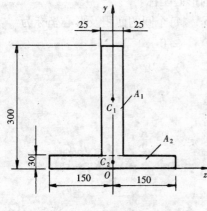

图 9-8 例 9-3 图

式中 A_i 为各简单图形的面积，y_{ci}、z_{ci} 为各简单图形的形心坐标。式（9-5）表明：组合图形对某轴的静矩等于各简单图形对同一轴静矩的代数和。

【例 9-3】 计算图 9-8 所示 T 形截面对 Z 轴的静矩。

【解】 将 T 形截面分为两个矩形，其面积分别为

$$A_1 = 50 \times 270 = 13.5 \times 10^3 \text{mm}^3$$
$$A_2 = 300 \times 30 = 90 \times 10^3 \text{mm}^3$$
$$y_{c1} = 165 \text{mm}, \quad y_{c2} = 15 \text{mm}$$

截面对 Z 轴的静矩为

$$S_z = \Sigma A_i \cdot y_{ci} = A_1 y_{c1} + A_2 \cdot y_{c2} = 13.5 \times 10^3 \times 165 + 90 \times 10^3 \times 15$$
$$= 2.36 \times 10^6 \text{mm}^3$$

第三节　惯性矩、惯性积、惯性半径

一、惯性矩、惯性积、惯性半径的定义

1. 惯性矩

图9-9所示，任意平面图形上所有微面积 dA 与其到 z 轴（或 y 轴）距离平方乘积的总和，称为该平面图形对 z 轴（或 y 轴）的惯性矩，用 I_z（或 I_y）表示，即

$$\left. \begin{array}{l} I_z = \int_A y^2 dA \\ I_y = \int_A z^2 dA \end{array} \right\} \quad (9\text{-}7)$$

上式表明，惯性矩恒大于零。常用单位为 m^4 或 mm^4。

2. 惯性积

图9-9所示，任意平面图形上所有微面积 dA 与其到 z、y 两轴距离的乘积的总和，称为该平面图形对 z、y 两轴的惯性积，用 I_{zy} 表示，即

$$I_{zy} = \int_A zy\, dA \quad (9\text{-}8)$$

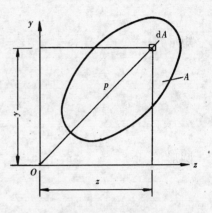

图9-9 任意图形的惯性矩、惯性积

惯性积可为正，可为负，也可为零。常用单位为 m^4 或 mm^4。可以证明，在两正交坐标轴中，只要 z、y 轴之一为平面图形的对称轴，则平面图形对 z、y 轴的惯性积就一定等于零。

3. 惯性半径

在工程中为了计算方便，将图形的惯性矩表示为图形面积 A 与某一长度平方的乘积，即

$$\left. \begin{array}{l} I_z = i_z^2 A \\ I_y = i_y^2 A \end{array} \right\} \quad \text{或} \quad \left. \begin{array}{l} i_z = \sqrt{\dfrac{I_z}{A}} \\ i_y = \sqrt{\dfrac{I_y}{A}} \end{array} \right\} \quad (9\text{-}9)$$

式中 i_z、i_y 称为平面图形对 z、y 轴的惯性半径，常用单位为 m 或 mm。

4. 简单图形的惯性矩及惯性半径（图9-10）

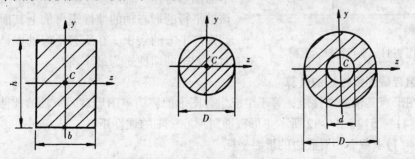

图9-10 简单图形的惯性矩及惯性半径

(1) 简单图形对形心轴的惯性矩（由公式（9-7）积分可得）：

矩形 $\quad I_z = \dfrac{bh^3}{12}$、$I_y = \dfrac{hb^3}{12}$

圆形 $$I_z = I_y = \frac{\pi D^4}{64}$$

环形 $$I_z = I_y = \frac{\pi(D^4 - d^4)}{64}$$

型钢的惯性矩可直接由型钢表查得。

(2) 简单图形的惯性半径：

矩形 $$i_z = \sqrt{\frac{I_z}{A}} = \sqrt{\frac{\frac{bh^3}{12}}{bh}} = \frac{h}{\sqrt{12}}$$

$$i_y = \sqrt{\frac{I_y}{A}} = \sqrt{\frac{\frac{b^3 h}{12}}{bh}} = \frac{b}{\sqrt{12}}$$

圆形 $$i = \sqrt{\frac{\frac{\pi D^4}{64}}{\frac{\pi D^2}{4}}} = \frac{d}{4}$$

第四节 惯性矩的平行移轴公式

一、惯性矩的平行移轴公式

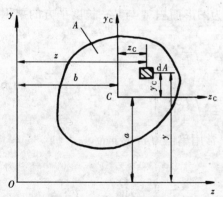

图 9-11 平行移轴示意图

同一平面图形对不同坐标轴的惯性矩是不相同的，但它们之间存在着一定的关系。现给出图 9-11 所示平面图形对两根相平行的坐标轴的惯性矩之间的关系。

$$\left.\begin{array}{l} I_z = I_{zc} + a^2 A \\ I_y = I_{yc} + b^2 A \end{array}\right\} \quad (9\text{-}10)$$

式 (9-10) 称为惯性矩的平行移轴公式。它表明平面图形对任一轴的惯性矩，等于平面图形对与该轴平行的形心轴的惯性矩再加上其面积与两轴间距离平方的乘积。在所有平行轴中，平面图形对形心轴的惯性矩为最小。

二、组合截面惯性矩的计算

组合图形对某轴的惯性矩，等于组成组合图形的各简单图形对同一轴的惯性矩之和。

【例 9-4】 计算图 9-12 所示 T 形截面对形心 z 轴的惯性矩 I_{zc}。

【解】 (1) 求截面相对底边的形心坐标

$$y_c = \frac{\Sigma A_i y_{ci}}{\Sigma A_i} = \frac{30 \times 170 \times 85 + 200 \times 30 \times 185}{30 \times 170 + 200 \times 30} = 139\text{mm}$$

(2) 求截面对形心轴的惯性矩

$$I_c = \Sigma(I_{zc} + a^2 A) = \frac{30 \times 170^3}{12} + 30 \times 170 \times 54^2 + \frac{200 \times 30^3}{12} + 200 \times 30 \times 46^2$$
$$= 40.3 \times 10^6 \text{mm}^4$$

【例 9-5】 试计算图 9-13 所示由两根 No.20 槽钢组成的截面对形心轴 z、y 的惯性矩。

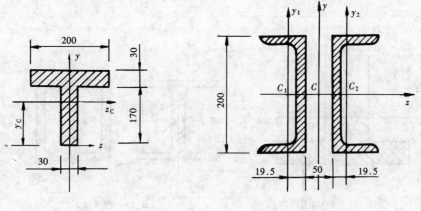

图 9-12　例 9-4 图　　　　　图 9-13　例 9-5 图

【解】 组合截面有两根对称轴,形心 C 就在这两对称轴的交点。由型钢表查得每根槽钢的形心 C_1 或 C_2 到腹板边缘的距离为 19.5mm,每根槽钢截面积为

$$A_1 = A_2 = 3.283 \times 10^3 \text{mm}^2$$

每根槽钢对本身形心轴的惯性矩为

$$I_{1z} = I_{2z} = 19.137 \times 10^6 \text{mm}^4$$
$$I_{1y_1} = I_{2y_2} = 1.436 \times 10^6 \text{mm}^4$$

整个截面对形心轴的惯性矩应等于两根槽钢对形心轴的惯性轴之和,故得

$$I_z = I_{1z} + I_{2z} = 19.137 \times 10^6 + 19.137 \times 10^6 = 38.3 \times 10^6 \text{mm}^4$$
$$I_y = I_{1y} + I_{2y} = 2I_{1y} = 2(I_{1y_1} + a^2 \cdot A_1)$$
$$= 2 \times \left[1.436 \times 10^6 + \left(19.5 + \frac{50}{2}\right)^2 \times 3.283 \times 10^3 \right]$$
$$= 15.87 \times 10^6 \text{mm}^4$$

第五节　形心主惯性轴和形心主惯性矩的概念

若截面对某坐标轴的惯性积 $I_{z_0 y_0} = 0$,则这对坐标轴 z_0、y_0 称为截面的主惯性轴,简称主轴。截面对主轴的惯性矩称为主惯性矩,简称主惯矩。通过形心的主惯性轴称为形心主惯性轴,简称形心主轴。截面对形心主轴的惯性矩称为形心主惯性矩,简称为形心主惯矩。

凡通过截面形心,且包含有一根对称轴的一对相互垂直的坐标轴一定是形心主轴。

思考题与习题

9-1　何谓重心、形心?它们之间有何关系?
9-2　静矩和形心有何关系?
9-3　静矩、惯性矩是怎样定义的?它们的量纲是什么?为什么它们的值有的恒为正?有的可正、可负、还可为零?

9-4 如图 9-14 所示,矩形截面 $m\text{-}m$ 以上部分对形心轴 z 和 $m\text{-}m$ 以下部分对形心轴 z 的静矩有何关系?

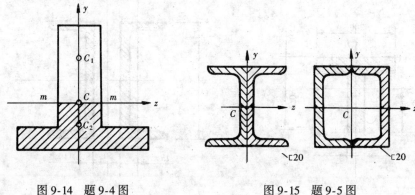

图 9-14 题 9-4 图　　　　　图 9-15 题 9-5 图

9-5 如图 9-15 所示,两个由 No.20 槽钢组合成的两种截面,试比较它们对形心轴的惯性矩 I_z、I_y 的大小,并说明原因。

9-6 试求图 9-16 所示平面图形的形心坐标及其对形心轴的惯性矩。

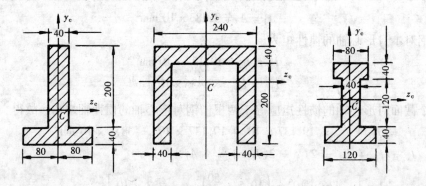

图 9-16 题 9-6 图

9-7 如图 9-17 所示,要使两个 No.10 工字钢组成的组合截面对两个形心主轴的惯性矩相等,距离 a 应为多少?

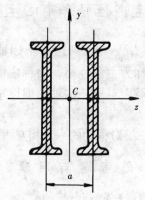

图 9-17 题 9-7 图

第十章 梁的内力

第一节 梁弯曲变形的概念

一、平面弯曲

当杆件受到垂直于杆轴的外力作用或在纵向平面内受到力偶作用时（图 10-1），杆轴由直线弯成曲线，这种变形称为弯曲。以弯曲变形为主的杆件称为梁。

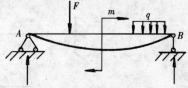

图 10-1 弯曲变形的受力形式

弯曲变形是工程中最常见的一种基本变形。例如房屋建筑中的楼面梁，受到楼面荷载和梁自重的作用，将发生弯曲变形（图 10-2 (a)、(b)），阳台挑梁（图 10-2 (c)、(d)）等，都是以弯曲变形为主的构件。

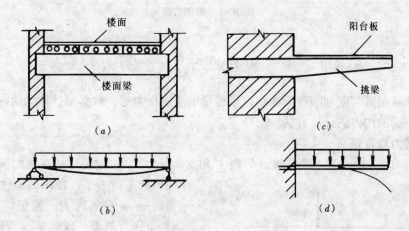

图 10-2 弯曲变形的工程实例

工程中常见的梁，其横截面往往有一根对称轴，如图 10-3 所示，这根对称轴与梁轴所组成的平面，称为纵向对称平面（图 10-4）。如果作用在梁上的外力（包括荷载和支座反力）和外力偶都位于纵向对称平面内，梁变形后，轴线将在此纵向对称平面内弯曲。这种梁的弯曲平面与外力作用平面相重合的弯曲，称为平面弯曲。平面弯曲是一种最简单，也是最常见的弯曲变形，本章将主要讨论等截面直梁的平面弯曲问题。

二、单跨静定梁的几种形式

工程中对于单跨静定梁按其支座情况分为下列三种形式：

(1) 悬臂梁 梁的一端为固定端，另一端为自由端（图 10-5 (a)）。

(2) 简支梁 梁的一端为固定铰支座，另一端为可动铰支座（图 10-5 (b)）。

(3) 外伸梁 梁的一端或两端伸出支座的简支梁（图 10-5 (c)）。

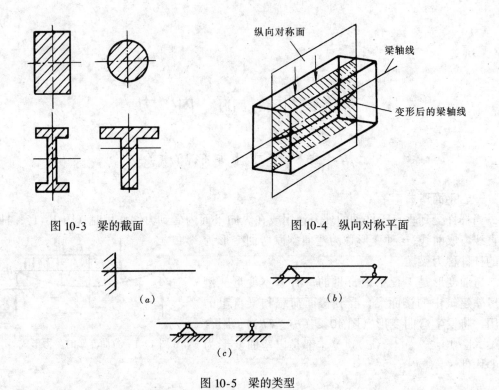

图 10-3 梁的截面　　　　图 10-4 纵向对称平面

图 10-5 梁的类型

第二节　梁弯曲时的内力——剪力和弯矩

为了计算梁的强度和刚度问题，在求得梁的支座反力后，就必须计算梁的内力。下面将着重讨论梁的内力的计算方法。

一、剪力和弯矩

图 10-6（a）所示为一简支梁，荷载 F 和支座反力 R_A、R_B 是作用在梁的纵向对称平面内的平衡力系。现用截面法分析任一截面 m-m 上的内力。假想将梁沿 m-m 截面分为两段，现取左段为研究对象，从图 10-6（b）可见，因有座支反力 R_A 作用，为使左段满足 $\Sigma Y = 0$，截面 m-m 上必然有与 R_A 等值、平行且反向的内力 V 存在，这个作用于截面上，且平行于截面侧边的内力 V，称为剪力；同时，因 R_A 对截面 m-m 的形心 O 点有一个力矩 $R_A \cdot x$ 的作用，为满足 $\Sigma M_o = 0$，截面 m-m 上也必然有一个与力矩 $R_A \cdot x$ 大小相等且转向相反的内力偶矩 M 存在，这个作用于纵向对称平面上的内力偶矩 M，称为弯矩。由此可见，梁发生

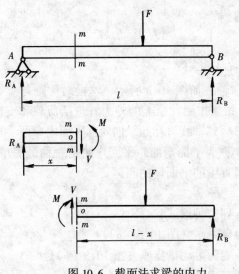

图 10-6 截面法求梁的内力

弯曲时，横截面上同时存在着两个内力素，即剪力和弯矩。

剪力的常用单位为 N 或 kN，弯矩的常用单位为 N·m 或 kN·m。

剪力和弯矩的大小，可由左段梁的静力平衡方程求得，即

$$\Sigma Y = 0, R_A - V = 0, 得\ V = R_A$$

$$\Sigma M_o = 0, R_A \cdot x - M = 0, 得\ M = R_A \cdot x$$

如果取右段梁作为研究对象，同样可求得截面 m-m 上的 V 和 M，根据作用与反作用力的关系，它们与从右段梁求出 m-m 截面上的 V 和 M 大小相等，方向相反，如图 10-6（c）所示。

二、剪力和弯矩的正、负号规定

为了使从左、右两段梁求得同一截面上的剪力 V 和弯矩 M 具有相同的正负号，并考虑到土建工程上的习惯要求，对剪力和弯矩的正负号特作如下规定：

（1）剪力的正负号　使梁段有顺时针转动趋势的剪力为正（图 10-7（a））；反之，为负（图 10-7（b））。

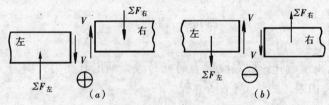

图 10-7　剪力的正负号

（2）弯矩的正负号　使梁段产生下侧受拉的弯矩为正（图 10-8（a））；反之，为负（图 10-8（b））。

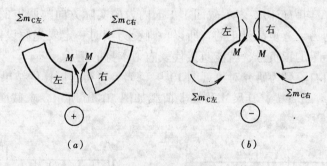

图 10-8　弯矩的正负号

三、用截面法计算指定截面上的剪力和弯矩

用截面法求指定截面上的剪力和弯矩的步骤如下：

（1）计算支座反力；

（2）用假想的截面在需求内力处将梁截成两段，取其中任一段为研究对象；

（3）画出研究对象的受力图（截面上的 V 和 M 都先假设为正的方向）；

（4）建立平衡方程，解出内力。

下面举例说明用截面法计算指定截面上的剪力和弯矩。

【例 10-1】 简支梁如图 10-9（a）所示。已知 $F_1 = 30\text{kN}$，$F_2 = 30\text{kN}$，试求截面 1-1 上的剪力和弯矩。

【解】 （1）求支座反力，考虑梁的整体平衡

$$\Sigma M_B = 0 \quad F_1 \times 5 + F_2 \times 2 - R_A \times 6 = 0$$

$$\Sigma M_A = 0 \quad -F_1 \times 1 - F_2 \times 4 + R_B \times 6 = 0$$

得 $\quad R_A = 35\text{kN}（\uparrow），R_B = 25\text{kN}（\uparrow）$

校核 $\quad \Sigma Y = R_A + R_B - F_1 - F_2 = 35 + 25 - 30 - 30 = 0$

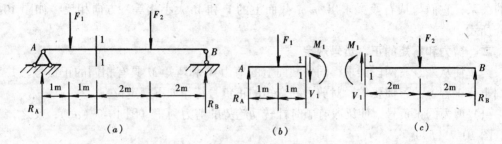

图 10-9 例 10-1 图

（2）求截面 1-1 上的内力

在截面 1-1 处将梁截开，取左段梁为研究对象，画出其受力，内力 Q_1 和 M_1 均先假设为正的方向（图 10-9（b）），例平衡方程

$$\Sigma Y = 0 \quad R_A - F_1 - V_1 = 0$$

$$\Sigma M_1 = 0 \quad -R_A \times 2 + F_1 \times 1 + M_1 = 0$$

得

$$V_1 = R_A - F_1 = 35 - 30 = 5\text{kN}$$

$$M_1 = R_A \times 2 - F_1 \times 1 = 35 \times 2 - 30 \times 1 = 40\text{kN·m}$$

求得 Q_1 和 M_1 均为正值，表示截面 1-1 上内力的实际方向与假定的方向相同；按内力的符号规定，剪力、弯矩都是正的。所以，画受力图时一定要先假设内力为正的方向，由平衡方程求得结果的正负号，就能直接代表内力本身的正负。

如取 1-1 截面右段梁为研究对象（图 10-9（c）），可得出同样的结果。

【例 10-2】 一悬臂梁，其尺寸及梁上荷载如图 10-10 所示，求截面 1-1 上的剪力和弯矩。

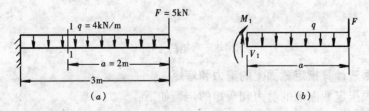

图 10-10 例 10-2 图

【解】 对于悬臂梁不需求支座反力，可取右段梁为研究对象，其受力图如图 10-10 （b）所示。

$$\Sigma Y = 0 \quad V_1 - qa - F = 0$$

$$\Sigma M_1 = 0 \quad -M_1 - qa \cdot \frac{a}{2} - Fa = 0$$

得

$$V_1 = qa + F = 4 \times 2 + 5 = 13\text{kN}$$

$$M_1 = -\frac{qa^2}{2} - Fa = -\frac{4 \times 2^2}{2} - 5 \times 2 = -18\text{kN} \cdot \text{m}$$

求得 V_1 为正值，表示 V_1 的实际方向与假定的方向相同；M_1 为负值，表示 M_1 的实际方向与假定的方向相反。所以，按梁内力的符号规定，1-1 截面上的剪力为正，弯矩为负。

四、简便法求内力

通过上述例题，可以总结出直接根据外力计算梁内力的规律。

1. 剪力的规律

计算剪力是对截面左（或右）段梁建立投影方程，经过移项后可得

$$V = \Sigma Y_{左} \quad \text{或} \quad V = \Sigma Y_{右}$$

上两式说明：梁内任一横截面上的剪力在数值上等于该截面一侧所有外力在垂直于轴线方向投影的代数和。若外力对所求截面产生顺时针方向转动趋势时，等式右方取正号（参见图 10-7（a））；反之，取负号（参见图 10-7（b））。此规律可记为"顺转剪力正"。

2. 求弯矩的规律

计算弯矩是对截面左（或右）段梁建立力矩方程，经过移项后可得

$$M = \Sigma M_{C左} \quad \text{或} \quad M = \Sigma M_{C右}$$

上两式说明：梁内任一横截面上的弯矩在数值上等于该截面一侧所有外力（包括力偶）对该截面形心力矩的代数和。将所求截面固定，若外力矩使所考虑的梁段产生下凸弯曲变形时（即上部受压，下部受拉），等式右方取正号（参见图 10-8（a））；反之，取负号（参见图 10-8（b））。此规律可记为"下凸弯矩正"。

利用上述规律直接由外力求梁内力的方法称为简便法。用简便法求内力可以省去画受力图和列平衡方程，从而简化计算过程。现举例说明。

【例 10-3】 用简便法求图 10-11 所示简支梁 1-1 截面上的剪力和弯矩。

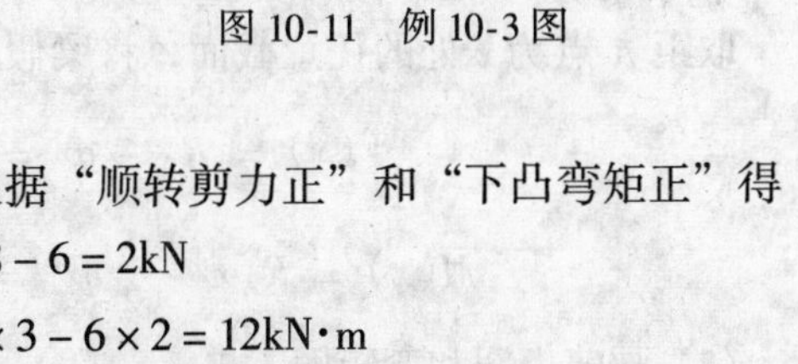

【解】 (1) 求支座反力。由梁的整体平衡求得

$$R_A = 8\text{kN}（↑），\quad R_B = 7\text{kN}（↑）$$

图 10-11 例 10-3 图

(2) 计算 1-1 截面上的内力

由 1-1 截面以左部分的外力来计算内力，根据"顺转剪力正"和"下凸弯矩正"得

$$V_1 = R_A - F_1 = 8 - 6 = 2\text{kN}$$

$$M_1 = R_A \times 3 - F_1 \times 2 = 8 \times 3 - 6 \times 2 = 12\text{kN} \cdot \text{m}$$

第三节 梁 的 内 力 图

为了计算梁的强度和刚度问题，除了要计算指定截面的剪力和弯矩外，还必须知道剪

力和弯矩沿梁轴线的变化规律，从而找到梁内剪力和弯矩的最大值以及它们所在的截面位置。

一、剪力方程和弯矩方程

从上节的讨论可以看出，梁内各截面上的剪力和弯矩一般随截面的位置而变化的。若横截面的位置用沿梁轴线的坐标 x 来表示，则各横截面上的剪力和弯矩都可以表示为坐标 x 的函数，即

$$V = V(x), \quad M = M(x)$$

以上两个函数式表示梁内剪力和弯矩沿梁轴线的变化规律，分别称为剪力方程和弯矩方程。

二、剪力图和弯矩图

为了形象地表示剪力和弯矩沿梁轴线的变化规律，可以根据剪力方程和弯矩方程分别绘制剪力图和弯矩图。以沿梁轴线的横坐标 x 表示梁横截面的位置，以纵坐标表示相应横截面上的剪力或弯矩，在土建工程中，习惯上把正剪力画在 x 轴上方，负剪力画在 x 轴下方；而把弯矩图画在梁受拉的一侧，即正弯矩画在 x 轴下方，负弯矩画在 x 轴上方。如图 10-12 所示。

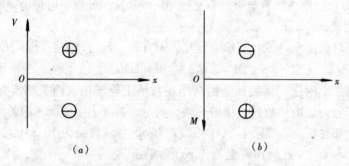

图 10-12 画剪力图和弯矩图的规定

【例 10-4】 简支梁受均布荷载作用如图 10-13a 所示，试画出梁的剪力图和弯矩图。

【解】 (1) 求支座反力

因对称关系，可得

$$R_A = R_B = \frac{1}{2}ql(\uparrow)$$

(2) 列剪力方程和弯矩方程

取距 A 点为 x 处的任意截面，将梁假想截开，考虑左段平衡，可得

$$V(x) = R_A - qx = \frac{1}{2}ql - qx \quad (0 < x < l) \tag{1}$$

$$M(x) = R_A x - \frac{1}{2}qx^2 = \frac{1}{2}qlx - \frac{1}{2}qx^2 \quad (0 \leqslant x \leqslant l) \tag{2}$$

(3) 画剪力图和弯矩图

由式 (1) 可见，$V(x)$ 是 x 的一次函数，即剪力方程为一直线方程，剪力图是一条斜直线。

当 $x = 0$ 时 $V_{A右} = \dfrac{ql}{2}$

$x = l$ 时　　$V_{B左} = -\dfrac{ql}{2}$

根据这两个截面的剪力值,画出剪力图,如图 10-13（b）所示。

由式（2）知,$M(x)$ 是 x 的二次函数,说明弯矩图是一条二次抛物线,应至少计算三个截面的弯矩值,才可描绘出曲线的大致形状。

当　$x = 0$ 时,　　$M_A = 0$

　　$x = \dfrac{l}{2}$ 时,　　$M_C = \dfrac{ql^2}{8}$

　　$x = l$ 时,　　$M_B = 0$

根据以上计算结果,画出弯矩图,如图 10-13（c）所示。

从剪力图和弯矩图中可知：受均布荷载作用的简支梁,其剪力图为斜直线,弯矩图为二次抛物线;最大剪力发生在两端支座处,值为 $|V|_{max} = \dfrac{1}{2}ql$;而最大弯矩发生在剪力为零的跨中截面上,其值为 $|M|_{max} = \dfrac{1}{8}ql^2$。

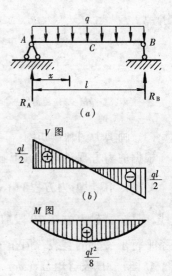

图 10-13　例 10-4 图

结论：在均布荷载作用的梁段,剪力图为斜直线,弯矩图为二次抛物线。在剪力等于零的截面上弯矩有极值。

【例 10-5】　简支梁受集中力作用如图 10-14（a）所示,试画出梁的剪力图和弯矩图。

【解】（1）求支座反力

由梁的整体平衡条件

$\sum M_B = 0$,　$R_A = \dfrac{Fb}{l}$（↑）

$\sum M_A = 0$,　$R_B = \dfrac{Fa}{l}$（↑）

校核：$\sum Y = R_A + R_B - F = \dfrac{Fb}{l} + \dfrac{Fa}{l} - F = 0$

计算无误。

（2）列剪力方程和弯矩方程

梁在 C 处有集中力作用,故 AC 段和 CB 段的剪力方程和弯矩方程不相同,要分段列出。

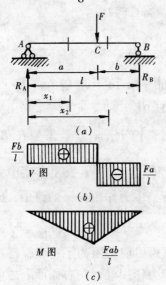

图 10-14　例 10-5 图

AC 段：距 A 端为 x_1 的任意截面处将梁假想截开,并考虑左段梁平衡,列出剪力方程和弯矩方程为

$$V(x_1) = R_A = \dfrac{Fb}{l} \quad (0 < x_1 < a) \tag{1}$$

$$M(x_1) = R_A x_1 = \dfrac{Fb}{l}x_1 \quad (0 \leq x_1 \leq a) \tag{2}$$

CB 段：距 A 端为 x_2 的任意截面外假想截开,并考虑左段的平衡,列出剪力方程和弯

矩方程为

$$V(x_2) = R_A - F = \frac{Fb}{l} - F = -\frac{Fa}{l} \quad (a < x_2 < a) \tag{3}$$

$$M(x_2) = R_A x_2 - F(x_2 - a) = \frac{Fa}{l}(l - x_2) \quad (a \leqslant x_2 \leqslant l) \tag{4}$$

(3) 画剪力图和弯矩图

根据剪力方程和弯矩方程画剪力图和弯矩图。

V 图：AC 段剪力方程 $V(x_1)$ 为常数，其剪力值为 $\frac{Fb}{l}$，剪力图是一条平行于 x 轴的直线，且在 x 轴上方。CB 段剪力方程 $V(x_2)$ 也为常数，其剪力值为 $-\frac{Fa}{l}$，剪力图也是一条平行于 x 轴的直线，但在 x 轴下方。画出全梁的剪力图，如图 10-14（b）所示。

M 图：AC 段弯矩 $M(x_1)$ 是 x_1 的一次函数，弯矩图是一条斜直线，只要计算两个截面的弯矩值，就可以画出弯矩图。

当 $x_1 = 0$ 时　　$M_A = 0$

　　$x_1 = a$ 时　　$M_C = \frac{Fab}{l}$

根据计算结果，可画出 AC 段弯矩图。

CB 段弯矩 $M(x_2)$ 也是 x_2 的一次函数，弯矩图仍是一条斜直线。

当 $x_2 = a$ 时　　$M_C = \frac{Fab}{l}$

　　$x_2 = l$ 时　　$M_B = 0$

由上面两个弯矩值，画出 CB 段弯矩图。整梁的弯矩图如图 10-14（c）所示。

从剪力图和弯矩图中可见，简支梁受集中荷载作用，当 $a > b$ 时，$|V|_{max} = \frac{Fa}{l}$，发生在 BC 段的任意截面上；$|M|_{max} = \frac{Fab}{l}$，发生在集中力作用处的截面上。若集中力作用在梁的跨中，则最大弯矩发生在梁的跨中截面上，即 $M_{max} = \frac{Fl}{4}$。

结论：在无荷载梁段剪力图为平行线，弯矩图为斜直线。在集中力作用处，左右截面上的剪力图发生突变，其突变值等于该集中力的大小，突变方向与该集中力的方向一致；而弯矩图出现转折，即出现尖点，尖点方向与该集中力方向一致。

【例 10-6】　如图 10-15（a）所示简支梁受集中力偶作用，试画出梁的剪力图和弯矩图。

【解】　(1) 求支座反力

由整梁平衡得

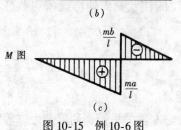

图 10-15　例 10-6 图

$$\Sigma M_B = 0, \quad R_A = \frac{m}{l} \ (\uparrow)$$

$$\Sigma M_A = 0, \quad R_B = -\frac{m}{l} \ (\downarrow)$$

校核：
$$\Sigma Y = R_A + R_B = \frac{m}{l} - \frac{m}{l} = 0$$

计算无误。

(2) 列剪力方程和弯矩方程

在梁的 C 截面有集中力偶 m 作用，分两段列出剪力方程和弯矩方程。

AC 段：在 A 端为 x_1 的截面处假想将梁截开，考虑左段梁平衡，列出剪力方程和弯矩方程为

$$V(x_1) = R_A = \frac{m}{l} \quad (0 < x_1 \leq a) \tag{1}$$

$$M(x_1) = R_A x_1 = \frac{m}{l} x_1 \quad (0 \leq x_1 < a) \tag{2}$$

CB 段：在 A 端为 x_2 的截面处假想将梁截开，考虑左段梁平衡，列出剪力方程和弯矩方程为

$$V(x_2) = R_A = \frac{m}{l} \quad (a \leq x_2 < l) \tag{3}$$

$$M(x_2) = R_A x_2 - m = -\frac{m}{l}(l - x_2) \quad (a < x_2 \leq l) \tag{4}$$

(3) 画剪力图和弯矩图

Q 图：由式 (1)、(3) 可知，梁在 AC 段和 CB 段剪力都是常数，其值为 $\frac{m}{l}$，故剪力是一条在 x 轴上方且平行于 x 轴的直线。画出剪力图如图 10-15 (b) 所示。

M 图：由式 (2)、(4) 可知，梁在 AC 段和 CB 段内弯矩都是 x 的一次函数，故弯矩图是两段斜直线。

AC 段：

当 $x_1 = 0$ 时，$M_A = 0$

$x = a$ 时，$M_{C左} = \frac{ma}{l}$

CB 段：

当 $x_2 = a$ 时，$M_{C右} = -\frac{mb}{l}$

$x_2 = l$ 时，$M_B = 0$

画出弯矩图如图 10-15 (c) 所示。

由内力图可见，简支梁只受一个力偶作用时，剪力图为同一条平行线，而弯矩图是两段平行的斜直线，在集中力偶处左右截面上的弯矩发生了突变。

结论：梁在集中力偶作用处，左右截面上的剪力无变化，而弯矩出现突变，其突变值等于该集中力偶矩。

第四节 荷载集度、剪力和弯矩之间的微分关系

一、荷载集度、剪力和弯矩之间的微分关系

上一节从直观上总结出剪力图、弯矩图的一些规律和特点。现进一步讨论剪力图、弯矩图与荷载集度之间的关系。

如图 10-16 (a) 所示,梁上作用有任意的分布荷载 $q(x)$,设 $q(x)$ 以向上为正。取 A 为坐标原点,x 轴以向右为正。现取分布荷载作用下的一微段 dx 来研究(图 10-16 (b))。

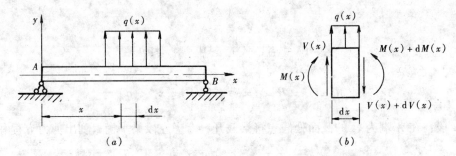

图 10-16 微分关系

由于微段的长度 dx 非常小,因此,在微段上作用的分布荷载 $q(x)$ 可以认为是均布的。微段左侧横截面上的剪力是 $V(x)$、弯矩是 $M(x)$;微段右侧截面上的剪力是 $V(x)+dV(x)$、弯矩是 $M(x)+dM(x)$,并设它们都为正值。考虑微段的平衡,由

$$\Sigma Y = 0 \quad V(x) + q(x)dx - [V(x) + dV(x)] = 0$$

得

$$\frac{dV(x)}{dx} = q(x) \tag{10-1}$$

结论一:梁上任意一横截面上的剪力对 x 的一阶导数等于作用在该截面处的分布荷载集度。这一微分关系的几何意义是,剪力图上某点切线的斜率等于相应截面处的分布荷载集度。

再由 $\quad \Sigma M_C = 0 - M(x) - V(x)dx - q(x)dx\dfrac{dx}{2} + [M(x) + dM(x)] = 0$

上式中,C 点为右侧横截面的形心,经过整理,并略去二阶微量 $q(x)\dfrac{dx^2}{2}$ 后,

得

$$\frac{dM(x)}{dx} = V(x) \tag{10-2}$$

结论二:梁上任一横截面上的弯矩对 x 的一阶导数等于该截面上的剪力。这一微分关系的几何意义是,弯矩图上某点切线的斜率等于相应截面上剪力。

将式 (10-2) 两边求导,可得

$$\frac{d^2M(x)}{dx^2} = q(x) \tag{10-3}$$

结论三:梁上任一横截面上的弯矩对 x 的二阶导数等于该截面处的分布荷载集度。这一微分关系的几何意义是,弯矩图上某点的曲率等于相应截面处的荷载集度,即由分布荷载集度的正负可以确定弯矩图的凹凸方向。

二、用微分关系法绘制剪力图和弯矩图

利用弯矩、剪力与荷载集度之间的微分关系及其几何意义。可总结出下列一些规律，以用来校核或绘制梁的剪力图和弯矩图。

1. 在无荷载梁段，即 $q(x)=0$ 时

由式（10-1）可知，$V(x)$ 是常数，即剪力图是一条平行于 x 轴的直线；又由式（10-2）可知该段弯矩图上各点切线的斜率为常数，因此，弯矩图是一条斜直线。

2. 均布荷载梁段，即 $q(x)=$ 常数时

由式（10-1）可知，剪力图上各点切线的斜率为常数，即 $V(x)$ 是 x 的一次函数，剪力图是一条斜直线；又由式（10-2）可知，该段弯矩图上各点切线的斜率为 x 的一次函数，因此，$M(x)$ 是 x 的二次函数，即弯矩图为二次抛物线。这时可能出现两种情况，如图10-17所示。

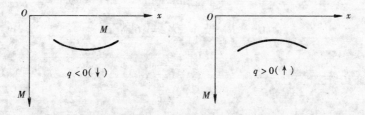

图 10-17 变矩图的凹凸向

3. 弯矩的极值

由 $\dfrac{dM(x)}{dx}=V(x)=0$ 可知，在 $V(x)=0$ 的截面处，$M(x)$ 具有极值。即剪力等于零的截面上，弯矩具有极值；反之，弯矩具有极值的截面上，剪力一定等于零。

利用上述荷载、剪力和弯矩之间的微分关系及规律，可更简捷地绘制梁的剪力图和弯矩图，其步骤如下：

(1) 分段，即根据梁上外力及支承等情况将梁分成若干段；
(2) 根据各段梁上的荷载情况，判断其剪力图和弯矩图的大致形状；
(3) 利用计算内力的简便方法，直接求出若干控制截面上的 V 值和 M 值；
(4) 逐段直接绘出梁的 V 图和 M 图。

【例 10-7】 一外伸梁，梁上荷载如图 10-18（a）所示，已知 $l=4m$，利用微分关系绘出外伸梁的剪力图和弯矩图。

【解】 (1) 求支座反力

$$R_B = 20\text{kN}（\uparrow），\quad R_D = 8\text{kN}（\uparrow）$$

(2) 根据梁上的外力情况将梁分段，将梁分为 AB、BC 和 CD 三段。
(3) 计算控制截面剪力，画剪力图。

AB 段梁上有均布荷载，该段梁的剪力图为斜直线，其控制截面剪力为

$$V_A = 0$$

$$V_{B左} = -\frac{1}{2}ql = -\frac{1}{2} \times 4 \times 4 = -8\text{kN}$$

BC 和 CD 段均为无荷载区段，剪力图均为水平线，其控制截面剪力为

$$V_{B\text{右}} = -\frac{1}{2}ql + R_B = -8 + 20 = 12\text{kN}$$

$$V_D = -R_D = -8\text{kN}$$

画出剪力图如图 10-18（b）所示。

(4) 计算控制截面弯矩，画弯矩图

AB 段梁上有均布荷载，该段梁的弯矩图为二次抛物线。因 q 向下（q<0），所以曲线凸向下，其控制截面弯矩为

$$M_A = 0$$

$$M_B = -\frac{1}{2}ql \cdot \frac{l}{4} = -\frac{1}{8} \times 4 \times 4^2 = -8\text{kN·m}$$

BC 段与 CD 段均为无荷载区段，弯矩图均为斜直线，其控制截面弯矩为

$$M_B = -8\text{kN·m}$$

$$M_C = R_D \cdot \frac{l}{2} = 8 \times 2 = 16\text{kN·m}$$

$$M_D = 0$$

画出弯矩图如图 10-18（c）所示。

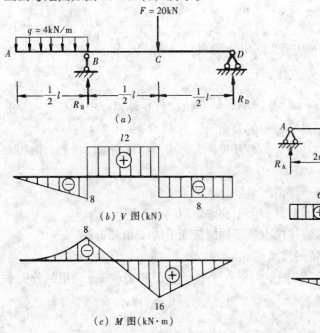

图 10-18 例 10-7 图

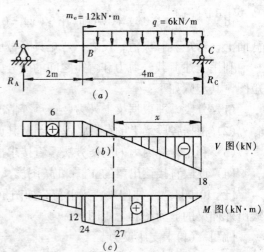

图 10-19 例 10-8 图

从以上看到，对本题来说，只需算出 $V_{B\text{左}}$、$V_{B\text{右}}$、$V_{D\text{左}}$ 和 M_B、M_C，就可画出梁的剪力图和弯矩图。

【例 10-8】 一简支梁，尺寸及梁上荷载如图 10-19（a）所示，利用微分关系绘出此梁的剪力图和弯矩图。

【解】(1)求支座反力

$$R_A = 6\text{kN}（↑）\quad R_C = 18\text{kN}（↑）$$

（2）根据梁上的荷载情况，将梁分为 AB 和 BC 两段，逐段画出内力图。

（3）计算控制截面剪力，画剪力图。

AB 段为无荷载区段，剪力图为水平线，其控制截面剪力为

$$V_A = R_A = 6kN$$

BC 为均布荷载段，剪力图为斜直线，其控制截面剪力为

$$V_B = R_A = 6kN$$

$$V_C = -R_C = -18kN$$

画出剪力图如图 10-19（b）所示。

（4）计算控制截面弯矩，画弯矩图

AB 段为无荷载区段，弯矩图为斜直线，其控制截面弯矩为

$$M_A = 0$$

$$M_{B左} = R_A \times 2 = 12kN \cdot m$$

BC 为均布荷载段，由于 q 向下，弯矩图为凸向下的二次抛物线，其控制截面弯矩为

$$M_{B右} = R_A \times 2 + m_e = 6 \times 2 + 12 = 24kN \cdot m$$

$$M_C = 0$$

从剪力图可知，此段弯矩图中存在着极值，应该求出极值所在的截面位置及其大小。

设弯矩具有极值的截面距右端的距离为 x，由该截面上剪力等于零的条件可求得 x 值，即

$$V(x) = -R_C + qx = 0$$

$$x = \frac{R_C}{q} = \frac{18}{6} = 3m$$

弯矩的极值为

$$M_{max} = R_C \cdot x - \frac{1}{2}qx^2 = 18 \times 3 - \frac{6 \times 3^2}{2} = 27kN \cdot m$$

画出弯矩图如图 10-19（c）所示。

对本题来说，反力 R_A、R_C 求出后，便可直接画出剪力图。而弯矩图，也只需确定 $M_{B左}$、$M_{B右}$ 及 M_{max} 值，便可画出。

在熟练掌握简便方法求内力的情况下，可以直接根据梁上的荷载及支座反力画出内力图。

第五节 用叠加法画弯矩图

一、叠加原理

由于在小变形条件下，梁的内力、支座反力，应力和变形等参数均与荷载呈线性关系，每一荷载单独作用时引起的某一参数不受其他荷载的影响。所以，梁在 n 个荷载共同作用时所引起的某一参数（内力、支座反力、应力和变形等），等于梁在各个荷载单独作用时所引起同一参数的代数和，这种关系称为叠加原理（图 10-20）。

二、叠加法画弯矩图

根据叠加原理来绘制梁的内力图的方法称为叠加法。由于剪力图一般比较简单，因此

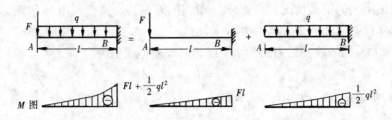

图 10-20 叠加法画弯矩图

不用叠加法绘制。下面只讨论用叠加法作梁的弯矩值图。其方法为：先分别作出梁在每一个荷载单独作用下的弯矩图，然后将各弯矩图中同一截面上的弯矩值代数相加，即可得到梁在所有荷载共同作用下的弯矩图。

为了便于应用叠加法绘内力图，在表 10-1 中给出了梁在简单荷载作用下的剪力图和弯矩图，以供查用。

单跨梁在简单荷载作用下的弯矩图　　　　　　　　　　　表 10-1

荷载形式	弯 矩 图	荷载形式	弯 矩 图	荷载形式	弯 矩 图
悬臂梁端部集中力 F	Fl	悬臂梁均布荷载 q	$\dfrac{ql^2}{2}$	悬臂梁端部力偶 M_C	M_0
简支梁集中力 F，距离 a、b	$\dfrac{Fab}{l}$	简支梁均布荷载 q	$\dfrac{ql^2}{8}$	简支梁力偶 M_0	$\dfrac{b}{l}M_0$，$\dfrac{b}{l}M_0$
外伸梁端部集中力 F	Fa	外伸梁端部均布荷载 q	$\dfrac{1}{2}qa^2$	外伸梁力偶 M_0	M_0

【例 10-9】　试用叠加法画出图 10-21 所示简支梁的弯矩图。

【解】　(1) 先将梁上荷载分为集中力偶 m 和均布荷载 q 两组。

(2) 分别画出 m 和 q 单独作用时的弯矩图 M_1 和 M_2（图 10-21 (b)、(c)），然后将这

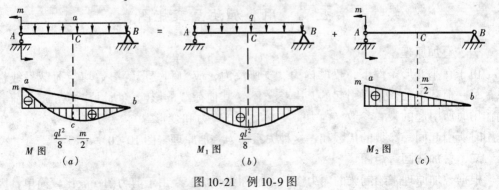

图 10-21　例 10-9 图

两个弯矩图相叠加。叠加时,是将相应截面的纵坐标代数相加。叠加方法如图 10-21 (a)所示。先作出直线形的弯矩图 M_2 (即 ab 直线,可用虚线画出),再以 ab 为基准线作出曲线形的弯矩图 M_1。这样,将两个弯矩图相应纵坐标代数相加后,就得到 m 和 q 共同作用下的最后弯矩图 M (图 10-21 (a))。其控制截面为 A、B、C。即

A 截面弯矩为:$M_A = -m + 0 = -m$,

B 截面弯矩为:$M_B = 0 + 0 = 0$,

跨中 C 截面弯矩为:$M_C = \dfrac{ql^2}{8} - \dfrac{m}{2}$。

叠加时宜先画直线形的弯矩图,再叠加上曲线形或折线形的弯矩图。

由上例可知,用叠加法作弯矩图,一般不能直接求出最大弯矩的精确值,若需要确定最大弯矩的精确值,应找出剪力 V = 0 的截面位置,求出该截面的弯矩,即得到最大弯矩的精确值。

【例 10-10】 用叠加法画出图 10-22 所示简支梁的弯矩图。

【解】 (1) 先将梁上荷载分为两组。其中,集中力偶 m_A 和 m_B 为一组,集中力 F 为一组。

(2) 分别画出两组荷载单独作用下的弯矩图 M_1 和 M_2 (图 10-22 (b)、(c)),然后将

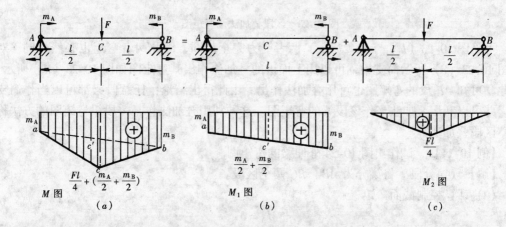

图 10-22 例 10-10 图

这两个弯矩图相叠加。叠加方法如图 10-22 (a) 所示。先作出直线形的弯矩图 M_1 (即用虚线画出 ab 直线),再以 ab 为基准线作出折线形的弯矩图 M_2。这样,将两个弯矩图相应纵坐标代数相加后,就得到两组荷载共同作用下的最后弯矩图 M (图 10-22 (a))。其控制截面为 A、B、C。即

A 截面弯矩为:$M_A = m_A + 0 = m_A$,

B 截面弯矩为:$M_B = m_B + 0 = m_B$,

跨中 C 截面弯矩为:$M_C = \dfrac{m_A + m_B}{2} + \dfrac{Fl}{4}$。

三、用区段叠加法画弯矩图

上面介绍了利用叠加法画全梁的弯矩图。现在进一步把叠加法推广到画某一段梁的弯矩图,这对画复杂荷载作用下梁的弯矩图和今后画刚架、超静定梁的弯矩图是十分有用的。

图 10-23 (a) 为一梁承受荷载 F、q 作用,如果已求出该梁截面 A 的弯矩 M_A 和截面 B 的弯矩 M_B,则可取出 AB 段为脱离体(见图 10-23 (b)),然后根据脱离体的平衡条件分别求出截面 A、B 的剪力 V_A、V_B。将此脱离体与图 10-23 (c) 的简支梁相比较,由于简支梁受相同的集中力 F 及杆端力偶 M_A、M_B 作用,因此,由简支梁的平衡条件可求得支座反力 $Y_A = V_A$,$Y_B = V_B$。

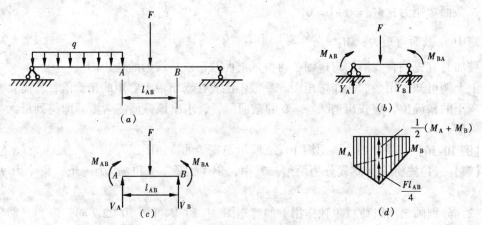

图 10-23 区段叠加法画弯矩图

可见图 10-23 (b) 与 10-23 (c) 两者受力完全相同,因此两者弯矩也必然相同。对于图 10-23 (c) 所示简支梁,可以用上面讲的叠加法作出其弯矩图如图 10-23 (d) 所示,因此,可知 AB 段的弯矩图也可用叠加法作出。由此得出结论:任意段梁都可以当作简支梁,并可以利用叠加法来作该段梁的弯矩图。这种利用叠加法作某一段梁弯矩图的方法称为"区段叠加法"。

【例 10-11】 试作出图 10-24 外伸梁的弯矩图。

【解】 (1) 分段 将梁分为 AB、BC 两个区段。

(2) 计算控制截面弯矩

$$M_A = 0$$
$$M_B = -3 \times 2 \times 1 = -6 \text{kN·m}$$
$$M_D = 0$$

AB 区段 C 点处的弯矩叠加值为

$$\frac{Fab}{l} = \frac{6 \times 4 \times 2}{6} = 8 \text{kN·m}$$

$$M_C = \frac{Fab}{l} - \frac{2}{3} M_B = 8 - \frac{2}{3} \times 6 = 4 \text{kN·m}$$

BD 区段中点的弯矩叠加值为

$$\frac{ql^2}{8} = \frac{3 \times 2^2}{8} = 1.5 \text{kN·m}$$

(3) 作 M 图如图 10-24 (b) 所示。

由上例可以看出,用区段叠加法作外伸梁的弯矩图时,不需要求支座反力,就可以画出其弯矩图。所以,用区段叠加法作弯矩图是非常方便的。

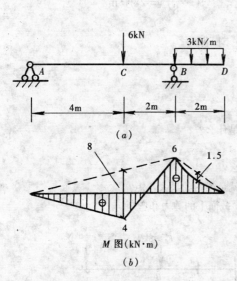

图 10-24 例 10-11 图

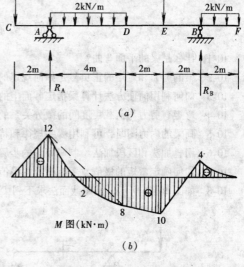

图 10-25 例 10-12 图

【例 10-12】 绘制图 10-25（a）所示梁的弯矩图。

【解】 此题若用一般方法作弯矩图较为麻烦。现采用区段叠加法来作，可方便得多。

（1）计算支座反力

$$\Sigma M_B = 0 \quad R_A = 15\text{kN}（\uparrow）$$
$$\Sigma M_A = 0 \quad R_B = 11\text{kN}（\uparrow）$$

校核： $\Sigma Y = -6 + 15 - 2 \times 4 - 8 + 11 - 2 \times 2 = 0$

计算无误。

（2）选定外力变化处为控制截面，并求出它们的弯矩。

本例控制截面为 C、A、D、E、B、F 各处，可直接根据外力确定内力的方法求得

$M_C = 0$

$M_A = -6 \times 2 = -12 \text{ kN} \cdot \text{m}$

$M_D = -6 \times 6 + 15 \times 4 - 2 \times 4 \times 2 = 8\text{kN} \cdot \text{m}$

$M_E = -2 \times 2 \times 3 + 11 \times 2 = 10\text{kN} \cdot \text{m}$

$M_B = -2 \times 2 \times 1 = -4\text{kN} \cdot \text{m}$

$M_F = 0$

（3）把整个梁分为 CA、AD、DE、EB、BF 五段，然后用区段叠加法绘制各段的弯矩图。方法是：先用一定比例绘出 CF 梁各控制截面的弯矩纵标，然后看各段是否有荷载作用，如果某段范围内无荷载作用（例如 CA、DE、EB 三段），则可把该段端部的弯矩纵标连以直线，即为该段弯矩图。如该段内有荷载作用（例如 AD、BF 二段），则把该段端部的弯矩纵标连一虚线，以虚线为基线叠加该段按简支梁求得的弯矩图。整个梁的弯矩图如图 10-25（b）所示。

其中 AD 段中点的弯矩为

$$M_{AD中} = \frac{-12+8}{2} + \frac{ql_{AD}^2}{8} = \frac{-12+8}{2} + \frac{2\times 4^2}{8} = 2\text{kN}\cdot\text{m}$$

思考题与习题

10-1　什么是梁的平面弯曲？

10-2　梁的剪力和弯矩的正负号是如何规定的？

10-3　如何利用简便方法计算梁指定截面上的内力？

10-4　弯矩、剪力与荷载集度间的微分关系的意义是什么？

10-5　画梁的内力图时，可利用哪些规律和特点？

10-6　用叠加法和区段加法绘制弯矩图的步骤是什么？

10-7　如何确定弯矩的极值？弯矩图上的极值是否就是梁内的最大弯矩？

10-8　如图 10-26 所示，试用截面法求下列梁中 n-n 截面上的剪力和弯矩。

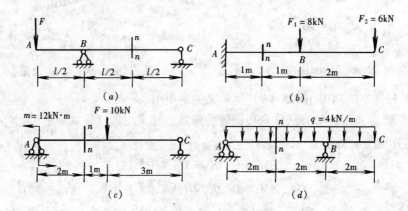

图 10-26　题 10-8 图

10-9　试用简便方法求图 10-27 所示各梁指定截面上的剪力和弯矩。

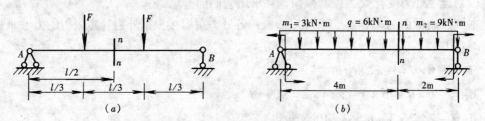

图 10-27　题 10-9 图

10-10　列出图 10-28 中各梁的剪力方程和弯矩方程，画出剪力图和弯矩图。

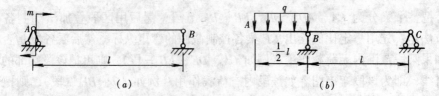

图 10-28　题 10-10 图

10-11　利用微分关系绘出图 10-29 中各梁的剪力图和弯矩图。

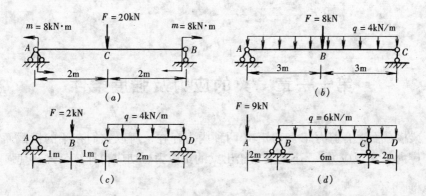

图 10-29 题 10-11 图

10-12 试用叠加法作图 10-30 中各梁的弯矩图。

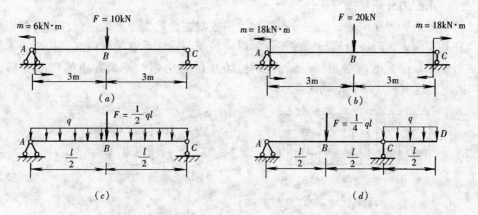

图 10-30 题 10-12 图

10-13 试用区段叠加法作图 10-31 中各梁的弯矩图。

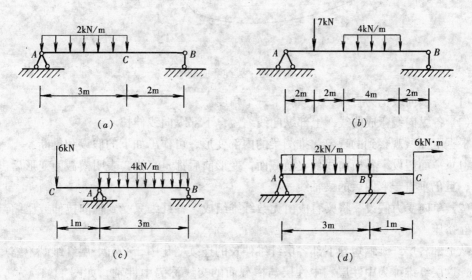

图 10-31 题 10-13 图

第十一章 梁的应力及强度条件

由于梁横截面上有剪力 V 和弯矩 M 两种内力存在,所以它们在梁的横截面上会引起相应的切应力 τ 和正应力 σ。下面着重给出梁的正应力、切应力计算公式及其强度条件。

第一节 梁弯曲时横截面上的正应力

一、正应力分布规律

为了解正应力在横截面上的分布情况,可先观察梁的变形,取一弹性较好的矩形截面梁,在其表面上画上一系列与轴线平行的纵向线及与轴线垂直的横向线,构成许多均等的小矩形,然后在梁的两端施加一对力偶矩为 M 的外力偶,使梁发生纯弯曲变形,如图11-1所示,这时可观察到下列现象:

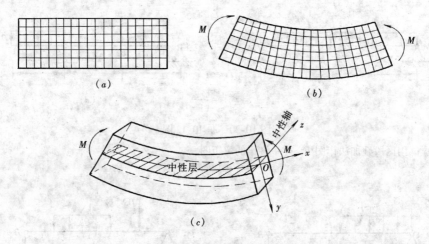

图 11-1 梁纯弯曲变形

(1) 各横向线仍为直线,只倾斜了一个角度。
(2) 各纵向线弯成曲线,上部纵向线缩短,下部纵向线伸长。

根据上面所观察到的现象,推测梁的内部变形,可作出如下假设和推断:

(1) 平面假设 各横向线代表横截面,变形前后都是直线,表明横截面变形后仍保持平面,且仍垂直于弯曲后的梁轴线。

(2) 单向受力假设 将梁看成由无数纤维组成,各纤维只受到轴向拉伸或压缩,不存在相互挤压。

从上部各层纤维缩短到下部各层纤维伸长的连续变化中,必有一层纤维既不缩短也不伸长,这层纤维称为中性层。中性层与横截面的交线称为中性轴,如图 11-1(c)。中性轴通过横截面形心,且与竖向对称轴 y 垂直,将梁横截面分为受压和受拉两个区域。由此可知，梁弯曲变形时，各截面绕中性轴转动，使梁内纵向纤维伸长或缩短，且同一层纤维的伸长（或缩短）相同，中性层上各纵向纤维变形为零。由于变形是连续的，各层纵向纤维的线应变沿截面高度应为线性变化规律，从而由虎克定律可推出，梁弯曲时横截面上的正应力沿截面高度呈线性分布规律变化，如图 11-2 所示。

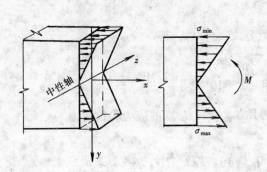 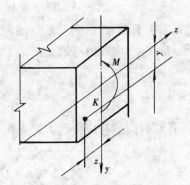

图 11-2　正应力分布规律　　　　　图 11-3　求横截面上任一点的正应力

二、正应力计算公式

如图 11-3 所示，根据理论推导（推导从略），梁弯曲时横截面上任一点正应力的计算公式为

$$\sigma = \frac{My}{I_z} \tag{11-1}$$

式中　M——横截面上的弯矩；
　　　y——所计算应力点到中性轴的距离；
　　　I_z——截面对中性轴的惯性矩。

由式 (11-1) 说明，梁弯曲时横截面上任一点的正应力 σ 与弯矩 M 和该点到中性轴距离 y 成正比，与截面对中性轴的惯性矩 I_z 成反比，正应力沿截面高度呈线性分布；中性轴上（$y = 0$）各点处的正应力为零；在上、下边缘处（$y = y_{max}$）正应力的绝对值最大。用式 (11-1) 计算正应力时，M 和 y 均用绝对值代入。当截面上有正弯矩时，中性轴以下部分为拉应力，以上部分为压应力；当截面有负弯矩时，则相反。

【例 11-1】　长为 l 的矩形截面悬壁梁，在自由端处作用一集中力 F，如图 11-4 所示。已知 $F = 3kN$，$h = 180mm$，$b = 120mm$，$y = 60mm$，$l = 3m$，$a = 2m$，求 C 截面上 K 点的正应力。

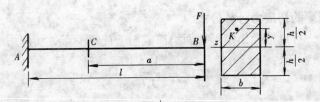

图 11-4　例 11-1 图

【解】　(1) 计算 C 截面的弯矩

$$M_c = -Fa = -3 \times 2 = -6 \text{kN·m}$$

(2) 计算截面对中性轴的惯性矩

$$I_z = \frac{bh^3}{12} = \frac{120 \times 180^3}{12} = 58.32 \times 10^6 \text{mm}^4$$

(3) 计算 C 截面上 K 点的正应力

将 M_C、y（均取绝对值）及 I_z 代入正应力公式（11-1），得

$$\sigma_K = \frac{M_c y}{I_z} = \frac{6 \times 10^6 \times 60}{58.32 \times 10^6} = 6.17 \text{MPa}$$

由于 C 截面的弯矩为负，K 点位于中性轴上方，所以 K 点的应力为拉应力。

第二节 梁横截面上的切应力计算公式

一、矩形截面梁的切应力及分布规律

梁横截面上的剪应力是由该截面上的微剪力 τdA 组成，对于高度 h 大于宽度 b 的矩形截面梁，其横截面上的剪力 V 沿 y 轴方向，如图 11-5（a）所示，现假设切应力的分布规律如下：

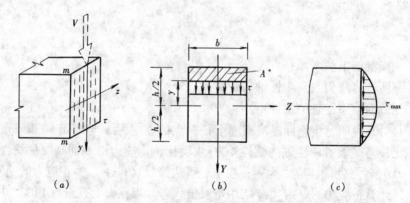

图 11-5 矩形截面梁切应力分布规律

(1) 横截面上各点处的切应力 τ 都与剪力 V 方向一致（图 11-5（a））；
(2) 横截面上距中性轴等距离各点处切应力大小相等，即沿截面宽度为均匀分布（图 11-5（b））。

二、矩形截面梁的切应力计算公式

根据以上假设，可以推导出矩形截面梁横截面上任意一点处切应力的计算公式为

$$\tau = \frac{VS_z^*}{I_z b} \tag{11-2}$$

式中　V——横截面上的剪力；
　　　I_z——整个截面对中性轴的惯性矩；
　　　b——需求切应力处的横截面宽度；

S_z^*——横截面上需求切应力点处的水平线以上（或以下）部分的面积 A^* 对中性轴的静矩。

用上式计算时，V 与 S_z^* 均用绝对值代入即可。

切应力沿截面高度的分布规律，可从式（11-2）得出。对于同一截面，V、I_z 及 b 都为常量。因此，截面上的切应力 τ 是随静矩 S_z^* 的变化而变化的。

现求图 11-5（b）所示矩形截面上任意一点的切应力，该点至中性轴的距离为 y，该点水平线以上横截面面积 A^* 对中性轴的静矩为

$$S_z^* = A^* y_0 = b\left(\frac{h}{2} - y\right)\left[y + \frac{1}{2}\left(\frac{h}{2} - y\right)\right] = \frac{bh^2}{8}\left(1 - \frac{4y^2}{h^2}\right)$$

又 $I_z = \frac{bh^3}{12}$，代入式（11-2）得

$$\tau = \frac{3V}{2bh}\left(1 - \frac{4y^2}{h^2}\right)$$

上式表明切应力沿截面高度按二次抛物线规律分布（图 11-5（c））。在上、下边缘处 $\left(y = \pm\frac{h}{2}\right)$，剪应应力为零；在中性轴上（$y = 0$），切应力最大，其值为

$$\tau_{max} = \frac{3Q}{2bh} = 1.5\frac{V}{A} \tag{11-3}$$

式中 $\frac{V}{A}$ 是截面上的平均切应力。由此可见，矩形截面梁横截面上的最大切应力是平均切应力的 1.5 倍，发生在中性轴上。

三、工字形截面梁的切应力

工字形截面梁由腹板和翼缘组成（图 11-6（a））。腹板是一个狭长的矩形，所以它的切应力可按矩形截面的切应力公式计算，即

$$\tau = \frac{VS_z^*}{I_z d} \tag{11-4}$$

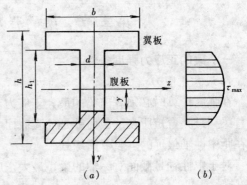

式中 d——腹板的宽度；

S_z^*——横截面上所求切应力处的水平线以下（或以上）至边缘部分面积 A^* 对中性轴的静矩。

图 11-6 工字形截面梁的分布规律

由式（11-4）可求得切应力 τ 沿腹板高度按抛物线规律变化，如图 11-6（b）所示。最大切应力出现在中性轴上，其值为

$$\tau_{max} = \frac{V_{max} S_{z\,max}^*}{I_z d} = \frac{V_{max}}{(I_z/S_{zmax}^*) b}$$

式中 S_{zmax}^* 为工字形截面中性轴以下（或以上）面积对中性轴的静矩。对于工字钢，I_z/S_{zmax}^* 可由型钢表中查得。

翼缘部分的切应力很小，一般情况不必计算。

【例 11-2】 一矩形截面简支梁如图 11-7 所示。已知 $l = 3$m,$h = 160$mm,$b = 100$mm,$h_1 = 40$mm,$F = 3$kN,求 $m\text{-}m$ 截面上 K 点的切应力。

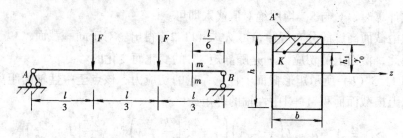

图 11-7 例 11-2 图

【解】 (1) 求支座反力及 $m\text{-}m$ 截面上的剪力

$$R_A = R_B = F = 3\text{kN}(\uparrow)$$

$$V = -R_B = -3\text{kN}$$

(2) 计算截面的惯性矩及面积 A^* 对中性轴的静矩分别为

$$I_z = \frac{bh^3}{12} = \frac{100 \times 160^3}{12} = 34.1 \times 10^6 \text{mm}^4$$

$$S_z = A^* y_0 = 100 \times 40 \times 60 = 24 \times 10^4 \text{mm}^3$$

(3) 计算 $m\text{-}m$ 截面上 K 点的切应力

$$\tau_K = \frac{VS_z^*}{I_z b} = \frac{3 \times 10^3 \times 24 \times 10^4}{34.1 \times 10^6 \times 100} = 0.21\text{MPa}$$

第三节 梁的强度条件及强度计算

一、梁的正应力强度条件

1. 最大正应力

在强度计算时必须算出梁的最大正应力。产生最大正应力的截面称为危险截面。对于等直梁,最大弯矩所在的截面就是危险截面。危险截面上的最大应力点称为危险点,它发生在距中性轴最远的上、下边缘处。

对于中性轴是截面对称轴的梁,最大正应力的值为

$$\sigma_{\max} = \frac{M_{\max} y_{\max}}{I_z}$$

令

$$W_z = \frac{I_z}{y_{\max}}$$

则

$$\sigma_{\max} = \frac{M_{\max}}{W_z} \tag{11-5}$$

式中 W_z 称为抗弯截面因数(或模量),它是一个与截面形状和尺寸有关的几何量,其常用单位为 m^3 或 mm^3。对高为 h、宽为 b 的矩形截面,其抗弯截面因数为

$$W_z = \frac{I_z}{y_{\max}} = \frac{bh^3/12}{h/2} = \frac{bh^2}{6}$$

对直径为 D 的圆形截面，其抗弯截面因数为

$$W_z = \frac{I_z}{y_{max}} = \frac{\pi D^4/64}{D/2} = \frac{\pi D^3}{32}$$

对工字钢、槽钢、角钢等型钢截面的抗弯截面因数 W_z 可从附录型钢表中查得。

2. 正应力强度条件

为了保证梁具有足够的强度，必须使梁危险截面上的最大正应力不超过材料的许用应力，即

$$\sigma_{max} = \frac{M_{max}}{W_z} \leqslant [\sigma] \tag{11-6}$$

式（11-6）为梁的正应力强度条件。

根据强度条件可解决工程中有关强度方面的三类问题。

（1）强度校核 在已知梁的横截面形状和尺寸、材料及所受荷载的情况下，可校核梁是否满足正应力强度条件。即校核是否满足式（11-6）。

（2）设计截面 当已知梁的荷载和所用的材料时，可根据强度条件，先计算出所需的最小抗弯截面因数

$$W_z \geqslant \frac{M_{max}}{[\sigma]}$$

然后根据梁的截面形状，再由 W_z 值确定截面的具体尺寸或型钢号。

（3）确定许用荷载 已知梁的材料、横截面形状和尺寸，根据强度条件先算出梁所能承受的最大弯矩，即

$$M_{max} \leqslant W_z [\sigma]$$

然后由 M_{max} 与荷载的关系，算出梁所能承受的最大荷载。

二、梁的切应力强度条件

为保证梁的切应力强度，梁的最大切应力不应超过材料的许用切应力 $[\tau]$
即

$$\tau = \frac{V_{max} S_{zmax}^*}{I_z b} \leqslant [\tau] \tag{11-7}$$

式（11-7）称为梁的切应力强度条件。

在梁的强度计算中，必须同时满足正应力和切应力两个强度条件。通常先按正应力强度条件设计出截面尺寸，然后按切应力强度条件进行校核。对于细长梁，按正应力强度条件设计的梁一般都能满足切应力强度要求，就不必作切应力校核。

【例 11-3】 如图 11-8 所示，一悬臂梁长 $l = 1.5$m，自由端受集中力 $F = 32$kN 作用，梁由 No.22a 工字钢制成，自重按 $q = 0.33$kN/m 计算，$[\sigma] = 160$MPa。试校核梁的正应力强度。

【解】 （1）画弯矩图，求最大弯矩的绝对值。

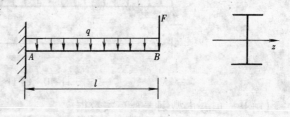

图 11-8 例 11-3 图

$$|M_{\max}| = Fl + \frac{ql^2}{2} = 32 \times 1.5 + \frac{1}{2} \times 0.33 \times 1.5^2 = 48.4 \text{kN} \cdot \text{m}$$

(2) 查型钢表，No.22a 工字钢的抗弯截面因数为：

$$W_z = 309 \text{cm}^3$$

(3) 校核正应力强度

$$\sigma_{\max} = \frac{M_{\max}}{W_z} = \frac{48.4 \times 10^6}{309 \times 10^3} = 157 \text{MPa} < [\sigma] = 160 \text{MPa}$$

满足正应力强度条件。

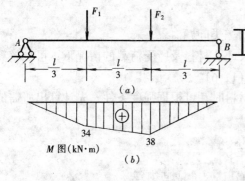

图 11-9 例 11-4 图

【例 11-4】 一热轧普通工字钢截面简支梁，如图 11-9（a）所示，已知：$l = 6\text{m}$，$F_1 = 15\text{kN}$，$F_2 = 21\text{kN}$，钢材的许用应力 $[\sigma] = 170\text{MPa}$，试选择工字钢的型号。

【解】 (1) 画弯矩图，确定 $M_{\max}$
求支座反力 $R_A = 17\text{kN}$（↑）

$$R_B = 19\text{kN}(\uparrow)$$

绘 M（图 11-5（b）），最大弯矩发生在 F_2 作用截面上，其值为

$$M_{\max} = 38\text{kN} \cdot \text{m}$$

(2) 计算工字钢梁所需的抗弯截面因数为

$$W'_z \geq \frac{M_{\max}}{[\sigma]} = \frac{38 \times 10^6}{170} = 223.5 \times 10^3 \text{mm}^3 = 223.5 \text{cm}^3$$

(3) 选择工字钢型号

由附录查型钢表得 No.20a 工字钢的 W_z 值为 237cm³，略大于所需的 W'_z，故采用 No.20a 号工字钢。

【例 11-5】 如图 11-10 所示，No.40a 号工字钢简支梁，跨度 $l = 8\text{m}$，跨中点受集中力 F 作用。已知 $[\sigma] = 140\text{MPa}$，考虑自重，求许用荷载 $[F]$。

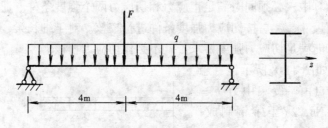

图 11-10 例 11-5 图

【解】 (1) 由型钢表查有关数据
工字钢每米长自重 $q = 67.6 \text{kgf/m} \approx 676\text{N}$
抗弯截面因数 $W_z = 1\,090 \text{cm}^3$

(2) 按强度条件求许用荷载 [F]

$$M_{max} = \frac{ql^2}{8} + \frac{Fl}{4} = \frac{1}{8} \times 676 \times 8^2 + \frac{1}{4} \times F \times 8 = (5\,408 + 2F)\text{N} \cdot \text{m}$$

根据强度条件 $[M_{max}] \leq W_z[\sigma]$

$$5\,408 + 2F \leq 1\,090 \times 10^{-3} \times 140 \times 10^6$$

解得 $[F] = 73\,600\text{N} = 73.6\text{ kN}$

【例 11-6】 一外伸工字形钢梁，工字钢的型号为 No.22a，梁上荷载如图 11-11 (a) 所示。已知 $l = 6\text{m}$，$F = 30\text{kN}$，$q = 6\text{kN/m}$，$[\sigma] = 170\text{MPa}$，$[\tau] = 100\text{MPa}$，检查此梁是否安全。

【解】 (1) 绘剪力图、弯矩图如图 11-11 (b)、(c) 所示，

$$M_{max} = 39\text{kN} \cdot \text{m}$$

$$V_{max} = 17\text{ kN}$$

(2) 由型钢表查得有关数据

$$d = 7.5\text{mm}$$

$$\frac{I_z}{S^*_{max}} = 18.9\text{cm}$$

$$W_z = 309\text{cm}^3$$

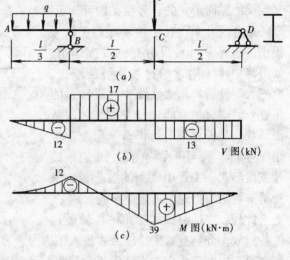

图 11-11 例 11-6 图

(3) 校核正应力强度及切应力强度

$$\sigma_{max} = \frac{M_{max}}{W_z} = \frac{39 \times 10^6}{309 \times 10^3} = 126\text{MPa} < [\sigma] = 170\text{MPa}$$

$$\tau_{max} = \frac{V_{max} S^*_{max}}{I_z d} = \frac{17 \times 10^3}{18.9 \times 10 \times 7.5} = 12\text{MPa} < [\tau] = 100\text{MPa}$$

所以，梁是安全的。

三、选择梁合理的截面

设计梁时，一方面要保证梁具有足够的强度，使梁在荷载作用下能安全的工作；同时应使设计的梁能充分发挥材料的潜力，以节省材料，这就需要选择合理的截面形状和尺寸。

梁的强度一般是由横截面上的最大正应力控制的。当弯矩一定时，横截面上的最大正应力 σ_{max} 与抗弯截面因数 W_z 成反比，W_z 愈大就愈有利。而 W_z 的大小是与截面的面积及形状有关，合理的截面形状是在截面面积 A 相同的条件下，有较大的抗弯截面因数 W_z，也就是说比值 W_z/A 大的截面形状合理。由于在一般截面中，W_z 与其高度的平方成正比，

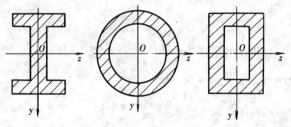

图 11-12 合理的截面形状

所以尽可能地使横截面面积分布在距中性轴较远的地方，这样在截面面积一定的情况下可以得到尽可能大的抗弯截面因数 W_z，而使最大正应力 $\sigma_{\max}$ 减少；或者在抗弯截面因数 W_z 一定的情况下，减少截面面积以节省材料和减轻自重。所以，工字形、槽形截面比矩形截面合理，矩形截面立放比平放合理，正方形截面比圆形截面合理。

梁的截面形状的合理性，也可从正应力分布的角度来说明。梁弯曲时，正应力沿截面高度呈直线分布，在中性轴附近正应力很小，这部分材料没有充分发挥作用。如果将中性轴附近的材料尽可能减少，而把大部分材料布置在距中性轴较远的位置处，则材料就能充分发挥作用，截面形状就显得合理。所以，工程上常采用工字形、圆环形、箱形（图 11-12）等截面形式。工程中常用的空心板、薄腹梁等就是根据这个道理设计的。

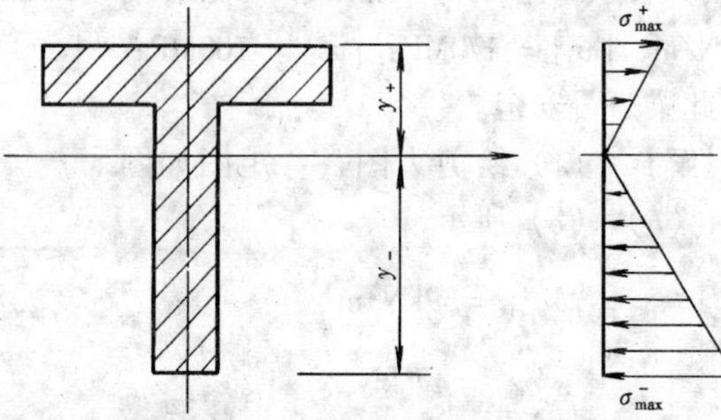

此外，在梁横截面上距中性轴最远的各点处，分别有最大拉应力和最大压应力。为了充分发挥材料的潜力，应使它们同时达到材料相应的许用应力，选用 T 形截面的钢筋混凝土梁（图 11-13）就比较合理。

图 11-13 T 形截面梁的正应分布规律

思考题与习题

11-1 何谓梁的中性层？中性轴？

11-2 梁弯曲时横截面上的正应力按什么规律分布？最大正应力和最小正应力发生在何处？

11-3 梁中性轴处的切应力值为最大还是最小？

11-4 梁弯曲时的正应力强度条件如何表示？切应力强度条件如何表示？

11-5 试举例说明梁的合理截面形状。

11-6 一工字形钢梁，在跨中作用集中力 F，如图 11-14 所示。已知 $l = 6\text{m}$，$F = 20\text{kN}$，工字钢的型号为 No.20a，求梁中的最大正应力和最大切应力。

11-7 一对称 T 形截面的外伸梁，梁上作用均布荷载，梁的尺寸如图 11-15 所示，已知 $l = 1.5\text{m}$，$q = 8\text{kN/m}$，求梁中横截面上的最大拉应力和最大压应力。

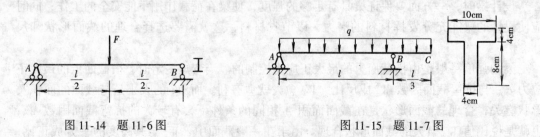

图 11-14 题 11-6 图　　　　图 11-15 题 11-7 图

11-8 一矩形截面简支梁,跨中作用集中力 F,如图 11-16 所示,已知 $l = 4$m, $b = 120$mm, $h = 180$mm,材料的许用应力 $[\sigma] = 10$MPa,试求梁能承受的最大荷载 F_{max}。

图 11-16 题 11-8 图   图 11-17 题 11-9 图

11-9 图 11-17 所示外伸梁,由两根 No.16a 槽钢组成。已知 $l = 6$m,钢材的许用应力 $[\sigma] = 170$MPa,试求梁能承受的最大荷载 F_{max}。

11-10 一圆形截面木梁,承受荷载如图 11-18 所示,已知 $l = 3$m, $F = 3$kN, $q = 3$kN/m,木材的许用应力 $[\sigma] = 10$MPa,试选择圆木的直径 d。

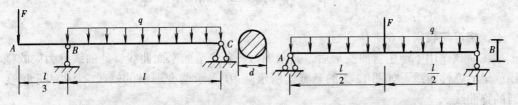

图 11-18 题 11-10 图   图 11-19 题 11-11 图

11-11 一工字型钢简支梁,承受荷载如图 11-19 所示,已知 $l = 6$m, $q = 6$kN/m, $F = 20$kN,钢材的 $[\sigma] = 170$MPa, $[\tau] = 100$MPa,试选择工字钢的型号。

11-12 一工字型钢简支梁,型钢号为 No.28a,承受荷载如图 11-20 所示。已知 $l = 6$m, $F_1 = 50$kN, $F_2 = 50$kN, $q = 8$kN/m,钢材的许用应力 $[\sigma] = 170$MPa, $[\tau] = 100$MPa,试校核梁的强度。

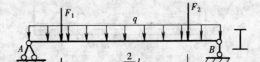

图 11-20 题 11-12 图

第十二章 梁的变形及刚度条件

为了保证梁在荷载作用下的正常工作,除满足强度要求外,同时还需满足刚度要求。刚度要求就是控制梁在荷载作用下产生的变形在一定限度内,否则会影响结构的正常使用。例如,楼面梁变形过大时,会使下面的抹灰层开裂、脱落;吊车梁的变形过大时,将影响吊车的正常运行等等。

第一节 挠度与转角

一、挠度与转角

梁在荷载作用下产生弯曲变形后,其轴线为一条光滑的平面曲线,此曲线称为梁的挠曲线或梁的弹性曲线。如图 12-1 的悬臂梁所示。AB 表示梁变形前的轴线,AB' 表示梁变形后的挠曲线。

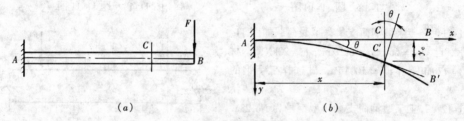

图 12-1 梁的挠曲线

1. 挠度

梁任一横截面形心在垂直于梁轴线方向的竖向位移 CC' 称为挠度,用 y 表示,单位为 mm,并规定向下为正。

2. 转角

梁任一横截面 C 在梁变形后,绕中性轴转过的角度,称为该截面的转角,用 θ 表示,单位为 rad(弧度),并规定顺时针转为正。

3. 挠度与转角的关系

在小变形条件下,由于转角 θ 很小,两者之间存在下面的关系:

$$\theta = \frac{dy}{dx} \tag{12-1}$$

即挠度曲线上任一点处切线的斜率等于该横截面的转角。

二、挠曲线的近似微分方程

经理论推导,可得出梁的挠度与内力、抗弯刚度之间的关系为

$$\frac{d^2y}{dx^2} = -\frac{M(x)}{EI} \tag{12-2}$$

式中 $M(x)$——梁的弯矩；
EI——梁的抗弯刚度；
$\dfrac{d^2y}{dx^2}$——挠曲线的二阶导数。

式（12-1）称为梁弯曲时挠曲线的近似微分方程。它是计算梁变形的基本公式。

梁在简单荷载作用下的挠度和转角　　　　　　　　　　表 12-1

支承和荷载情况	梁端转角	最大挠度	挠曲线方程式
悬臂梁端部受力 F	$\theta_B = \dfrac{Fl^2}{2EI_z}$	$y_{max} = \dfrac{Fl^3}{3EI_z}$	$y = \dfrac{Fx^2}{6EI_z}(3l - x)$
悬臂梁中间受力 F	$\theta_B = \dfrac{Fa^2}{2EI_z}$	$y_{max} = \dfrac{Fa^2}{6EI_z}(3l - a)$	$y = \dfrac{Fx^2}{6EI_z}(3a - x),\ 0 \le x \le a$ $y = \dfrac{Fa^2}{6EI_z}(3x - a),\ a \le x \le l$
悬臂梁均布荷载 q	$\theta_B = \dfrac{ql^3}{6EI_z}$	$y_{max} = \dfrac{ql^4}{8EI_z}$	$y = \dfrac{qx^2}{24EI_z}(x^2 + 6l^2 - 4lx)$
悬臂梁端部力偶 M_e	$\theta_B = \dfrac{M_e l}{EI_z}$	$y_{max} = \dfrac{M_e l^2}{2EI_z}$	$y = \dfrac{M_e x^2}{2EI_z}$
简支梁跨中受力 F	$\theta_A = -\theta_B = \dfrac{Fl^2}{16EI_z}$	$y_{max} = \dfrac{Fl^3}{48EI_z}$	$y = \dfrac{Fx}{48EI_z}(3l^2 - 4x^2),\ 0 \le x \le \dfrac{l}{2}$
简支梁均布荷载 q	$\theta_A = -\theta_B = \dfrac{ql^3}{24EI_z}$	$y_{max} = \dfrac{5ql^4}{384EI_z}$	$y = \dfrac{qx}{24EI_z}(l^3 - 2lx^2 + x^3)$

续表

支承和荷载情况	梁端转角	最大挠度	挠曲线方程式
	$\theta_A = \dfrac{Fab(l+b)}{6lEI_z}$ $\theta_B = \dfrac{-Fab(l+a)}{6lEI_z}$	$y_{max} = \dfrac{Fb}{9\sqrt{3}\,lEI_z}(l^2-b^2)^{3/2}$ 在 $x = \dfrac{\sqrt{l^2-b^2}}{3}$ 处	$y = \dfrac{Fbx}{6lEI_z}(l^2-b^2-x^2)\ x,\ 0 \leqslant x \leqslant a$ $y = \dfrac{F}{EI_z}\left[\dfrac{b}{6l}(l^2-b^2-x^2)x + \dfrac{1}{6}(x-a)^3\right],\ a \leqslant x \leqslant l$
	$\theta_A = \dfrac{M_e l}{6EI_z}$ $\theta_B = -\dfrac{M_e l}{3EI_z}$	$y_{max} = \dfrac{M_e l^2}{9\sqrt{3}\,EI_z}$ 在 $x = \dfrac{l}{\sqrt{3}}$ 处	$y = \dfrac{M_e x}{6lEI_z}(l^2-x^2)$

第二节 用叠加法求梁的变形

由于梁的变形与荷载成线性关系。所以，可以用叠加法计算梁的变形。即先分别计算每一种荷载单独作用时所引起梁的挠度或转角，然后再将它们代数相加，就得到梁在几种荷载共同作用下的挠度或转角。这种方法称为叠加法。

梁在简单荷载作用下的挠度和转角可从表 12-1 中查得。

【例 12-1】 试用叠加法计算图 12-2 所示简支梁的跨中挠度 y_C 与 A 截面的转角 θ_A。

【解】 可先分别计算 q 与 F 单独作用下的跨中挠度 y_{C_1} 和 y_{C_2}，由表 12-1 查得

$$y_{C_1} = \frac{5ql^4}{384EI}$$

$$y_{C_2} = \frac{Fl^3}{48EI}$$

q、F 共同作用下的跨中挠度则为

$$y_C = y_{C_1} + y_{C_2} = \frac{5ql^4}{384EI} + \frac{Fl^3}{48EI}\ (\downarrow)$$

同样，也可求得 A 截面的转角为

$$\theta_A = \theta_{A1} + \theta_{A2} = \frac{ql^3}{24EI} + \frac{Fl^2}{16EI}(\downarrow)$$

【例 12-2】 试用叠加法求图 12-3 所示悬臂梁自由端 C 点的挠度 y_C 与 C 截面的转角 θ_C。

【解】 （1）为了应用叠加法，将均布荷载向左延长至 A 端，为与原梁的受力状况等效，在延长部分加上等值反向的均布荷载，如图 12-3（b）所示。

（2）将梁分解为图 12-3（c）和图 12-3（d）所示两种简单受力情况。

由表 12-1 查得

图 c 梁：
$$y_{C_1} = \frac{ql^4}{8EI}, \quad \theta_{C_1} = \frac{ql^3}{6EI}$$

图 d 梁：
$$y_B = -\frac{q(l/2)^4}{8EI} = -\frac{ql^4}{128EI}$$

$$\theta_B = -\frac{q(l/2)^3}{6EI} = -\frac{ql^3}{48EI}$$

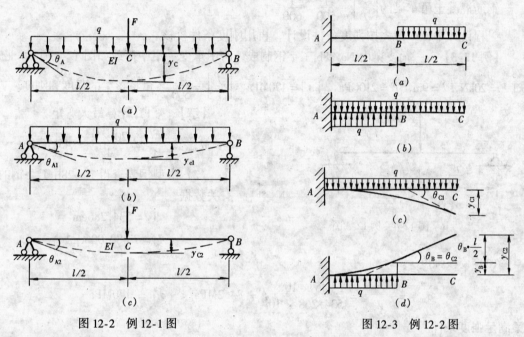

图 12-2 例 12-1 图　　　　图 12-3 例 12-2 图

由于
$$\theta_{C_2} = \theta_B = -\frac{ql^3}{48EI}$$

所以
$$y_{C_2} = y_B + \theta_B \times \frac{l}{2} = -\frac{7ql^4}{384EI}$$

(3) 叠加求梁自由端 C 截面的挠度和转角

C 截面的挠度为
$$y_C = y_{C_1} + y_{C_2} = \frac{ql^4}{8EI} - \frac{7ql^4}{384EI} = \frac{41ql^4}{384EI}(\downarrow)$$

C 截面的转角为
$$\theta_C = \theta_{C1} + \theta_{C2} = \frac{ql^3}{6EI} - \frac{ql^3}{48EI} = \frac{7ql^3}{48EI}(\searrow)$$

第三节　梁的刚度条件及刚度计算

在建筑工程中，通常只校核梁的最大挠度。用 $[f]$ 表示梁的许用挠度。通常是以挠度的许用值 $[f]$ 与梁跨长 l 的比值 $\left[\dfrac{f}{l}\right]$ 作为校核的标准。即梁在荷载作用下产生的最大

挠度 $f = y_{max}$ 与跨长 l 的比值不能超过 $\left[\dfrac{f}{l}\right]$：

$$\dfrac{f}{l} = \dfrac{y_{max}}{l} \leqslant \left[\dfrac{f}{l}\right] \tag{12-3}$$

式（12-3）就是梁的刚度条件。

一般钢筋混凝土梁的 $\left[\dfrac{f}{l}\right] = \dfrac{1}{200} \sim \dfrac{1}{300}$

钢筋混凝土吊车梁的 $\left[\dfrac{f}{l}\right] = \dfrac{1}{500} \sim \dfrac{1}{600}$

工程设计中，一般先按强度条件设计，再用刚度条件校核。

【例 12-3】 一简支梁由 No.28b 工字钢制成，跨中承受一集中荷载如图 12-4 所示。已知 $F = 20kN$，$l = 9m$，$E = 210GPa$，$[\sigma] = 170MPa$，$\left[\dfrac{f}{l}\right] = \dfrac{1}{500}$。试校核梁的强度和刚度。

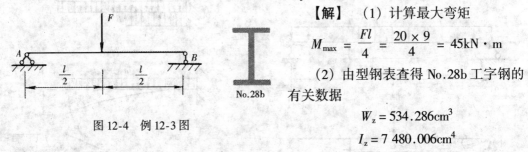

图 12-4 例 12-3 图

【解】（1）计算最大弯矩

$$M_{max} = \dfrac{Fl}{4} = \dfrac{20 \times 9}{4} = 45 kN \cdot m$$

（2）由型钢表查得 No.28b 工字钢的有关数据

$$W_z = 534.286 cm^3$$
$$I_z = 7\,480.006 cm^4$$

（3）校核强度

$$\sigma_{max} = \dfrac{M_{max}}{W_z} = \dfrac{45 \times 10^6}{534.268 \times 10^3} = 84.2MPa < [\sigma] = 170MPa$$

梁满足强度条件。

（4）校核刚度

$$\dfrac{f}{l} = \dfrac{Fl^2}{48EI_z} = \dfrac{20 \times 10^3 \times (9 \times 10^3)^2}{48 \times 210 \times 10^3 \times 7\,480.006 \times 10^4} = \dfrac{1}{465} > \left[\dfrac{f}{l}\right] = \dfrac{1}{500}$$

梁不满足刚度条件，需增大截面。试改用 No.32a 工字钢，其 $I_z = 11\,075.525 cm^4$，则

$$\dfrac{f}{l} = \dfrac{20 \times 10^3 \times (9 \times 10^3)^2}{48 \times 210 \times 10^3 \times 11\,075.525 \times 10^4} = \dfrac{1}{689} < \left[\dfrac{f}{l}\right] = \dfrac{1}{500}$$

改用 No.32a 工字钢，满足刚度条件。

第四节 提高梁刚度的措施

从表 12-1 可知，梁的最大挠度与梁的荷载、跨度 l、抗弯刚度 EI 等情况有关，因此，要提高梁的刚度，需从以下几方面考虑。

一、提高梁的抗弯刚度 EI

梁的变形与 EI 反比，增大梁的 EI 将使梁的变形减小。由于同类材料的 E 值都相差不多，因而只能设法增大梁横截面的惯性矩 I。在面积不变的情况下，采用合理的截面形状，例如采用工字形、箱形及圆环形等截面，可提高惯性矩 I，从而也就提高了 EI。

二、减小梁的跨度

梁的变形与梁的跨长 l 的 n 次幂成正比。设法减小梁的跨度，将会有效地减小梁的变形。例如将简支梁的支座向中间适当移动变成外伸梁，或在梁的中间增加支座，都是减小梁的变形的有效措施。

三、改善荷载的分布情况

在结构允许的条件下，合理地调整荷载的作用位置及分布情况，以降低最大弯矩，从而减小梁的变形。例如将集中力分散作用，或改为分布荷载都可起到降低弯矩，减小变形的作用。

思 考 题 与 习 题

12-1 用叠加法计算梁的变形有哪些步骤？

12-2 如何提高梁的刚度？

12-3 试用叠加法求图 12-5 所示梁自由端截面的挠度和转角。

12-4 一简支梁用型号为 No.20b 的工字钢制成，承受荷载如图 12-6 所示，已知 $l=6\text{m}$，$q=4\text{kN/m}$，$F=10\text{kN}$，$\left[\dfrac{f}{l}\right]=\dfrac{1}{400}$，钢材的弹性模量 $E=200\text{GPa}$，试校核梁的刚度。

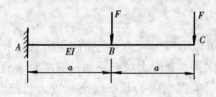

图 12-5 题 12-3 图

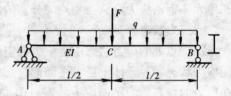

图 12-6 题 12-4 图

第十三章 应力状态和强度理论

第一节 应力状态的概念

一、应力状态的概念

在分析轴向拉压杆内任一点的应力时,我们知道,不同方位截面的应力是不同的。一般来说,在受力构件内,通过同一点各个不同方位的截面上,应力的大小和方向是随截面的方位不同而按一定的规律变化的。因此,为了深入了解受力构件内的应力情况,正确分析构件的强度,必须研究一点处的应力情况,即通过构件内某一点所有不同截面上的应力情况集合,称为点的应力状态。

研究一点处的应力状态时,往往围绕该点取一个无限小的正六面体,称为单元体。作用在单元体上的应力可认为是均匀分布的。

二、应力状态分类

根据一点处的应力状态中各应力在空间的位置,可以将应力状态分为空间应力状态和平面应力状态。单元体上三对平面都存在应力的状态称为空间应力状态,而只有两对平面存在应力的状态称为平面应力状态。图 13-1(a)所示的三向应力状态属空间应力状态,图 13-1(b)、(c)、(d)所示的双向、单向及纯剪切应力状态属平面应力状态。单向应力状态也称简单应力状态,其他的称为复杂应力状态。本章主要研究平面应力状态。

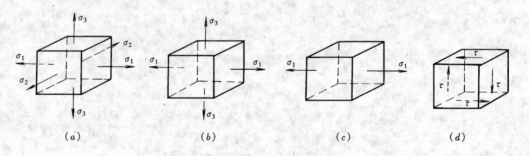

图 13-1 应力状态的类型

第二节 平面应力状态分析

分析平面应力状态的方法有数解法和图解法两种。这里先介绍数解法,然后再由图解法给出最大正应力及其平面位置、最大切应力计算的解析式。

一、斜截面上的应力分析

1. 平面应力状态分析的解析法

设从受力构件中某一点取一单元体置于 xy 平面内,如图 13-2(a)所示,已知 x 面

上的应力 σ_x 及 τ_x，y 面上的应力有 σ_y 及 τ_y。根据切应力互等定理 $\tau_x = -\tau_y$。现在需要求任一斜截面 BC 上的应力。用斜面截 BC 将单元体切开（图 13-2（b）），斜截面的外法线 n 与 x 轴的夹角用 α 表示（以后 BC 截面称为 α 截面），在 α 截面上的应力用 σ_α 及 τ_α 表示。规定 α 角由 x 轴到 n 轴逆时针转向为正；正应力 σ_α 以拉应力为正，压应力为负；切应力 τ_α 以对单元体顺时针转向为正，反之为负。

取 BC 左部分为研究对象（图 13-2（c）），设斜截面上的面积为 dA 则 BA 面和 AC 面的面积分别为 $dA\cos\alpha$ 和 $dA\sin\alpha$。建立坐标及受力如图 13-2d 所示，列出平衡方程：

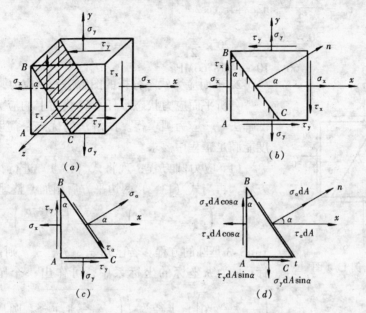

图 13-2 复杂平面应力状态分析

$\Sigma F_n = 0$

$\sigma_\alpha dA - (\sigma_x dA\cos\alpha)\cos\alpha + (\tau_x dA\cos\alpha)\sin\alpha - (\sigma_y dA\sin\alpha)\sin\alpha + (\tau_y dA\sin\alpha)\cos\alpha = 0$

$\Sigma F_t = 0$

$\tau_\alpha dA - (\sigma_x dA\cos\alpha)\sin\alpha - (\tau_x dA\cos\alpha)\cos\alpha + (\sigma_y dA\sin\alpha)\cos\alpha + (\tau_y dA\sin\alpha)\sin\alpha = 0$

由于 $\tau_x = \tau_y$，再利用三角公式

$$\cos^2\alpha = \frac{1+\cos 2\alpha}{2}$$

$$\sin^2\alpha = \frac{1-\cos 2\alpha}{2}$$

$$2\sin\alpha\cos\alpha = \sin 2\alpha$$

整理，得到

$$\sigma_\alpha = \frac{\sigma_x + \sigma_y}{2} + \frac{\sigma_x - \sigma_y}{2}\cos 2\alpha - \tau_x\sin 2\alpha \tag{13-1}$$

$$\tau_\alpha = \frac{\sigma_x - \sigma_y}{2}\sin 2\alpha + \tau_x\cos 2\alpha \tag{13-2}$$

式（13-1）和（13-2）是计算平面应力状态下任一斜截面上应力的一般公式。

【例 13-1】 图示单元体各面应力如图 13-3，试求斜截面上的应力 σ_α、τ_α。

【解】 已知 $\sigma_x = 30\text{MPa}$，$\sigma_y = 50\text{MPa}$，$\tau_x = -20\text{MPa}$，$\alpha = 30°$

$$\sigma_\alpha = \frac{\sigma_x + \sigma_y}{2} + \frac{\sigma_x - \sigma_y}{2}\cos2\alpha - \tau_x\sin2\alpha$$

$$= \frac{30+50}{2} + \frac{30-50}{2} \times \frac{1}{2} + 20 \times \frac{\sqrt{3}}{2}$$

$$= 40 - 5 + 10\sqrt{3} = 52.32\text{MPa}$$

$$\tau_\alpha = \frac{\sigma_x - \sigma_y}{2}\sin2\alpha + \tau_x\cos2\alpha$$

$$= \frac{30-50}{2} \times \frac{\sqrt{3}}{2} - 20 \times \frac{1}{2}$$

$$= -8.66 - 10 = -18.66\text{MPa}$$

2. 平面应力状态分析的图解法——应力圆

分析平面应力状态下任一斜截面上的应力，还可应用图解法——应力圆求得。图解法的优点是简明直观，其精度能满足工程中要求。

(1) 应力圆方程：现将式（13-1）进行移项、两边平方后，再与式（13-2）两边平方后相加，整理得：

$$\left(\sigma_\alpha - \frac{\sigma_x + \sigma_y}{2}\right)^2 + \tau_\alpha^2 = \left(\frac{\sigma_x - \sigma_y}{2}\right)^2 + \tau_x^2 \quad (13-3)$$

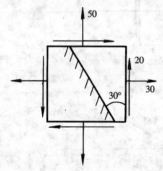

图 13-3 例 13-1 图

式 13-3 是圆的方程。若已知 σ_x、σ_y、τ_x，则在以 σ 为横坐标，τ 为纵坐标的坐标系中，可作出一个圆，其圆心为 $\left(\frac{\sigma_x+\sigma_y}{2}, 0\right)$，半径为 $\sqrt{\left(\frac{\sigma_x-\sigma_y}{2}\right)^2 + \tau_x^2}$。圆周上任一点的坐标就代表单元体中一个斜截面上的应力。因此这个圆就称为应力圆。式 13-3 称为应力圆方程。

(2) 应力圆的作法。实际作应力圆时，并不需要先计算圆心坐标和半径大小，而是由单元体（图 13-4(a)）上已知的应力 σ_x、σ_y、τ_x 的值直接作出。应力圆的具体作法如下：

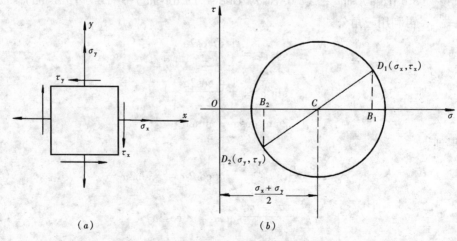

图 13-4 应力圆的作法

1) 建立坐标 以 σ 为横坐标，以 τ 为纵坐标，建立直角坐标系 $O\sigma\tau$，选定比例尺；

2) 确定基准点 D_1、D_2 将单元体上 x 平面和 y 平面分别作为两个基准面，相对应面上的应力值定为两个基准点 $D_1(\sigma_x, \tau_x)$、$D_2(\sigma_y, \tau_y)$；

3) 确定圆心位置及半径 连接 D_1、D_2 两点，其连线与横坐标轴相交于 C 点，C 点即为圆心；以 CD_1 或 CD_2 为半径作圆，即为应力圆（图 13-4 (b)）。

(3) 应力圆与单元体的对应关系（图 13-5）：

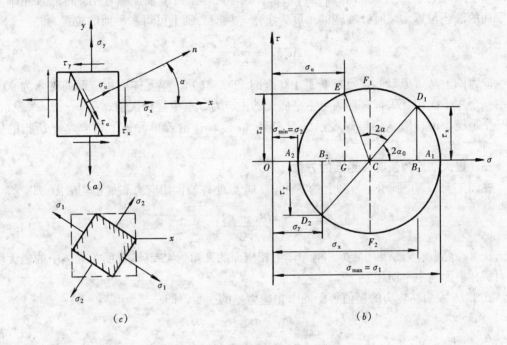

图 13-5 应力圆与单元体的对应关系

1) 点面对应 应力圆上某一点的坐标值对应着单元体上某一斜截面上的正应力和切应力值。如 D_1 点的坐标 (σ_x, τ_x) 对应着 x 面上的正应力和切应力值。

2) 转向对应 应力圆上由基准点 D_1 到点 E 的转向和单元体上由 x 面到 α 面的转向一致。

3) 倍角对应 应力圆上两点间圆弧的圆心角是单元体上相应的两个面之间夹角的二倍。

二、主平面和主应力

利用应力圆可以分析单元体上任意斜截面上的应力，尤其是可以方便的确定单元体上应力的极值及其作用面的方位。我们将正应力的极值称为主应力，主应力的作用面称为主平面。下面就由应力圆给出计算单元体的主应力、主平面位置及最大切应力的解析式。

1. 主应力

由图 13-5 (b) 可见，在应力圆的横坐标轴上 A_1、A_2 两点的正应力是 σ_{max} 和 σ_{min}，这两点的纵坐标都等于零，即表示单元体上对应的截面上切应力 $\tau=0$。因此，A_1、A_2 两点的正应力就是两个主应力，即

$$\left. \begin{array}{l} \sigma_{\max} = OA_1 = OC + CA_1 = \dfrac{\sigma_x + \sigma_y}{2} + \sqrt{\left(\dfrac{\sigma_x - \sigma_y}{2}\right)^2 + \tau_x^2} \\ \\ \sigma_{\min} = OA_2 = OC - CA_2 = \dfrac{\sigma_x + \sigma_y}{2} - \sqrt{\left(\dfrac{\sigma_x - \sigma_y}{2}\right)^2 + \tau_x^2} \end{array} \right\} \quad (13\text{-}4)$$

2. 主平面的方位

圆上 D_1 点到 A_1 点为顺时针转旋转 $2\alpha_0$，在单元体上由 x 轴按顺时针旋转 α_0 便可确定主平面的法线位置。顺时针旋转的角度为负角，从应力圆上可得主平面的位置为

$$\tan 2\alpha_0 = \dfrac{-2\tau_x}{\sigma_x - \sigma_y} \quad (13\text{-}5)$$

应力圆上从 A_1 点到 A_2 点旋转了 $180°$（图 13-5（b）），单元体上相应面的夹角为 $90°$，说明两个主平面相互垂直。且两个主平面上的主应力，一个是极大值，用 $\sigma_{\max}$ 或 σ_1 表示，另一个是极小值，用 $\sigma_{\min}$ 或 σ_2 表示（图 13-5（c））。σ_1 沿着单元体上切应力 τ 所指的象限。

三、最大切应力及其作用面的方位

在图 13-5（b）所示应力圆上的 F_1 点、F_2 点处有最大切应力和最小切应力，即

$$\tau_{\text{mix}}^{\max} = \pm \sqrt{\left(\dfrac{\sigma_x - \sigma_y}{2}\right)^2 + \tau_x^2} \quad (13\text{-}6)$$

从 A_1 点到 F_1 点旋转了 $90°$，单元体上相应面的夹角为 $45°$，这说明单元体中的最大切应力所在平面与主平面相差 $45°$。

式 13-6 表明切应力的极值等于两个主应力差的一半，即

$$\tau_{\min}^{\max} = \pm \dfrac{\sigma_{\max} - \sigma_{\min}}{2} \quad (13\text{-}7)$$

【**例 13-2**】 用解析式求图 13-6（a）所示单元体的主应力与主平面，最大切应力。已知 $\sigma_x = 20\text{MPa}$，$\sigma_y = -10\text{MPa}$，$\tau_x = 20\text{MPa}$。

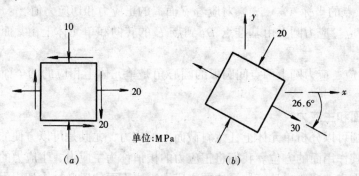

图 13-6 例 13-2 图

【**解**】 （1）确定单元体的主平面，由式（13-5），得

$$\tan 2\alpha_0 = -\dfrac{2\tau_x}{\sigma_x - \sigma_y} = -\dfrac{2 \times 20}{20 - (-10)} = -1.33$$

$$\alpha_0 = -26.6°, \quad \alpha_0 + 90° = 63.4°$$

(2) 计算主应力，由式 (13-4)，得

$$\sigma_{\min}^{\max} = \frac{\sigma_x + \sigma_y}{2} \pm \sqrt{\left(\frac{\sigma_x - \sigma_y}{2}\right)^2 + \tau_x^2}$$

$$= \frac{20 - 10}{2} \pm \sqrt{\left[\frac{20 - (-10)}{2}\right]^2 + 20^2}$$

$$= \begin{cases} 30 \\ -20 \end{cases} \text{MPa}$$

单元体如图 13-6 (b) 所示，最大主应力 $\sigma_{\max}$ 沿 τ_x 指向的一侧。

(3) 最大切应力可由式 (13-7) 直接得出

$$\tau_{\max} = \frac{\sigma_{\max} - \sigma_{\min}}{2} = \frac{30 - (-20)}{2} = 25 \text{MPa}$$

【例 13-3】 试求图 13-7 (a) 所示圆轴扭转时，某一单元体 (图 13-7 (b)) 的主应力、主平面位置及最大、最小切应力。并分析低碳钢和铸铁试件的破坏现象。

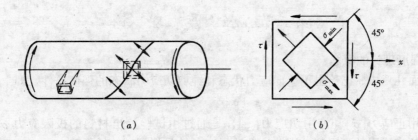

图 13-7 例 13-3 图

【解】 (1) 求主应力及主平面位置

由图 13-7 (b) 所示的纯剪切应力状态的单元体可知：$\sigma_x = \sigma_y = 0$，$\tau_x = \tau$，将它们代入式 (13-4)、(13-5)，得

$$\sigma_{\min}^{\max} = \frac{\sigma_x + \sigma_y}{2} \pm \sqrt{\left(\frac{\sigma_x - \sigma_y}{2}\right)^2 + \tau_x^2} = \pm \tau$$

$$\tan 2\alpha_0 = -\frac{2\tau_x}{\sigma_x - \sigma_y} \to -\infty$$

所以

$$2\alpha_0 = \begin{cases} -90° \\ 90° \end{cases} \quad \alpha_0 = \begin{cases} -45° \\ 45° \end{cases}$$

以上结果表明：以 x 轴为起点，由顺时针方向量出 $\alpha_0 = 45°$ 所确定的主平面上的主应力为 $\sigma_{\max}$，而由逆时针方向量出 $\alpha_0 = 45°$ 所确定的主平面上的主应力为 $\sigma_{\min}$ (图 13-7 (b))，按主应力大小顺序记为

$$\sigma_1 = \sigma_{\max} = \tau, \quad \sigma_2 = 0, \quad \sigma_3 = \sigma_{\min} = -\tau$$

(2) 求最大、最小切应力及其平面位置

由式 (13-6) 得

$$\tau_{\min}^{\max} = \pm \sqrt{\left(\frac{\sigma_x - \sigma_y}{2}\right)^2 + \tau_x^2} = \pm \tau$$

即
$$\tau_{max} = \tau, \tau_{min} = -\tau$$

由主平面的位置可知，单元体上的 x、y 面，即为最大、最小切应力所在的平面。

上述分析结果表明，圆轴扭转时，与轴线成对 45°角的斜截面上有最大拉应力或最大压应力，横截面上有最大切应力。

利用上述结论，可以分析圆截面杆扭转时的破坏现象。例如，像由低碳钢这种抗剪强度低于抗拉、压强度的材料制成的试件，当受扭而达到破坏时，是先从外表面开始沿横截面被剪断（图 13-8）。而像由铸铁这种抗拉强度低于抗压、抗剪强度的材料制成的试件，当受扭而达到破坏时，是沿 45°角的斜截面上被拉断（图 13-9）。

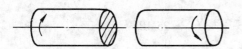

图 13-8　低碳钢试件扭转时的破坏

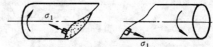

图 13-9　铸铁试件扭转时的破坏

第三节　强 度 理 论

一、强度理论的概念

在前面几章中，已给出了单向应力状态和纯剪切应力状态的强度条件，即

$$\sigma_{max} \leqslant [\sigma] \qquad \tau_{max} \leqslant [\tau]$$

式中的许用正应力$[\sigma]$和许用切应力$[\tau]$，是通过由试验测出材料的极限应力 σ^0 和 τ^0 后，除以相应的安全因数而得到。因此，上述强度条件是根据试验结果建立的。

当构件中的危险点是处于复杂应力状态时，实践证明，再想通过实验来建立强度条件就很难以实现。因此，解决复杂应力状态下的强度问题，就不能采用实验的方法，而应根据材料在各种情况下的破坏现象，进行分析、研究和推测，提出一些关于材料破坏原因的假说。根据这些假说建立的强度条件就称为强度理论。

二、强度理论简介

一般来说，材料的破坏形式可分为脆性断裂和塑性屈服两大类。所以，相应的强度理论也就分为两类，共有四个强度理论。第一类是关于脆性断裂破坏的强度理论，常用的有最大拉应力理论（第一强度理论）和最大拉应变理论（第二强度理论）；第二类是关于塑性屈服破坏的强度理论，常用的有最大切应力理论（第三强度理论）和形状改变比能理论（第四强度理论）。根据需要，这里只给出第二类强度理论。

1. 第三强度理论——最大切应力理论

这一理论认为：引起材料发生塑性屈服破坏的主要因素是最大切应力。无论材料处于何种状态，只要构件内危险点处的最大切应力 τ_{max} 达到材料在单向拉伸时的屈服破坏的极限切应力 τ_s，材料就会发生塑性屈服破坏，塑性屈服破坏的条件为：

$$\tau_{max} = \tau_s$$

在复杂应力状态下的最大切应力 $\tau_{max} = \dfrac{\sigma_1 - \sigma_3}{2}$，简单应力状态下的切应力极限值为 $\tau_s = \dfrac{\sigma_s}{2}$，所以有

$$\sigma_1 - \sigma_3 = \sigma_s$$

将 σ_s 除以安全因数,得许用应力 $[\sigma]$,于是,得到强度条件为

$$\sigma_1 - \sigma_3 \leqslant [\sigma] \tag{13-8}$$

2. 第四强度理论——形状改变比能理论

构件受力而变形后,在杆内储存了变形能。变形能由两部分组成,一部分是体积改变变形能,另一部分是形状改变变形能。这一理论认为:引起材料发生塑性屈服破坏的主要因素是形状变形比能。无论材料处于何种状态,只要构件内危险点处的形状改变比能达到材料在单向拉伸时的屈服破坏极限形状改变比能,材料就会发生塑性屈服破坏,根据这一理论建立的强度条件为

$$\sqrt{\frac{1}{2}\left[(\sigma_1-\sigma_2)^2+(\sigma_2-\sigma_3)^2+(\sigma_3-\sigma_1)^2\right]} \leqslant [\sigma] \tag{13-9}$$

试验表明:第三、第四强度理论都适合于塑性材料,目前都普遍应用于工程实际当中。当塑性材料的三个主应力同时存在时,第四强度理论同时考虑了三个主应力对屈服破坏的综合影响,所以比第三强度理论更接近试验结果,而第三强度理论偏于安全。

综合式 (13-8)、(13-9) 两个强度理论的强度条件式,可将它们写成下面的统一形式

$$\sigma_{ri} \leqslant [\sigma] \tag{13-10}$$

式中 σ_{ri} 称为相当应力。第三、第四强度理论的相当应力分别为

$$\sigma_{r3} = \sigma_1 - \sigma_3 \tag{13-11}$$

$$\sigma_{r4} = \sqrt{\frac{1}{2}\left[(\sigma_1-\sigma_2)^2+(\sigma_2-\sigma_3)^2+(\sigma_3-\sigma_1)^2\right]} \tag{13-12}$$

【例 13-4】 由钢材制成的薄壁圆筒如图 13-10 (a)、(b) 所示。设内部压力为 p,壁厚为 t,设壁厚远远小于圆筒的直径 d (通常 $t < d/20$)。求筒壁纵向和横向截面上的应力,并导出校核强度的公式。

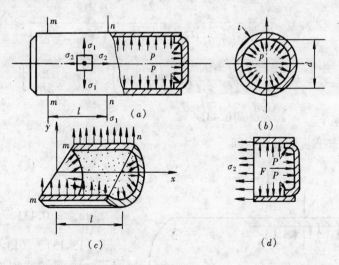

图 13-10 例 13-4 图

【解】 (1) 求纵向截面上的应力

假想用两个相距为 l 的平行截面 m-m 和 n-n 以及包含直径的纵向截面,截取圆筒的一

部分为研究对象（图 13-10（c））。设纵向截面上均匀分布着正应力 σ_1，并认为内压力 p 作用在圆筒直径的平面上，列出 y 轴方向的平衡方程

$$\Sigma Y = 0 \quad \sigma_1 2lt - pdl = 0$$

得

$$\sigma_1 = \frac{pd}{2t} \tag{13-13}$$

(2) 求横向截面上的应力

截取筒的右部为研究对象（图 13-10（d））。设横截面上的应力为 σ_2，横截面面积近似为 πdt，筒底总压力为 $F = p\pi d^2/4$，列出 x 轴方向的平衡方程

$$\Sigma X = 0 \quad \sigma_2 \pi dt - p\frac{\pi d^2}{4} = 0$$

得

$$\sigma_2 = \frac{pd}{4t} \tag{13-14}$$

式（13-14）、(13-15) 表明，纵向截面上的应力是横向截面上应力的两倍。

(3) 求相当应力

由于圆筒是对称的，所以纵向截面和横向截面上都没有切应力，只有正应力 σ_1 和 σ_2，它们即是单元体上的主应力，其值分别为

$$\sigma_1 = \frac{pd}{2t} \quad \sigma_2 = \frac{pd}{4t}$$

径向应力与 σ_1 和 σ_2 相比是一个很小的量，可忽略不计，所以，认为主应力 $\sigma_3 = 0$。现将三个主应力代入式（13-11）、(13-12) 中，可求得按第三、第四强度理论校核强度的相当应力，即

$$\sigma_{r3} = \sigma_1 - \sigma_3 = \frac{pd}{2t} - 0 = \frac{pd}{2t}$$

$$\sigma_{r4} = \sqrt{\frac{1}{2}[(\sigma_1 - \sigma_2)^2 + (\sigma_2 - \sigma_3)^2 + (\sigma_3 - \sigma_1)^2]}$$

$$= \sqrt{\frac{1}{2}\left[\left(\frac{pd}{2t} - \frac{pd}{4t}\right)^2 + \left(\frac{pd}{4t} - 0\right)^2 + \left(0 - \frac{pd}{2t}\right)^2\right]}$$

$$= \frac{\sqrt{3}}{4}\frac{pd}{t} = 0.433\frac{pd}{t}$$

(4) 建立校核强度的公式，即

$$\sigma_{r3} = \frac{pd}{2t} \leqslant [\sigma] \tag{13-15}$$

$$\sigma_{r4} = 0.433\frac{pd}{t} \leqslant [\sigma] \tag{13-16}$$

式（13-15）、(13-16) 为薄壁圆筒按第三、第四强度理论建立的强度公式。它们适合于校核锅炉、压力容器、压力管道等构件在气体压力作用下的主应力强度。

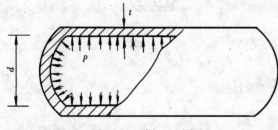

图 13-11 例 13-5 图

【例 13-5】 图 13-11 所示一薄壁压力容器。筒的内径 $d = 980$mm。壁厚 $t = 15$mm，气体压力 $p = 3$MPa，材料的许用应力 $[\sigma] = 120$MPa。试用第三和第四强度理论对筒壁作强度校核。

【解】 将已知条件代入第三、第四强度理论的相当应力公式（13-15）、（13-16），得

$$\sigma_{r3} = \frac{pd}{2t} = \frac{3 \times 980}{2 \times 15} = 98\text{MPa} < [\sigma] = 120\text{MPa}$$

$$\sigma_{r4} = 0.433 \frac{pd}{t} = 0.433 \times \frac{3 \times 980}{15}$$

$$= 84.9\text{MPa} < [\sigma] = 120\text{MPa}$$

故薄壁压力容器安全。

思 考 题 与 习 题

13-1 单元体中最大正应力截面上的切应力恒等于零，对吗？

13-2 两个主平面相差多少度角？最大切应力的平面与主平面相差多少度角？

13-3 如何画应力圆？应力圆与单元体有哪些对应关系？

13-4 试求图 13-12 所示各单元体中指定斜截面上的应力（单位 MPa）。

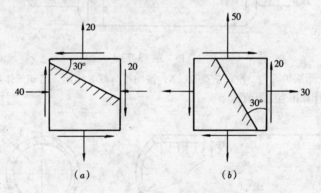

图 13-12 题 13-4 图

13-5 对图 13-13 所示各单元体（单位 MPa），试分别用应力圆和解析法求：（1）主应力的大小和方向，并在单元体中表示出主应力的方向；（2）主切应力的值。

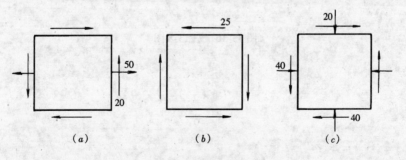

图 13-13 题 13-5 图

13-6 试画出图 13-14 所示简支梁上 A 和 B 处的应力单元体，并求出这两点的主应力值及方向（绘出单元体图）。

13-7 图示 13-15 所示一两端封闭的薄壁圆筒，受内压力 p 及轴向压力 F 的作用。已知：$F = 100$kN，

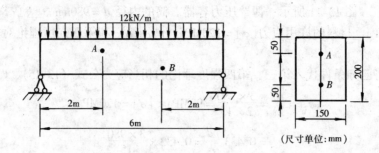

图 13-14 题 13-6 图

$p=5$MPa,圆筒内径 $d=100$mm,材料为钢材,许用应力 $[\sigma]=120$MPa。试按第四强度理论求圆筒壁厚度 t 值。

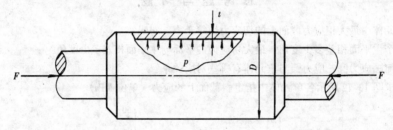

图 13-15 题 13-7 图

13-8 图 13-16 所示锅炉汽包,汽包总重 500kN,按均布荷载 q 作用。已知气体压强 $p=4$MPa。试按第三和第四强度理论计算相当应力值。

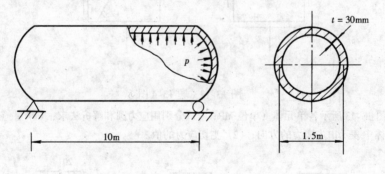

图 13-16 题 13-8 图

第十四章 组合变形

第一节 组合变形的概念

前面各章分别研究了轴向拉伸（压缩）、剪切、扭转和弯曲等基本变形。工程实际中，许多杆件常常同时发生两种或两种以上的基本变形，这类变形称为组合变形。例如，图 14-1（a）所示的压力机，在外力 F 的作用下，其床身部分的 $m\text{-}n$ 截面上产生轴力及弯矩（图 14-1（b）示），压力机受轴向拉伸与弯曲两种变形的组合作用。又如图 14-2 所示的传动轴，在齿轮啮合力的作用下产生扭转与弯曲的组合变形。

对于组合变形的构件，在线弹性范围内的小变形条件下，作用在杆上的任一荷载引起的应力一般不受其他荷载的影响，且可按构件的原始形状和尺寸进行计算。因而，可先将荷载简化为符合基本变形时的若干外力单独作用，分别计算构件在每一种基本变形下的内力、应力或变形。然后，利用叠加原理，综合考虑各基本变形的组合情况，以确定构件的危险截面、危险点的位置及危险点的应力状态，并根据此进行强度计算。

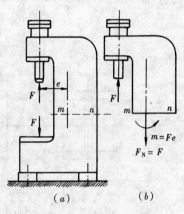

图 14-1 拉弯组合变形实例

(1) 外力分析 将荷载分解或简化为几个只引起一种基本变形的分量。

(2) 内力分析 用截面法计算杆件横截面的内力，并画出内力图，由此判断危险截面的位置。

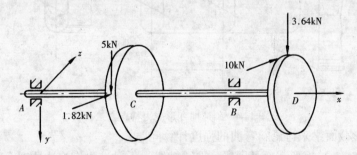

图 14-2 弯扭组合变形实例

(3) 应力分析 根据基本变形时杆件横截面上的应力分布规律，运用叠加原理确定危险截面上危险点的位置及其应力值。

(4) 强度计算 分析危险点的应力状态，结合杆件材料的性质，选择适当的强度理论（条件）进行强度计算。

本章主要研究斜弯曲、偏心压缩（拉伸）组合变形构件的强度计算问题。

第二节 斜弯曲变形的应力及强度计算

我们在前面的章节中讨论了平面弯曲问题。若梁具有纵向对称面，当横向外力作用在梁的纵向对称面内时，梁的轴线将在外力作用面内弯成一条曲线，这就是平面弯曲。如果横向外力不作用在梁的纵向对称面内，梁弯曲后的轴线不再位于外力作用面内，这就是斜弯曲。例如，对于图 14-3 所示开口薄壁截面梁，外力作用面虽通过弯曲中心 A（保证只发生弯曲），但不与梁的形心主惯性平面（截面的形心主轴与梁轴线构成的面）重合或平行，此情况也发生斜弯曲。对于图 14-4，由于截面的 $I_y \neq I_z$，因而中性轴与合成弯矩 M 所在的平面并不互相垂直，这种弯曲也称为斜弯曲。

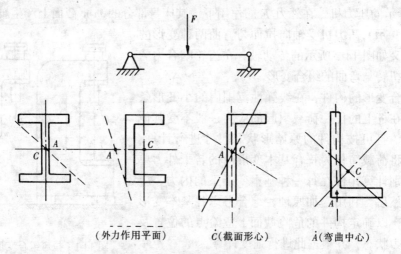

（外力作用平面） C（截面形心） A（弯曲中心）

图 14-3 斜弯曲变形受力特点之一

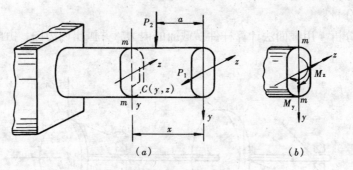

图 14-4 斜弯曲变形受力特点之二

现通过矩形截面梁来讨论斜弯曲的强度计算问题。

对于图 14-5（a）矩形截面悬臂梁，取梁轴线为 x 轴，设在自由端处作用一个垂直于梁轴线并通过截面形心的集中荷载 F，其与形心主轴 y 成 φ 角。

一、分解荷载

将作用在梁上的荷载 F 沿截面的两个主惯性轴 y、z 分解为两个分量：

$$F_y = F\cos\varphi \qquad F_z = F\sin\varphi$$

由图 14-5（a）可知，F_y 将使梁在 oxy 平面发生平面弯曲，F_z 将使梁在 oxz 平面发生

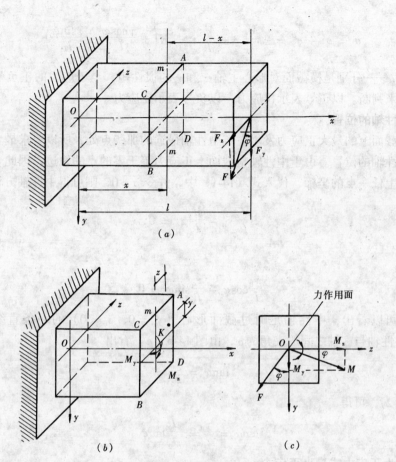

图 14-5 斜弯曲内力分析

平面弯曲。

二、内力分析

斜弯曲梁的强度通常是由弯矩引起的最大正应力控制的,剪力的影响较小,因此忽略剪力的影响,只计算弯矩。F_y 和 F_z 在离自由端距离为 $(l-x)$ 处的横截面 m-m 上引起的弯矩(图 14-5(b))分别为:

$$M_z = F_y(l-x) = F(l-x)\cos\varphi = M\cos\varphi \text{(上拉)}$$
$$M_y = F_z(l-x) = F(l-x)\sin\varphi = M\sin\varphi \text{(后拉)}$$

式中 $M = F(l-x)$ 表示由 F 引起的 m-m 截面上的总弯矩。其与分弯矩 M_z、M_y 的关系可用矢量表示(图 14-5(c)),关系式为 $M = \sqrt{M_z^2 + M_y^2}$。

三、应力分析

现在来求横截面 m-m 上任一点 $K(y,z)$ 处的应力。

应用平面弯曲时的正应力公式,求得由 M_z 和 M_y 引起的 K 点处的正应力分别为(设弯矩总为正)

$$\sigma' = \pm \frac{M_z}{I_z}y \qquad \sigma'' = \pm \frac{M_y}{I_y}z$$

根据叠加原理,K 点处总的弯曲正应力等于上述两个正应力的代数和,即

$$\sigma = \sigma' + \sigma'' = \pm \frac{M_z}{I_z}y \pm \frac{M_y}{I_y}z = M\left(\pm \frac{y\cos\varphi}{I_z} \pm \frac{z\sin\varphi}{I_y}\right) \tag{14-1}$$

式中 I_z、I_y——分别是横截面对形心主轴 z 和 y 的惯性矩。至于应力的正负号，可以直接观察变形来判断。以正号表示拉应力，以负号表示压应力。

四、中性轴的位置

因为横截面上的最大正应力发生在离中性轴最远的那些点处，所以要求最大正应力首先要确定中性轴的位置。由于中性轴是截面上正应力等于零的点的轨迹，因此若用 y_o、z_o 表示中性轴上任一点的坐标，代入式（14-1）中，并令 $\sigma = 0$，则可得中性轴方程为

$$\frac{M_z}{I_z}y_o - \frac{M_y}{I_y}z_o = 0$$

或

$$\frac{y_o}{I_z}\cos\varphi - \frac{z_o}{I_y}\sin\varphi = 0 \tag{14-2}$$

由上式可以看出，中性轴是通过截面形心（$y_o = 0$，$z_o = 0$）的一条直线（图 14-6 (a)）。设中性轴与 z 轴之间的夹角为 α，由图 14-6 (a) 看出

$$\tan\alpha = \frac{y_o}{z_o}$$

利用式 (14-2)，可得

$$\tan\alpha = \frac{y_o}{z_o} = \frac{I_z}{I_y}\tan\varphi \tag{14-3}$$

五、最大正应力或最小正应力

确定了中性轴的位置以后，可作两条与中性轴平行并与截面周边相切的直线，其切点 A、B（图 14-6 (b)）就是距中性轴最远的两个点，此两点处的正应力分别为最大正应力

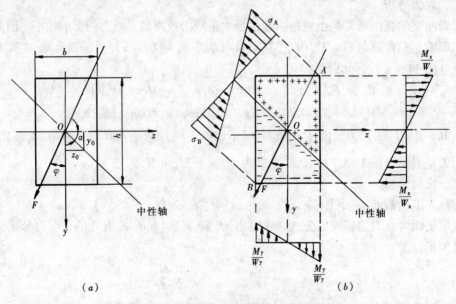

图 14-6 中性轴的位置及正应力分布规律

σ_{max} 和最小正应力 σ_{min}。图 14-6（b）表示了正应力在截面上的分布情况。σ_{max} 或 σ_{min} 可由下式求得：

$$\sigma_{min}^{max} = \pm \frac{M_z}{I_z} y_{max} \pm \frac{M_y}{I_y} z_{max} = \pm \frac{M_z}{W_z} \pm \frac{M_y}{W_y} \qquad (14\text{-}4)$$

六、强度条件

设梁危险面上的最大弯矩为 M_{max}，两个弯矩分量为 M_{zmax} 和 M_{ymax}，代入式（14-4）中可得整个梁的最大正应力 σ_{max} 或 σ_{min}，若梁的材料抗拉、压能力相同，则可建立斜弯曲梁的强度条件如下：

$$\sigma_{max} = \frac{M_{zmax}}{W_z} + \frac{M_{ymax}}{W_y} \leqslant [\sigma] \qquad (14\text{-}5)$$

应当指出，如果材料的抗拉、压能力不同，则需分别对拉、压强度进行计算。

上述强度条件，可以解决工程实际中的三类问题：校核强度、设计截面尺寸、确定许用荷载。

【例 14-1】 No.20a 工字钢悬臂梁受均布荷载 q 和集中力 $P = qa/2$ 作用，如图 14-7 所示。已知钢的许用弯曲正应力 $[\sigma] = 160\text{MPa}$，$a = 1\text{m}$。试求此梁的许可荷载集度 $[q]$。

【解】 将自由端 B 截面上的集中力沿 z、y 两主轴分解为：

$$p_y = P\cos 40° = \frac{qa}{2}\cos 40° = 0.383qa \ (\uparrow)$$

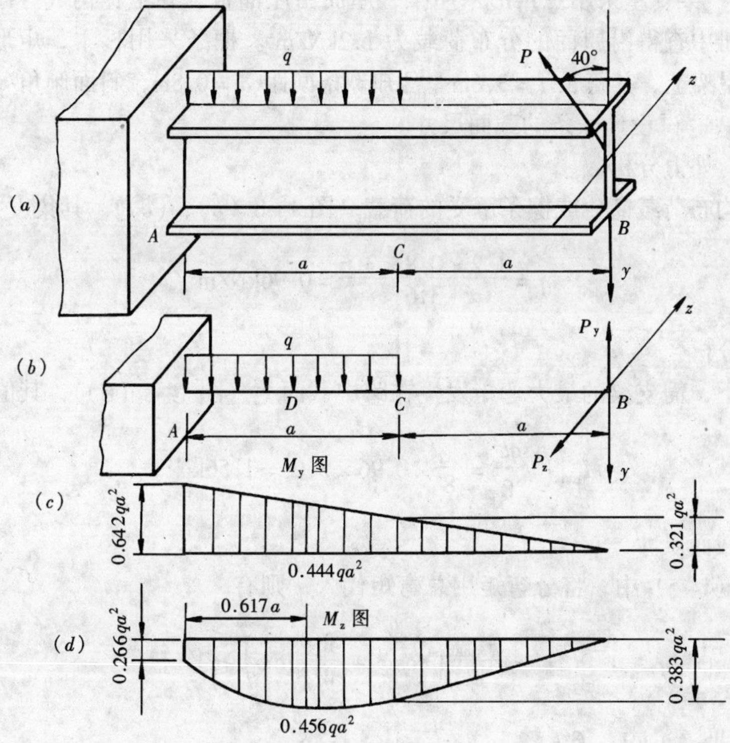

图 14-7 例 14-1 图

$$p_z = P\sin 40° = \frac{qa}{2}\sin 40° = 0.321qa \text{ (与 } z \text{ 轴正向相反)}$$

从而作出此梁的计算简图如图 14-7（b）所示，并分别绘出两个主轴平面（xz、xy）内的弯矩 M_y 和 M_z 图，如图 14-7（c）、（d）所示。

$$W_z = 237 \times 10^3 \text{mm}^3, \quad W_y = 31.5 \times 10^3 \text{mm}^3$$

根据工字钢截面 $W_z \neq W_y$ 的特点，并结合内力图，可按叠加原理分别求出 A 截面及 D 截面上的最大拉应力：

$$(\sigma_{\max})_A = \frac{M_{y_A}}{W_y} + \frac{M_{z_A}}{W_z}$$

$$= \frac{0.642q \times 1^2 \times 10^6}{31.5 \times 10^3} + \frac{0.266q \times 1^2 \times 10^6}{237 \times 10^3} = 21.5q \text{ MPa}$$

$$(\sigma_{\max})_D = \frac{M_{y_D}}{W_y} + \frac{M_{z_D}}{W_z}$$

$$= \frac{0.444q \times 1^2 \times 10^6}{31.5 \times 10^3} + \frac{0.456q \times 1^2 \times 10^6}{237 \times 10^3} = 16.02q \text{ MPa}$$

由此可见，该梁的危险点在固定端 A 截面的棱角处。故可将最大弯曲正应力与许用弯曲正应力相比较来建立强度条件。即：

$$\sigma_{\max} = (\sigma_{\max})_A = 21.5q \text{ MPa} \leq [\sigma] = 160 \text{ MPa}$$

从而解得

$$[q] = \frac{160}{21.5} = 7.44 \text{ N/mm} = 7.44 \text{ kN/m}$$

【例 14-2】 某食堂采用三角形木屋架，屋面由屋面板、黏土瓦构成（图 14-8（a））。从有关设计手册中查得沿屋面的分布荷载为 1.2kN/m^2。檩条采用杉木，矩形截面 $h:b = 3:2$，并简支在屋架上，其跨长 $l = 3.6\text{m}$。已知檩条间距 $a = 0.8\text{m}$，斜面倾角 $\varphi = 30°$，许用应力 $[\sigma] = 10\text{MPa}$。试设计檩条的截面尺寸。

【解】（1）外力分析

将屋面的均布荷载简化成檩条承受的荷载（图 14-8（b）、（c）），其集度为

$$q = \frac{1.2 \times 0.8 \times 3.6}{3.6} = 0.96 \text{ kN/m}$$

（2）内力分析

均布作用下，简支梁的最大弯矩发生在跨中截面上（图 14-8（d）），其值为

$$M_{\max} = \frac{ql^2}{8} = \frac{1}{8} \times 0.96 \times 3.6^2 = 1.56 \text{ kN·m}$$

（3）设计截面尺寸

在强度条件式（14-5）中，将分弯矩用总弯矩代入，则有

$$\sigma_{\max} = \frac{M_{\max}}{W_z}\left(\cos\varphi + \frac{W_z}{W_y}\sin\varphi\right) \leq [\sigma]$$

将矩形截面的 $\frac{W_z}{W_y} = \frac{h}{b} = \frac{3}{2}$，以及有关数据代入上式，得

$$\frac{1.56 \times 10^6}{W_z}\left(\cos 30° + \frac{3}{2}\sin 30°\right) \leqslant 10\text{MPa}$$

解得
$$W_z \geqslant 252 \times 10^3 \text{mm}^3$$

将 $h/b = 3/2$ 代入 $W_z = \dfrac{bh^2}{6} = 252 \times 10^3 \text{mm}^3$ 中，得 h、b 最小值为

$$h = 131\text{mm} \quad b = 88\text{mm}$$

取
$$h = 135\text{mm} \quad b = 90\text{mm}$$

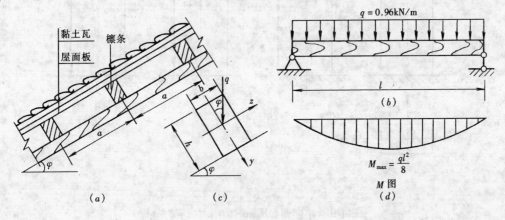

图 14-8　例 14-2 图

第三节　偏心压缩（拉伸）杆件的应力及强度计算

作用在直杆上的外力，当其作用线与杆的轴线平行且不重合时，就将引起偏心拉伸或偏心压缩。图 14-9 中的钻床立柱和厂房中支撑吊车梁的柱子，就是偏心拉伸和偏心压缩的实例。

一、单向偏心压缩

设有一矩形截面杆图 14-10 所示，在其顶端截面作用一偏心压力 F，该力作用点 B 到截面形心 C 的距离即偏心距 e。

为了分析杆件的受力情况，将偏心压力 F 平移到截面形心 C 处，得轴向压力 F 和附加力偶矩 Fe（图 14-10（b））。在轴向压力 F 作用下，杆件产生轴向压缩变形；在附加力偶矩 Fe 作用下，杆件在 xy 平面内产生平面弯曲变形，其截面的弯矩为 $M = Fe$。可见，在偏心压力 F 作用下，杆件处于压弯组合变形状态，横截面上任一点处的正应力为

$$\sigma = \sigma_N + \sigma_M = -\frac{F}{A} \pm \frac{Fe}{I_z}y \quad (14\text{-}6)$$

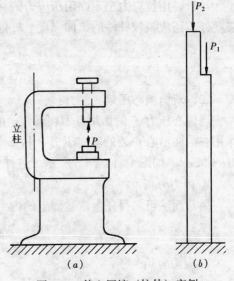

图 14-9　偏心压缩（拉伸）实例

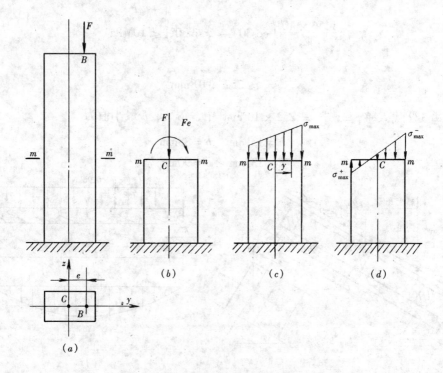

图 14-10 单向偏心压缩时的内力与应力分析

由式 14-6 可以看出，当偏心距 e 较小以至最大弯曲正应力 $\sigma_{Mmax} < |\sigma_N|$，横截面上各点均受压（图 14-10（c）），此时杆的强度条件为：

$$\sigma_{max}^- = \left| -\frac{F}{A} - \frac{Fe}{W_z} \right| \leq [\sigma_-] \tag{14-7}$$

当偏心距 e 较大以至 $\sigma_{Mmax} > |\sigma_N|$，横截面上部分区域受压，部分区域受拉（图 14-10（d））。

对于许用拉应力小于许用压应力的材料来说，则除了应按式（14-7）校核杆件的压缩强度外，还应校核杆件的拉伸强度。杆件的拉伸强度条件为：

$$\sigma_{max}^+ = -\frac{F}{A} + \frac{Fe}{W_z} \leq [\sigma_+] \tag{14-8}$$

二、双向偏心压缩

当偏心压力 F 的作用点不在横截面的任一形心主轴上时（图 14-11），力 F 可简化为作用在截面形心 C 处的轴向压力 F 和二个平面内的附加力偶，其力偶矩分别为 $M_y = Fe_z$，$M_z = Fe_y$。如图 14-11（b）所示，这种受力情况称为双向偏心压缩。

1. 内力分析

由截面法可求得任意横截面上的内力为：

$$N = -F \quad M_y = M_y = Fe_z \quad M_z = M_z = Fe_y$$

2. 应力分析

由 N、M_y 和 M_z 引起横截面上任一点 K 的应力分别为

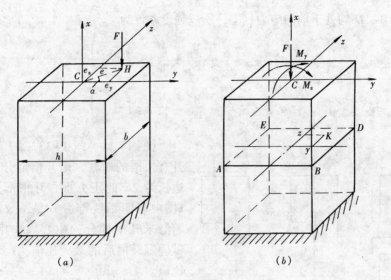

图 14-11 双向偏心压缩

$$\sigma_N = \frac{N}{A} \quad \sigma_{M_y} = \pm \frac{M_y}{I_y} z \quad \sigma_{M_z} = \pm \frac{M_z}{I_z} y$$

各项应力作用情况如图 14-12（a）、（b）、（c）所示。

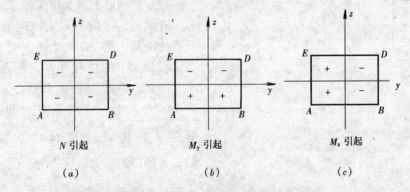

图 14-12 双向偏心压缩时的应力分布规律

根据叠加原理，可得到杆件任一横截面上任一点 K 的正应力为：

$$\sigma = -\frac{N}{A} \pm \frac{M_z}{I_z} y \pm \frac{M_y}{I_y} z \tag{14-9}$$

计算时，上式中 N、M_z、M_y、y、z 都用绝对值代入，式中第二项和第三项前的正负号由观察弯曲变形的情况来确定。

3. 最大或最小正应力及强度条件

由图 14-12 分析可知，A 点产生最大拉应力，D 点产生最大压应力，其值为

$$\sigma_{max} = -\frac{N}{A} + \frac{M_z}{W_z} + \frac{M_y}{W_y}$$

$$\sigma_{min} = -\frac{N}{A} - \frac{M_z}{W_z} - \frac{M_y}{W_y} \tag{14-10}$$

危险点 A、D 均处于单向应力状态，所以强度条件为

$$\left.\begin{array}{l}\sigma_{\max} = -\dfrac{F}{A} + \dfrac{M_z}{W_z} + \dfrac{M_y}{W_y} \leqslant [\sigma_+] \\[2mm] \sigma_{\min} = -\dfrac{F}{A} - \dfrac{M_z}{W_z} - \dfrac{M_y}{W_y} \leqslant [\sigma_-]\end{array}\right\} \quad (14\text{-}11)$$

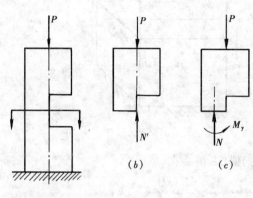

【例 14-3】 图 14-13（a）所示为中间开有切槽的短柱，未开槽部分的横截面是边长为 $2a$ 的正方形，开槽部分的横截面（图中有阴影线部分）是 $a \times 2a$ 的矩形。若沿未开槽部分的中心线作用轴向压力，试确定开槽后的最大压应力与未开槽时的比值。

【解】（1）未开槽时的压应力

$$\sigma^- = \dfrac{N}{A} = \left| -\dfrac{P}{(2a)^2} \right| = \dfrac{P}{4a^2} \quad (1)$$

（2）开槽后的最大压应力

开槽后，柱内的最大压应力将发生在开槽处横截面的 AB 边上。由图 14-13（b）可见横截面上的总内力 N' 并不通过截面形心。因而，需将 N' 向截面形心简化，得到一个轴力 N 和一个弯矩 M_y，即：$N = P$，$M_y = \dfrac{Pa}{2}$，其方向如图 14-13（c）所示。所以，开槽后的最大压应力为

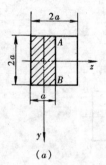

图 14-13 例 14-3 图

$$\sigma^-_{\max} = \left| -\dfrac{N}{A} - \dfrac{M_y}{W_y} \right| = \left(\dfrac{P}{2a^2} + \dfrac{Pa/2}{2a \cdot a^2/6} \right) = \dfrac{2P}{a^2} \quad (2)$$

（3）开槽后的最大压应力与未槽时的比值
将（2）式与（1）式相比较，得

$$\dfrac{\sigma^-_{\max}}{\sigma^-} = \dfrac{\dfrac{2P}{a^2}}{\dfrac{P}{4a^2}} = 8$$

即开槽后的最大压应力是未开槽时的 8 倍。

第四节 截面核心的概念

前面曾提过，当偏心压力 F 的偏心距 e 较小时，杆的横截面上就不能出现拉应力。

土建工程中常用的混凝土构件、砖、砌体等，其抗拉强度远低于抗压强度，在这类构件的设计中，往往认为其抗拉强度为零。这就要求构件在受偏心压力作用时，其横截面上不出现拉应力。可以证明，当外力作用点位于截面形心附近的一个区域内时，就可以使杆件整个截面上全出现压应力，而无拉应力，这个外力作用的区域就称为截面核心。

常见的矩形、圆形截面核心如图 14-14 所示。

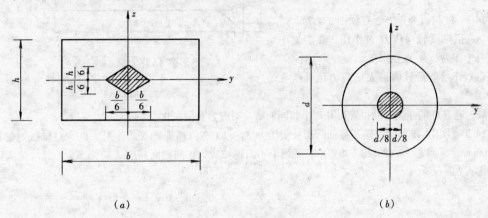

图 14-14 截面核心

思考题与习题

14-1 简述用叠加原理计算组合变形强度问题的步骤。

14-2 拉（压）弯组合杆件危险点的位置如何确定？建立强度条件时为什么不必利用强度理论？

14-3 当杆件处于弯拉组合变形时，其横截面上有哪些内力？正应力是怎样分布的？如何计算最大正应力？相应的强度条件是什么？

14-4 何谓偏心拉伸（或压缩）？在偏心拉伸（或压缩）的条件下，杆件横截面上有哪些内力？正应力是怎样分布的？如何计算最大正应力？相应的强度条件是什么？

14-5 当矩形截面杆在两个互相垂直的对称平面内产生弯曲变形时，如何计算横截面上的最大弯曲正应力？

14-6 试判断图 14-15 所示曲杆 ABCD 上杆 AB、BC、CD 将产生何种变形？

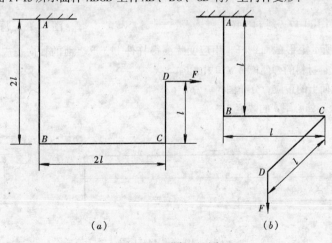

图 14-15 题 14-6 图

14-7 什么叫截面核心？

14-8 矩形截面的悬臂木梁（图 14-16），承受 $F_1 = 1.6$kN，$F_2 = 0.8$kN 的作用。已知材料的许用应力 $[\sigma] = 10$MPa，弹性模量 $E = 10 \times 10^3$MPa。求：设计截面尺寸 b、h（设 $h/b = 2$）。

14-9 柱截面为正方形（如图 14-17），边长为 a，顶端受轴向压力 F 作用，在右侧中部开一个深为 $a/4$ 的槽。求：

(1) 开槽前后柱内最大压应力值及所在位置。

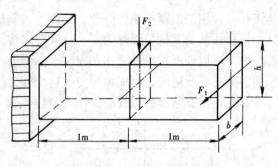

图 14-16 题 14-8 图

(2) 若在柱的左侧对称位置再开一个相同的槽，则应力有何变化。

14-10 图 14-18 所示一矩形截面厂房柱受压力 $F_1 = 100$kN，$F_2 = 45$kN 的作用，F_2 与柱轴线的偏心距 $e = 200$mm，截面宽 $b = 180$mm，如要求柱截面上不出现拉应力，问截面高度 h 应为多少？此时最大压应力为多大？

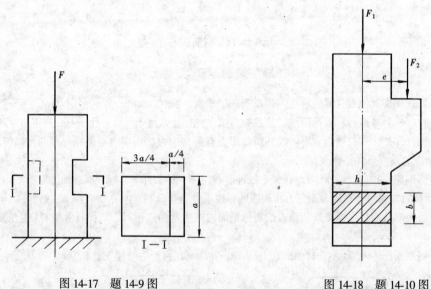

图 14-17 题 14-9 图　　　　　　图 14-18 题 14-10 图

14-11 图 14-19 所示矩形截面钢杆，用应变片测得杆件上、下表面的轴向正应变分别为 $\varepsilon_a = 1 \times 10^{-3}$、$\varepsilon_b = 0.4 \times 10^{-3}$，材料的弹性模量 $E = 210$GPa。

(1) 试绘制横截面上的正应力分布图；

(2) 求拉力 P 及其偏心距 δ 的数值。

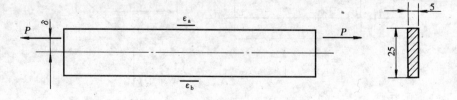

图 14-19 题 14-11 图

14-12 No.14号工字钢悬臂梁受力情况如图14-20所示。已知 $l = 0.8\text{m}$，$p_1 = 2.5\text{kN}$，$P_2 = 1.0\text{kN}$，试求危险截面上的最大正应力。

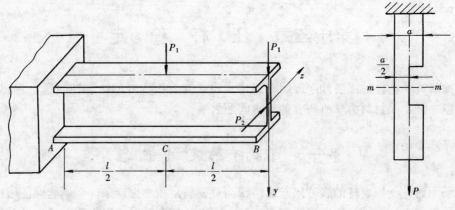

图14-20 题14-12图　　　　　　图14-21 题14-13图

14-13 有一个木质杆如图14-21所示，截面原为边长 a 的正方形，拉力 P 与杆轴重合。后因使用上需要在杆长的某一段范围内开一 $a/2$ 宽的切口，如图所示。试求 m-m 截面上的最大拉应力和最大压应力，并问此最大拉应力是截面削弱以前的拉应力值的几倍？

14-14 螺旋夹紧器立臂的横截面为 $a \times b$ 的矩形，如图14-22所示。已知该夹紧器工作时承受的夹紧力 $P = 16\text{kN}$，材料的许用应力 $[\sigma] = 160\text{MPa}$，立臂厚 $a = 20\text{mm}$，偏心距 $e = 140\text{mm}$。求立臂宽度 b。

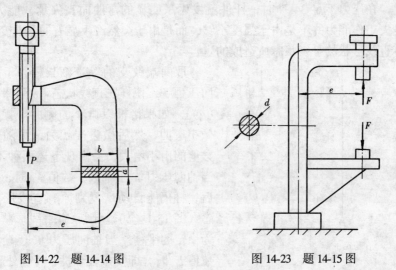

图14-22 题14-14图　　　　　　图14-23 题14-15图

14-15 如图14-23所示的钻床立柱由铸铁制成，直径 $d = 130\text{mm}$，$e = 400\text{mm}$，材料的许用拉应力 $[\sigma_+] = 30\text{MPa}$。试求许可压力 $[F]$。

第十五章 压杆稳定

前面研究了构件的强度和刚度问题，本章将研究受压构件的稳定性问题，它和强度、刚度问题一样，是材料力学所研究的基本问题之一。

第一节 压杆稳定的概念

在前面讨论受压直杆的强度问题时，认为只要满足压缩强度条件，就能保证压杆的正常工作。事实上这个结论仅适用于短粗压杆，而细长杆在轴向压力作用下的失效形式却呈现出与强度问题迥然不同的力学本质。例如，一根长 300mm 的钢制直杆，其横截面的宽度和厚度分别为 20mm 和 10mm，材料的许用应力 $[\sigma] = 170$MPa，沿此杆的轴线在两端施加压力。若按压缩强度计算，它的承载能力为：

$$F = [\sigma]A = 170 \times 20 \times 10 = 34\,000\text{N} = 34\text{kN}$$

但是实际上，在压力不足 34kN 时，杆件就发生了明显的弯曲而丧失承载能力。这说明，细长压杆丧失工作能力并不是由于强度不够，而是由于突然产生显著的弯曲变形、压杆不能维持原有直线形状的平衡状态所造成的。

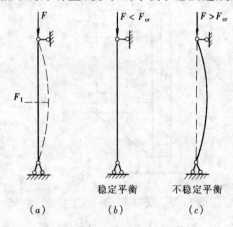

图 15-1 压杆的平衡状态

取两端铰支的等直细长杆，于两端施加轴向压力 F，使杆在直线状态下处于平衡（图 15-1(a)）。如果给杆以微小的侧向干扰力使其发生微小弯曲，然后撤去干扰力，则随着轴向压力数值的由小增大，会出现下述两种不同的情况。当轴向压力 F 小于某一数值 F_{cr} 时，撤去干扰力后，杆仍能自动恢复到原有直线形状的平衡状态（图 15-1(b)）。则原有直线形状的平衡，称为稳定的平衡。当轴向压力 F 逐渐增大到某一数值 F_{cr} 时，即使撤去干扰，杆仍处于微弯形状，而不能自动恢复到原有的直线形状平衡状态（图 15-1(c)），称为不稳定的平衡。如果力 F 的数值继续增大，则杆继续弯曲，产生显著的变形，甚至突然破坏。

上述现象表明，在轴向压力逐渐增大的过程中，压杆由稳定的平衡转变为不稳定的平衡，这种现象称为压杆丧失稳定性，简称为压杆失稳。当轴向压力较小时，压杆直线形式的平衡是稳定的；当轴向压力较大时，压杆直线形式的平衡是不稳定的。压杆由直线形式的稳定平衡过渡到不稳定平衡时所对应的轴向压力值，称为压杆的临界荷载，用 F_{cr} 表示。在临界荷载作用下，压杆在微弯状态下保持的平衡，称为临界平衡。

第二节　细长压杆临界力计算的欧拉公式

压杆在临界力作用下，其直线状态的平衡由稳定转变为不稳定。此时，即使撤去干扰力，压杆将保持在微弯状态下的平衡。当然，超过这个临界力，弯曲变形将明显增大。因此，使压杆在微弯状态下保持平衡的最小轴向力，既为压杆的临界力。

一、两端铰支时细长压杆的临界力

设两端铰支长度为 l 的细长杆，在轴向压力 F 的作用下保持微弯平衡状态（图 15-2）。经过理论推导得：

$$F_{cr} = \frac{\pi^2 EI}{l^2} \tag{15-1}$$

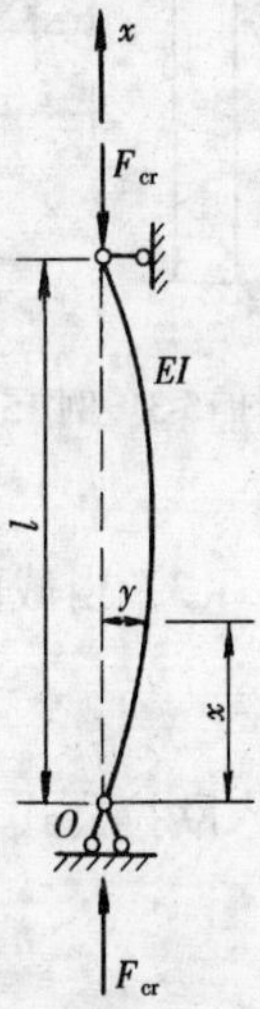

二、其他支撑情况时压杆的临界力

其他杆端约束下细长压杆的临界力可用下面的统一公式表示：

$$F_{cr} = \frac{\pi^2 EI}{(\mu l)^2} \tag{15-2}$$

图 15-2　两端铰支压杆

式 (15-2) 通常称为欧拉公式。式中的 μ 称为压杆的长度因数，它与杆端约束有关，杆端约束越强，μ 值越小；μl 称为压杆的相当长度，表示将杆端约束条件不同的压杆长度 l 折算成两端铰支压杆的长度。表 15-1 列出了四种典型的杆端约束下细长压杆的临界力，以备查用。

四种典型细长杆的临界力　　　　　　　　　　　表 15-1

杆端约束	两端铰支	一端铰支一端固定	两端固定	一端固定一端自由
失稳时挠曲线形状	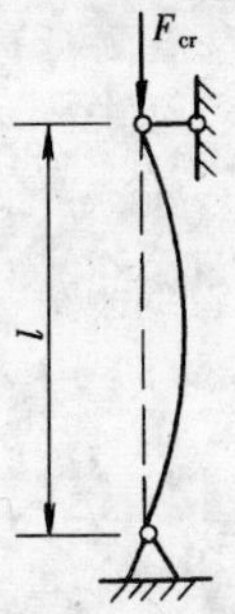	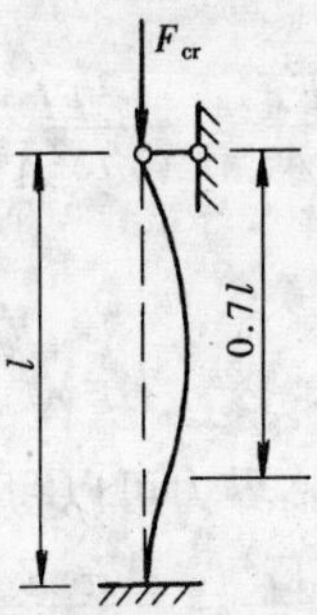	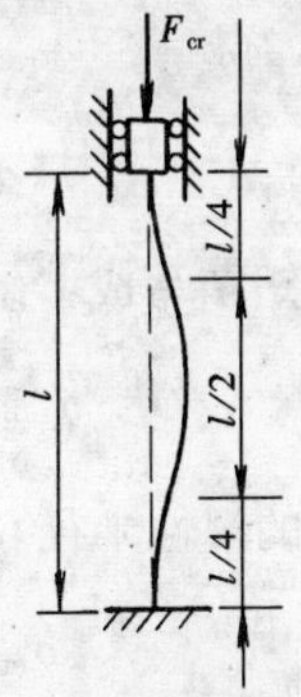	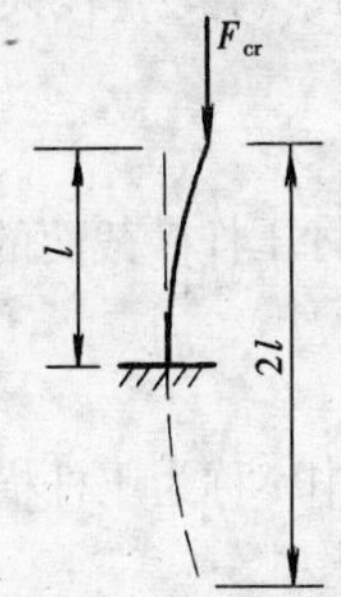
临界力	$F_{cr} = \dfrac{\pi^2 EI}{l^2}$	$F_{cr} = \dfrac{\pi^2 EI}{(0.7l)^2}$	$F_{cr} = \dfrac{\pi^2 EI}{(0.5l)^2}$	$F_{cr} = \dfrac{\pi^2 EI}{(2l)^2}$
长度因数	$\mu = 1$	$\mu = 0.7$	$\mu = 0.5$	$\mu = 2$

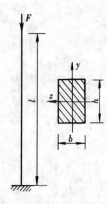

图 15-3 例 15-1 图

【例 15-1】 一端固定另一端自由的细长压杆如图 15-3 所示,已知其弹性模量 $E = 200\text{GPa}$,杆长度 $l = 2\text{m}$,矩形截面 $b = 20\text{mm}$, $h = 45\text{mm}$。试计算此压杆的临界力;若 $b = h = 30\text{mm}$,长度不变,此压杆的临界力又为多少?

【解】(1)计算截面的惯性矩

此压杆必在 xz 平面内失稳,故计算惯性矩 I_y

$$I_y = \frac{hb^3}{12} = \frac{45 \times 20^3}{12} = 3 \times 10^4 \text{mm}^4$$

(2)计算临界力

由表 15-1 查得 $\mu = 2$,由此得临界力

$$F_{cr} = \frac{\pi^2 EI}{(\mu l)^2} = \frac{\pi^2 200 \times 10^3 \times 3 \times 10^4}{(2 \times 2 \times 10^3)^2} = 3\,701\text{N} = 3.7\text{kN}$$

(3)当截面尺寸为 $b = h = 30\text{mm}$ 时,计算压杆的临界力截面的惯性矩为:

$$I_y = I_z = \frac{hb^3}{12} = \frac{b^4}{12} = \frac{30^4}{12} = 6.75 \times 10^4 \text{mm}^4$$

代入欧拉公式:

$$F_{cr} = \frac{\pi^2 EI}{(\mu l)^2} = \frac{\pi^2 200 \times 10^3 \times 6.75 \times 10^4}{(2 \times 2 \times 10^3)^2} = 8.33 \times 10^3 \text{N} = 8.33\text{kN}$$

以上两种情况的截面面积相等,但从计算结果看,后者的临界力大于前者。可见在材料用量相同的条件下,采用正方形截面能提高压杆的临界力。

第三节 临界应力与柔度

一、临界应力与柔度

压杆的临界力 F_{cr} 除以其横截面面积 A,定义为压杆的临界应力,即

$$\sigma_{cr} = \frac{F_{cr}}{A}$$

将式(15-2)代入上式,得

$$\sigma_{cr} = \frac{F_{cr}}{A} = \frac{\pi^2 EI}{(\mu l)^2 A}$$

若将压杆横截面的惯性矩 I 写成

$$I = i^2 A \quad 或 \quad i = \sqrt{\frac{I}{A}}$$

式中 i 称为压杆横截面的惯性半径。于是临界力可以写成为

$$\sigma_{cr} = \frac{\pi^2 E i^2}{(\mu l)^2} = \frac{\pi^2 E}{(\mu l/i)^2}$$

令

$$\lambda = \frac{\mu l}{i} \tag{15-3}$$

则

$$\sigma_{cr} = \frac{\pi^2 E}{\lambda^2} \tag{15-4}$$

上式为计算压杆临界应力的欧拉公式。式中 λ 称为压杆的柔度或长细比,它反映了压杆的约束情况、杆的长度以及横截面形状和尺寸等因素对临界应力的综合影响。从式 15-4 可以看出,若压杆的柔度值越大,其临界应力就越小。

二、临界应力计算公式的适用范围

欧拉公式是根据变形弹性曲线推导出来的,材料必须服从虎克定律。因此,欧拉公式的适用范围是压杆的临界应力 σ_{cr} 不超过材料的比例极限 σ_p。

即

$$\sigma_{cr} = \frac{\pi^2 E}{\lambda^2} \leqslant \sigma_p$$

有

$$\lambda \geqslant \pi\sqrt{\frac{E}{\sigma_p}}$$

欧拉公式的适用范围为

$$\lambda \geqslant \lambda_p \tag{15-5}$$

上式表示当压杆的柔度 $\lambda \geqslant \lambda_p$ 时,才可应用欧拉公式计算临界力或临界应力。这类压杆称为大柔度杆或细长压杆。例如 Q235 钢,$\sigma_p = 200\text{MPa}$,$E = 200\text{GPa}$,由式算得 $\lambda_p \approx 100$。

第四节　超过比例极限时临界应力计算
——经验公式、临界应力总图

当压杆的柔度 $\lambda < \lambda_p$ 时,称为中长杆或中柔度杆。这类杆的临界应力超出了比例极限的范围,所以欧拉公式不再适用,通常采用建立在试验基础上的经验公式来计算临界应力,较常用的经验公式为直线公式和抛物线公式。

直线公式,其表达式为

$$\sigma_{cr} = a - b\lambda \tag{15-6}$$

式中的 a 和 b 是与材料有关的常数,其单位为 MPa,一些常用材料的 a、b 值见表 15-2。

经验公式 (15-6) 也有其适用范围,即临界应力不应超过材料的压缩极限应力。这是由于当临界应力达到压缩极限应力时,压杆已因强度不足而失效。对于由塑性材料制成的压杆,其临界应力不允许超过材料的屈服点应力 σ_s,于是使用直线公式的最小值为:

$$\sigma_{cr} = a - b\lambda \leqslant \sigma_s$$

令

$$\lambda_s = \frac{a - \sigma_s}{b} \tag{15-7}$$

得

$$\lambda \geqslant \lambda_s$$

几种常用材料的 a、b 值　　　　　　　　表 15-2

材　料	a (MPa)	b (MPa)	λ_p	λ_s
硅钢 $\sigma_a = 353\text{MPa}$ $\sigma_b \geqslant 510\text{MPa}$	577	3.74	100	60
铬 钼 钢	980	5.29	55	0
Q235	304	1.12	104	61.4

续表

材料	a (MPa)	b (MPa)	λ_p	λ_s
优质钢 $\sigma_b \geq 470$ $\sigma_a = 306$	460	2.57	100	60
硬 铝	372	2.14	50	0
铸 铁	331.9	1.453	—	—
松 木	39.2	0.199	59	0

式中 λ_s 表示当临界应力等于材料的屈服点应力时压杆的柔度值。和 λ_p 一样，它也是一个与材料性质有关的常数。因此，直线公式的适用范围为

$$\lambda_s < \lambda < \lambda_p \tag{15-8}$$

一般把柔度值在 λ_s 和 λ_p 之间的压杆称为中柔度杆或中长杆。柔度小于 λ_s 的压杆称为小柔度杆或短粗杆。小柔度杆的失效是因压缩强度不足造成的，如果将这类压杆也作为稳定问题的形式处理，则对于由塑性材料制成的压杆，其临界应力 $\sigma_{cr} = \sigma_s$。

综上所述，压杆按柔度的大小可分为三类，且分别由不同的公式计算临界应力。即

当 $\lambda \geq \lambda_p$ 时，压杆为大柔度杆（细长杆），应用欧拉公式计算临界应力。

当 $\lambda_s < \lambda < \lambda_p$ 时，压杆为中柔度杆（中长杆），应用直线经验公式计算临界应力。

当 $\lambda \leq \lambda_s$ 时，压杆为小柔度杆（短粗杆），临界应力为压缩时的强度极限应力。

图 15-4 所示为某塑性材料压杆的临界应力随柔度不同而变化的情况，称为临界应力总图。

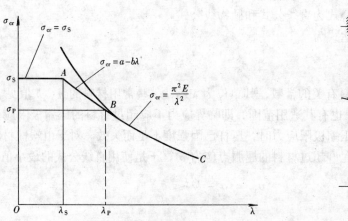

图 15-4 临界应力总图　　　图 15-5 例 15-2 图

【例 15-2】 图 15-5 所示为两端铰支圆截面压杆，杆用 Q235 钢制成，弹性模量 $E = 200$GPa，屈服点应力 $\sigma_s = 235$MPa，直径 $d = 40$mm。试计算：(1) 杆长 $l = 1.2$m；(2) 杆长 $l = 800$mm；(3) 杆长 $l = 500$mm，三种情况下的压杆的临界力。

【解】 (1) 计算杆长 $l = 1.2$m 时的临界力

两端铰支　　　　　　　　　　$\mu = 1$

惯性半径　　　　$i = \sqrt{\dfrac{I}{A}} = \sqrt{\dfrac{\pi d^4/64}{\pi d^2/4}} = \dfrac{d}{4} = 10$mm

柔度
$$\lambda = \frac{\mu l}{i} = \frac{1 \times 1.2 \times 10^3}{10} = 120 > \lambda_p = 100$$

该压杆为大柔度杆,应用欧拉公式计算临界力 F_{cr}

$$F_{cr} = \sigma_{cr} \cdot A = \frac{\pi^2 E}{\lambda^2} \cdot \frac{\pi d^2}{4}$$

$$= \frac{\pi^3 (200 \times 10^3) \times 40^2}{4 \times 120^2} = 172 \times 10^3 \text{N} = 172 \text{kN}$$

(2) 计算杆长 $l = 800$mm 时的临界力

$$\mu = 1, \quad i = 10\text{mm}, \quad \lambda = \frac{\mu l}{i} = \frac{1 \times 800}{10} = 80$$

由表 15-2 查得 $\lambda_s = 62$

因 $\lambda_s < \lambda < \lambda_p$ 故该压杆为中柔度杆,应用直线公式计算临界力 F_{cr}

$$F_{cr} = \sigma_{cr} \cdot A = (a - b\lambda)\frac{\pi d^2}{4}$$

$$= \frac{\pi(304 - 1.12 \times 80) \times 40^2}{4} = 269 \times 10^3 \text{N} = 269 \text{kN}$$

(3) 计算杆长 $l = 500$mm 时的临界力

$$\lambda = \frac{\mu l}{i} = \frac{1 \times 500}{10} = 50 < \lambda_2 = 62$$

压杆为小柔度杆,其临界力为

$$F_{cr} = \sigma_s \cdot A = \sigma_s \cdot \frac{\pi d^2}{4} = 235 \times \frac{\pi \times 40^2}{4} = 295 \times 10^3 = 295 \text{kN}$$

第五节 压杆的稳定计算——折减因数法

一、压杆的稳定条件

为了保证压杆的直线平衡状态是稳定的,并具有一定的安全储备,必须使压杆的轴向工作压力满足如下条件

$$F \leq \frac{F_{cr}}{n_{st}} = [F_{st}] \quad \text{或} \quad \left(n = \frac{F_{cr}}{F} \geq n_{st} \right) \tag{15-9}$$

或者将上式两边同时除以横截面面积 A,得到压杆横截面上的应力 σ 应满足的条件:

$$\sigma = \frac{F}{A} \leq \frac{\sigma_{st}}{n_{st}} = [\sigma_{st}] \tag{15-10}$$

上两式中 n——压杆的工作安全因数;

n_{st}——规定的压杆稳定安全因数;

$[F_{st}]$——稳定许用压力;

$[\sigma_{st}]$——稳定许用应力。

式 (15-9)、(15-10) 称为压杆的稳定条件。

利用稳定条件式 (15-9) 或式 (15-10) 可以校核压杆的稳定性、确定压杆的横截面面积及其许用荷载等。

由于压杆的稳定性取决于整个杆件的抗弯刚度。因此，在确定压杆的临界荷载或临界应力时，可不必考虑杆件局部削弱（例如铆钉孔、油孔等）的影响，而应按未削弱横截面的尺寸计算惯性矩和截面面积。但是，对于受削弱的横截面，则还应进行强度校核。

二、压杆的稳定计算——折减因数法

在工程中，对压杆的稳定计算还常采用折减因数法。这种方法是将稳定条件式（15-10）中的稳定许用应力 $[\sigma_{st}]$ 写成材料的强度许用应力 $[\sigma]$ 与小于 1 的因数 φ 相乘，即

$$[\sigma_{st}] = \varphi[\sigma] \tag{15-11}$$

φ 称为压杆的折减因数，它随压杆柔度 λ 而改变。表 15-3 给出了 Q235 钢的折减因数 φ 值。

由折减因数法得到的稳定条件为：

$$\sigma = \frac{F}{A} \leqslant \varphi[\sigma] \tag{15-12}$$

用折减因数 φ 法设计压杆的截面尺寸，须将稳定条件式（15-12）变化成如下的形式：

$$A \geqslant \frac{F}{\varphi[\sigma]} \tag{15-13}$$

Q235 钢中心受压直杆的折减因数 φ 表　　　　　　表 15-3

λ	0	1	2	3	4	5	6	7	8	9
0	1.000	1.000	1.000	1.000	0.999	0.999	0.998	0.998	0.997	0.996
10	0.995	0.994	0.993	0.992	0.991	0.989	0.988	0.987	0.985	0.983
20	0.981	0.979	0.977	0.975	0.973	0.971	0.969	0.966	0.963	0.961
30	0.958	0.956	0.953	0.950	0.947	0.944	0.941	0.937	0.934	0.931
40	0.927	0.923	0.920	0.916	0.912	0.908	0.904	0.900	0.896	0.892
50	0.888	0.884	0.879	0.875	0.870	0.866	0.861	0.856	0.851	0.847
60	0.842	0.837	0.832	0.826	0.821	0.816	0.811	0.805	0.800	0.795
70	0.789	0.784	0.778	0.772	0.767	0.761	0.755	0.749	0.743	0.737
80	0.731	0.725	0.719	0.713	0.707	0.701	0.695	0.688	0.682	0.676
90	0.669	0.663	0.657	0.650	0.644	0.637	0.631	0.624	0.617	0.611
100	0.604	0.597	0.591	0.584	0.577	0.570	0.563	0.557	0.550	0.543
110	0.536	0.529	0.522	0.515	0.508	0.501	0.494	0.487	0.480	0.473
120	0.466	0.459	0.452	0.445	0.439	0.432	0.426	0.420	0.413	0.407
130	0.401	0.396	0.390	0.384	0.379	0.374	0.369	0.364	0.359	0.354
140	0.349	0.344	0.340	0.335	0.331	0.327	0.322	0.318	0.314	0.310
150	0.306	0.303	0.299	0.295	0.292	0.288	0.285	0.281	0.278	0.275
160	0.272	0.268	0.265	0.262	0.259	0.256	0.254	0.251	0.248	0.245
170	0.243	0.240	0.237	0.235	0.232	0.230	0.227	0.225	0.223	0.220
180	0.218	0.216	0.214	0.212	0.210	0.207	0.205	0.203	0.201	0.199
190	0.197	0.196	0.194	0.192	0.190	0.188	0.187	0.185	0.183	0.181
200	0.180	0.178	0.176	0.175	0.173	0.172	0.170	0.169	0.167	0.166
210	0.164	0.163	0.162	0.160	0.159	0.158	0.156	0.155	0.154	0.152
220	0.151	0.150	0.149	0.147	0.146	0.145	0.144	0.143	0.142	0.141
230	0.139	0.138	0.137	0.136	0.135	0.134	0.133	0.132	0.131	0.130
240	0.129	0.128	0.127	0.126	0.125	0.125	0.124	0.123	0.122	0.121
250	0.120									

由于折减因数 φ 与压杆的柔度 λ 有关,而柔度 λ 又与截面面积 A 有关,故当 A 为未知时,φ 也是未知的。因此,压杆的截面设计目前普遍采用试算法,其计算步骤如下:

(1) 先假定 φ 的一个近似值 φ_1(一般可取 $\varphi_1 = 0.5$),由式(15-13)算出截面面积的第一次近似值 A_1,并由 A_1 初选一个截面(这一步也可以根据经验初选钢号码或截面尺寸)。

(2) 计算初选截面的惯性矩 I_1、惯性半径 i_1 和柔度 λ_1,由折减因数表查得(或由公式算得)相应的 φ 值。

(3) 若查得的 φ 值与原先假定的 φ_1 值相差较大,则可在这两个值之间再假定一个近似值 φ_2,并重复上述(1)、(2)两步。如此进行下去,直到从表中查得的 φ 值与假定的 φ 值非常接近为止。

(4) 对所选得的截面进行压杆稳定校核。若满足稳定条件,则所选得的截面就是所求之截面。否则,应在所选截面的基础上适当放大尺寸后再进行校核,直到满足稳定条件为止。

【例 15-3】 试校核图 15-6 所示矩形截面连杆的稳定性。在 xy 平面内,连杆的两端为铰支;在 xz 平面内,连杆两端视为固定端。已知 $b = 20$mm,$h = 60$mm,$l = 940$mm,$l_1 = 880$mm,轴向压力 $F = 100$kN。连杆材料 Q235 钢。规定的稳定安全因数 $n_{st} = 2.5$。

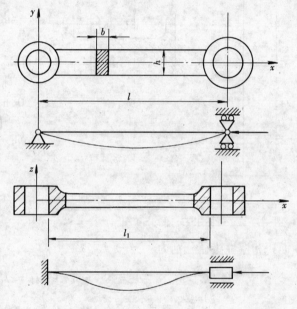

图 15-6 例 15-3 图

【解】 (1) 分别求两个纵向平面内的柔度。

在 xy 平面内:

$$\mu = 1, \quad l = 940\text{mm}$$

$$i_z = \sqrt{\frac{I_z}{A}} = \sqrt{\frac{bh^3}{12bh}} = \frac{h}{\sqrt{12}} = \frac{60}{\sqrt{12}} = 17.32\text{mm}$$

$$\lambda_z = \frac{\mu l_1}{i_z} = \frac{1 \times 940}{17.32} = 54.3$$

在 xz 平面内:

$$\mu = 0.5, \quad l_1 = 880\text{mm}$$

$$i_y = \sqrt{\frac{I_y}{A}} = \sqrt{\frac{b^3 h}{12bh}} = \frac{b}{\sqrt{12}} = \frac{20}{\sqrt{12}} = 5.77\text{mm}$$

$$\lambda_y = \frac{\mu l_1}{i_y} = \frac{0.5 \times 880}{5.77} = 76.2$$

由于 $\lambda_y > \lambda_z$,连杆将在 xz 平面内失稳,故应以 λ_y 计算临界力。

(2) 求临界力

对 Q235 钢，$\lambda_p = 100$，$\lambda_s = 62$，有 $\lambda_s < \lambda < \lambda_p$，须采用经验公式（15-6）计算临界应力

$$\sigma_{cr} = a - b\lambda_y = 304 - 1.12 \times 76.3 = 218.5 \text{MPa}$$

(3) 校核压杆的稳定性

$$n = \frac{F_{cr}}{F} = \frac{262.2}{100} = 2.62 > n_{st}$$

故连杆满足稳定条件。

【例 15-4】 如图 15-7 所示，有一长 $l = 4\text{m}$ 的工字钢柱，上、下端都是固定支撑，支撑的轴向压力 $F = 230\text{kN}$。材料为 Q235 钢，许用应力 $[\sigma] = 140\text{MPa}$。在上、下端面的工字钢翼缘上各有 4 个直径 $d = 20\text{mm}$ 的螺栓孔。试选择此钢柱的截面。

【解】 (1) 第一次试算。假定 $\varphi_1 = 0.5$，由式（15-13）得到

$$A_1 = \frac{F}{\varphi_1[\sigma]} = \frac{230 \times 10^3}{0.5 \times 140}$$
$$= 32.88 \times 10^2 \text{mm}^2 = 32.88 \text{cm}^2$$

查型钢表，初选 No.20a 工字钢。其截

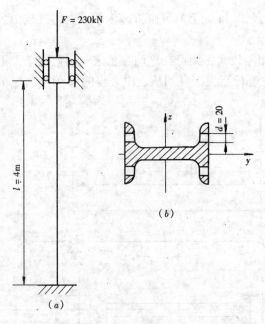

图 15-7 例 15-4 图

面面积和惯性半径分别为

$$A = 35.5 \text{cm}^2 \quad i_1 = i_y = 2.12 \text{cm}$$

柔度为

$$\lambda = \frac{\mu l}{i_1} = \frac{0.5 \times 400}{2.12} = 94.3$$

由表 15-3 查得相应的 $\varphi = 0.642$。由于 φ 值与假定的 φ_1 值相差较大，必须再试算。

(2) 第二次试算。假定 $\varphi_2 = \frac{1}{2}(0.5 + 0.642) = 0.571$

由式（15-13）算得

$$A_2 = \frac{F}{\varphi_2[\sigma]} = \frac{230 \times 10^3}{0.571 \times 140} = 28.77 \times 10^2 \text{mm}^2 = 28.77 \text{cm}^2$$

查型钢表，再选 No.18 工字钢，其截面面积

$$A = 30.6 \text{cm}^2，\text{惯性半径 } i_2 = i_y = 2\text{cm}$$

柔度为

$$\lambda_2 = \frac{\mu l}{i_2} = \frac{0.5 \times 400}{2} = 100$$

由表 15-3 查得相应的 $\varphi = 0.604$，这与假设的 $\varphi_2 = 0.571$ 非常接近，因而可以试用 No.18 工字钢。

(3) 校核稳定性

$$[\sigma_{st}] = \varphi[\sigma] = 0.604 \times 140 = 84.56 \text{MPa}$$

$$\sigma = \frac{F}{A} = \frac{230 \times 10^3}{30.6 \times 10^2} = 75.16 \text{MPa} \leqslant \varphi[\sigma] = 84.56 \text{MPa}$$

可见，采用 No.18 工字钢满足稳定条件。

(4) 强度校核

由于钢柱的上、下端截面被螺栓孔削弱，所以还须对端截面进行强度校核。由型钢表查得 No.18 工字钢的翼缘平均厚度 $t = 10.7$mm，故端截面的净面积为：

$$A_n = A - 4td = 3060 - 4 \times 10.7 \times 20 = 2\,204 \text{mm}^2$$

端截面的应力为：

$$\sigma = \frac{F}{A_n} = \frac{230 \times 10^3}{2\,204} = 104.36 \text{MPa} < [\sigma] = 140 \text{MPa}$$

可见强度条件也满足。因此决定采用 No.18 工字钢。

第六节 提高压杆稳定性的措施

要提高压杆的稳定性，关键在于提高压杆的临界力或临界应力。不同的材料，其机械性能不同，也会影响压杆的临界应力；同一材料，由临界应力总图可知，临界应力随着压杆柔度 λ 的增加而减小，故减小压杆柔度，可以提高其临界应力。

一、选择合理的材料

由欧拉公式可知，大柔度杆的临界应力与材料的弹性模量成正比，因而选择弹性模量较高的材料，可以提高大柔度杆的稳定性。对钢材而言，各种钢的弹性模量大致相同，选用高强度钢并不能提高大柔度压杆的稳定性。中、小柔度杆的临界应力也与材料的强度有关，采用高强度钢材，则能提高这类压杆抗失稳的能力。

二、减小压杆的柔度

从公式 $\lambda = \frac{\mu l}{i}$ 可知，柔度与惯性半径（截面形状及大小）、压杆长度 l 及杆端约束有关，故可以从这三方面着手。

1. 选择合理的截面形状

增大截面的惯性矩 I，可降低压杆的柔度 λ，从而提高压杆的稳定性。这表示应尽可能使材料远离截面形心轴以取得较大的轴惯性矩。在截面面积相同的情况下，采用空心截面（图 15-8（a）、(b)）或组合截面（图 15-8（c））比采用实心截面的抗失稳能力高；在抗失稳能力相同的情况下，则采用空心截面或组合截面比采用实心截面的用料省。

此外，还应使压杆在二个形心主惯性平面内的柔度大致相等，使其抵抗失稳的能力得以充分发挥。当压杆在各纵向平面内的约束相同时，宜采用圆形、圆环形，正方形等截面；当压杆在两个形心主惯性平面内的约束不同时，宜采用矩形、工字形一类的截面，并在确定尺寸时，尽量使 $\lambda_y = \lambda_z$。

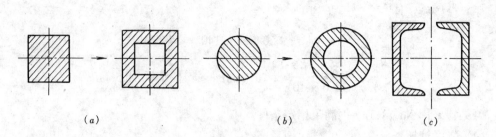

图 15-8 压杆稳定时合理的截面形状

2. 加固端部约束

从表 15-1 可知，对大柔度杆一端固定一端自由，其长度系数 $\mu=2$，若把其中的自由端改为铰链约束，则长度因数变为 $\mu=0.7$，若再进一步加固约束，将铰支改为固定约束，成为两端固定，则长度因数变为 $\mu=0.5$。假定改变约束后，压杆仍为大柔度杆，按欧拉公式计算，其临界力分别为原来的一端固定一端自由时的 8.16 倍和 16 倍。

3. 减小压杆长度

减小压杆的长度可以降低柔度，提高压杆的稳定性。如果工作条件不允许减小压杆的长度可以采用增加中间支撑的方法提高压杆的稳定性。

思 考 题 与 习 题

15-1 何谓失稳？何谓稳定平衡与不稳定平衡？

15-2 何谓临界荷载？何谓临界应力？

15-3 图 15-9 所示各细长压杆均为圆杆，它们的直径、材料都相同，试判断哪根压杆的临界力最大，哪根压杆的临界力最小？

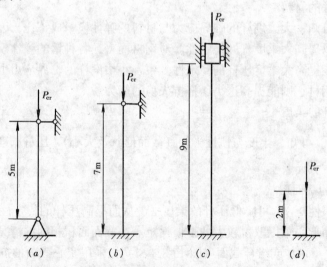

图 15-9 题 15-3 图

15-4 如何区分大柔度杆、中柔度杆与小柔度杆？它们的临界应力如何确定？如何绘制临界应力总图？

15-5 压杆的稳定条件是如何建立的？有几种形式？

15-6 若在计算中、小柔度压杆的临界力时，使用了欧拉公式；或在计算大柔度压杆的临界力时，使用了经验公式,则后果将会怎样?试用临界应力总图加以说明。

15-7 对于两端铰支、由 Q235 钢制成的圆截面压杆,杆长 l 应比直径 d 大多少倍时,才能用欧拉公式计算临界力?

15-8 图 15-10 所示两端铰支的细长压杆,材料的弹性模量 $E = 300\text{GPa}$,试用欧拉公式计算其临界力 F_{cr}。(1)圆形截面 $d = 25\text{mm}$,$l = 1.0\text{m}$;(2)矩形截面 $h = 2b = 40\text{mm}$,$l = 1.0\text{m}$;(3) 22 号工字钢,$l = 5.0\text{m}$。

15-9 试对图 15-11 所示木杆进行强度和稳定计算。已知材料的许用应力 $[\sigma] = 10\text{MPa}$。

15-10 图 15-12 所示压杆,$l = 300\text{mm}$,$b_1 = 20\text{mm}$,$h = 12\text{mm}$,材料为 Q235 钢,$E = 200\text{GPa}$,$\sigma_s = 235\text{MPa}$,$a = 304\text{MPa}$,$b = 1.12\text{MPa}$,$\lambda_p = 100$,$\lambda_s = 61.4$,有三种支承方式,试计算它们的临界荷载。

15-11 图 15-13 所示压杆,材料为 Q235 钢,横截面有四种形式,但其面积均为 $A = 3.2 \times 10^3 \text{mm}^2$,试计算它们的临界荷载,并进行比较。已知:$E = 200\text{GPa}$,$\sigma_s = 235\text{MPa}$,$\sigma_{cr} = 304 - 1.12\lambda$,$\lambda_p = 100$,$\lambda_s = 61.4$。

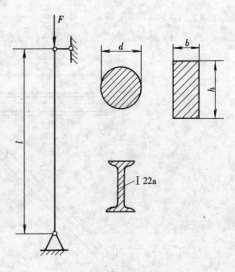

图 15-10 题 15-8 图

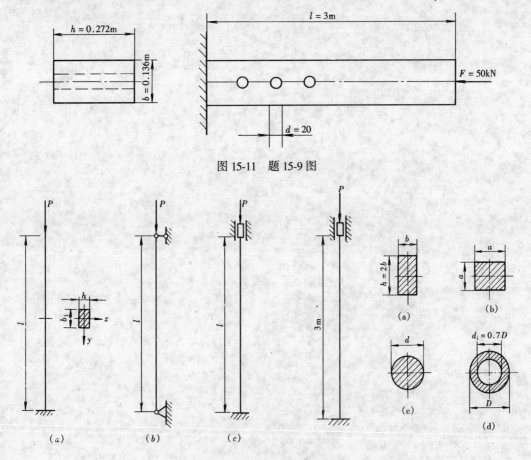

图 15-11 题 15-9 图

图 15-12 题 15-10 图

图 15-13 题 15-11 图

15-12 图 15-14 所示结构，受荷载 P 作用。$P = 12\text{kN}$。斜撑杆 DF 用 Q235 钢制成，其外径 $D = 45\text{mm}$，内径 $d = 36\text{mm}$，稳定安全因数 $n_{st} = 2.5$，试校核斜撑杆的稳定性。

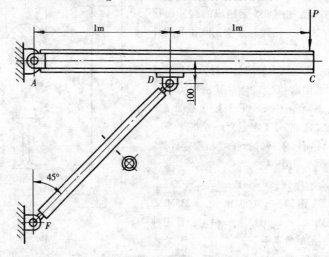

图 15-14　题 15-12 图

附录 型钢规格表

热轧等边角钢 (GB 9787—88)

符号意义：
b——边宽度；
d——边厚度；
r——内圆弧半径；
r_1——边端内圆弧半径；
I——惯性矩；
i——惯性半径；
W——截面因数；
z_0——重心距离；

表1

角钢号数	尺寸 mm			截面面积 cm²	理论重量 kg/m	外表面积 m²/m	参考数值										
							$x-x$			x_0-x_0			y_0-y_0			x_1-x_1	z_0 cm
	b	d	r				I_x cm⁴	i_x cm	W_x cm³	I_{x0} cm⁴	i_{x0} cm	W_{x0} cm³	I_{y0} cm⁴	i_{y0} cm	W_{y0} cm³	I_{x1} cm⁴	
2	20	3	3.5	1.132	0.889	0.078	0.40	0.59	0.29	0.63	0.75	0.45	0.17	0.39	0.20	0.81	0.60
		4		1.459	1.145	0.077	0.50	0.58	0.36	0.78	0.73	0.55	0.22	0.38	0.24	1.09	0.64
2.5	25	3		1.432	1.124	0.098	0.82	0.76	0.46	1.29	0.95	0.73	0.34	0.49	0.33	1.57	0.73
		4		1.859	1.459	0.097	1.03	0.74	0.59	1.62	0.93	0.92	0.43	0.48	0.40	2.11	0.76
3.0	30	3	4.5	1.749	1.373	0.117	1.46	0.91	0.68	2.31	1.15	1.09	0.61	0.59	0.51	2.71	0.85
		4		2.276	1.786	0.117	1.84	0.90	0.87	2.92	1.13	1.37	0.77	0.58	0.62	3.63	0.89
3.6	36	3		2.109	1.656	0.141	2.58	1.11	0.99	4.09	1.39	1.61	1.07	0.71	0.76	4.68	1.00
		4		2.756	2.163	0.141	3.29	1.09	1.28	5.22	1.38	2.05	1.37	0.70	0.93	6.25	1.04
		5		3.382	2.654	0.141	3.95	1.08	1.56	6.24	1.36	2.45	1.65	0.70	1.09	7.84	1.07

续表

角钢号数	尺寸 mm b	d	r	截面面积 cm²	理论重量 kg/m	外表面积 m²/m	参考数值										z_0 cm
							$x-x$			x_0-x_0			y_0-y_0			x_1-x_1	
							I_x cm⁴	i_x cm	W_x cm³	I_{x_0} cm⁴	i_{x_0} cm	W_{x_0} cm³	I_{y_0} cm⁴	i_{y_0} cm	W_{y_0} cm³	I_{x_1} cm⁴	
4.0	40	3	5	2.359	1.852	0.157	3.59	1.23	1.23	5.69	1.55	2.01	1.49	0.79	0.96	6.41	1.09
		4		3.086	2.422	0.157	4.60	1.22	1.60	7.29	1.54	2.58	1.91	0.79	1.19	8.56	1.13
		5		3.791	2.976	0.156	5.53	1.21	1.96	8.76	1.52	3.01	2.30	0.78	1.39	10.74	1.17
4.5	45	3	5	2.659	2.088	0.177	5.17	1.40	1.58	8.20	1.76	2.58	2.14	0.90	1.24	9.12	1.22
		4		3.486	2.736	0.177	6.65	1.38	2.05	10.56	1.74	3.32	2.75	0.89	1.54	12.18	1.26
		5		4.292	3.369	0.176	8.04	1.37	2.51	12.74	1.72	4.00	3.33	0.88	1.81	15.25	1.30
		6		5.076	3.985	0.176	9.33	1.36	2.95	14.76	1.70	4.64	3.89	0.88	2.06	18.36	1.33
5	50	3	5.5	2.971	2.332	0.197	7.18	1.55	1.96	11.7	1.96	3.22	2.98	1.00	1.57	12.50	1.34
		4		3.897	3.059	0.197	9.26	1.54	2.56	14.70	1.94	4.16	3.82	0.99	1.96	16.69	1.38
		5		4.803	3.770	0.196	11.21	1.53	3.13	17.79	1.92	5.03	4.64	0.98	2.31	20.90	1.42
		6		5.688	4.465	0.196	13.05	1.52	3.68	20.68	1.91	5.85	5.42	0.98	2.63	25.14	1.46
5.6	56	3	6	3.343	2.624	0.221	10.19	1.75	2.48	16.14	2.20	4.08	4.24	1.13	2.02	17.56	1.48
		4		4.390	3.446	0.220	13.18	1.73	3.24	20.92	2.18	5.28	5.46	1.11	2.52	23.43	1.53
		5		5.415	4.251	0.220	16.02	1.72	3.97	25.42	2.17	6.42	6.61	1.10	2.98	29.33	1.57
		8		8.367	6.568	0.219	23.63	1.68	6.03	37.37	2.11	9.44	9.89	1.09	4.16	47.24	1.68
6.3	63	4	7	4.978	3.907	0.248	19.03	1.96	4.13	30.17	2.46	6.78	7.89	1.26	3.29	33.35	1.70
		5		6.143	4.822	0.248	23.17	1.94	5.08	36.77	2.45	8.25	9.57	1.25	3.90	41.73	1.74
		6		7.288	5.721	0.247	27.12	1.93	6.00	43.03	2.43	9.66	11.20	1.24	4.46	50.14	1.78
		8		9.515	7.469	0.247	34.46	1.90	7.75	54.56	2.40	12.25	14.33	1.23	5.47	67.11	1.85
		10		11.657	9.151	0.246	41.09	1.86	9.39	64.85	2.36	14.56	17.33	1.22	6.36	84.31	1.93
7	70	4	8	5.570	4.372	0.275	26.39	2.18	5.14	41.80	2.74	8.44	10.99	1.40	4.17	45.74	1.86
		5		6.875	5.397	0.275	32.21	2.16	6.32	51.08	2.73	10.32	13.34	1.39	4.96	57.21	1.91
		6		8.160	6.406	0.275	37.77	2.15	7.48	59.93	2.71	12.11	15.61	1.38	5.67	68.73	1.95
		7		9.424	7.398	0.275	43.09	2.14	8.59	68.35	2.69	13.81	17.82	1.38	6.34	80.29	1.99
		8		10.667	8.373	0.274	48.17	2.12	9.68	76.37	2.68	15.43	19.98	1.37	6.98	91.92	2.03

续表

角钢号数	尺寸 mm				截面面积 cm²	理论重量 kg/m	外表面积 m²/m	参考数值										
	b	d		r				$x-x$			x_0-x_0			y_0-y_0			x_1-x_1	z_0 cm
								I_x cm⁴	i_x cm	W_x cm³	I_{x0} cm⁴	i_{x0} cm	W_{x0} cm³	I_{y0} cm⁴	i_{y0} cm	W_{y0} cm³	I_1 cm⁴	
(7.5)	75	5		9	7.367	5.818	0.295	39.97	2.33	7.32	63.30	2.92	11.94	16.63	1.50	5.77	70.56	2.04
		6			8.797	6.905	0.294	46.95	2.31	8.64	74.38	2.90	14.02	19.51	1.49	6.67	84.55	2.07
		7			10.160	7.976	0.294	53.57	2.30	9.93	84.96	2.89	16.02	22.18	1.48	7.44	98.71	2.11
		8			11.503	9.030	0.294	59.96	2.28	11.20	95.07	2.88	17.93	24.86	1.47	8.19	112.97	2.15
		10			14.126	11.089	0.293	71.98	2.26	13.64	113.92	2.84	21.48	30.05	1.46	9.56	141.71	2.22
8	80	5		9	7.912	6.211	0.315	48.79	2.48	8.34	77.33	3.13	13.67	20.25	1.60	6.66	85.36	2.15
		6			9.397	7.376	0.314	57.35	2.47	9.87	90.98	3.11	16.08	23.72	1.59	7.65	102.50	2.19
		7			10.860	8.525	0.314	65.58	2.46	11.37	104.07	3.10	18.40	27.09	1.58	8.58	119.70	2.23
		8			12.303	9.658	0.314	73.49	2.44	12.83	116.60	3.08	20.61	30.39	1.57	9.46	136.97	2.27
		10			15.126	11.874	0.313	88.43	2.42	15.64	140.09	3.04	24.76	36.77	1.56	11.08	171.74	2.35
9	90	6		10	10.637	8.350	0.354	82.77	2.79	12.61	131.26	3.51	20.63	34.28	1.80	9.95	145.87	2.44
		7			12.301	9.656	0.354	94.83	2.78	14.54	150.47	3.50	23.64	39.18	1.78	11.19	170.30	2.48
		8			13.944	10.946	0.353	106.47	2.76	16.42	168.97	3.48	26.55	43.97	1.78	12.35	194.80	2.52
		10			17.167	13.476	0.353	128.58	2.74	20.07	203.90	3.45	32.04	53.26	1.76	14.52	244.07	2.59
		12			20.306	15.940	0.352	149.22	2.71	23.57	236.21	3.41	37.12	62.22	1.75	16.49	293.76	2.67
10	100	6		12	11.932	9.366	0.393	114.95	3.01	15.68	181.98	3.90	25.74	47.92	2.00	12.69	200.07	2.67
		7			13.796	10.830	0.393	131.86	3.09	18.10	208.97	3.89	29.55	54.74	1.99	14.26	233.54	2.71
		8			15.638	12.276	0.393	148.24	3.08	20.47	235.07	3.88	33.24	61.41	1.98	15.75	267.09	2.76
		10			19.261	15.120	0.392	179.51	3.05	25.06	284.68	3.84	40.26	74.35	1.96	18.54	334.48	2.84
		12			22.800	17.898	0.391	208.90	3.03	29.48	330.95	3.81	46.80	86.84	1.95	21.08	402.34	2.91
		14			26.256	20.611	0.391	236.53	3.00	33.73	374.06	3.77	52.90	99.00	1.94	23.44	470.75	2.99
		16			29.627	23.257	0.390	262.53	2.98	37.82	414.16	3.74	58.57	110.89	1.94	25.63	539.80	3.06

续表

角钢号数	尺寸 mm			截面面积 cm²	理论重量 kg/m	外表面积 m²/m	参考数值											z_0 cm
							$x-x$			x_0-x_0				y_0-y_0			x_1-x_1	
	b	d	r				I_x cm⁴	i_x cm	W_x cm³	I_{x_0} cm⁴	i_{x_0} cm	W_{x_0} cm³	I_{y_0} cm⁴	i_{y_0} cm	W_{y_0} cm³	I_{x_1} cm⁴	
11	110	7	12	15.196	11.928	0.433	177.16	3.41	22.05	280.94	4.30	36.12	73.38	2.20	17.51	310.64	2.96
		8		17.238	13.532	0.433	199.46	3.40	24.95	316.49	4.28	40.69	82.42	2.19	19.39	355.20	3.01
		10		21.261	16.690	0.432	242.19	3.38	30.60	384.39	4.25	49.42	99.98	2.17	22.91	444.65	3.09
		12		25.200	19.782	0.431	282.55	3.35	36.05	448.17	4.22	57.62	116.93	2.15	26.15	534.60	3.16
		14		29.056	22.809	0.431	320.71	3.32	41.31	508.01	4.18	65.31	133.40	2.14	29.14	625.16	3.24
12.5	125	8	14	19.750	15.504	0.492	297.03	3.88	32.52	470.89	4.88	43.28	123.16	2.50	25.86	521.01	3.37
		10		24.373	19.133	0.491	361.67	3.85	39.97	573.89	4.85	64.93	149.46	2.48	30.62	651.93	3.45
		12		28.912	22.696	0.491	423.16	3.83	41.17	671.44	4.82	75.96	174.88	2.46	35.03	783.42	3.53
		14		33.367	26.193	0.490	481.65	3.80	54.16	763.73	4.78	86.41	199.57	2.45	39.13	915.61	3.61
14	140	10	14	27.373	21.488	0.551	514.65	4.34	50.58	817.27	5.46	82.56	212.04	2.78	39.20	915.11	3.82
		12		32.512	25.522	0.551	603.68	4.31	59.80	958.79	5.43	96.85	248.57	2.76	45.02	1099.28	3.90
		14		37.567	29.490	0.550	688.81	4.28	68.75	1093.56	5.40	110.47	284.06	2.75	50.45	1284.22	3.98
		16		42.539	33.393	0.549	770.24	4.26	77.46	1221.81	5.36	123.42	318.67	2.74	55.55	1470.07	4.06
16	160	10	16	31.502	24.729	0.630	779.53	4.98	66.70	1237.30	6.27	109.36	321.76	3.20	52.76	1365.33	4.31
		12		37.441	29.391	0.630	916.58	4.95	78.98	1455.68	6.24	128.67	377.49	3.18	60.74	1639.57	4.39
		14		43.296	33.987	0.629	1048.36	4.92	90.95	1665.02	6.20	147.17	431.70	3.16	68.244	1914.68	4.47
		16		49.067	38.518	0.629	1175.08	4.89	102.63	1865.57	6.17	164.89	484.59	3.14	75.31	2190.82	4.55
18	180	12	16	42.241	33.159	0.710	1321.35	5.59	100.82	2100.10	7.05	165.00	542.61	3.58	78.41	2332.80	4.89
		14		48.896	38.388	0.709	1514.48	5.56	116.25	2407.42	7.02	189.14	625.53	3.56	88.38	2723.48	4.97
		16		55.467	43.542	0.709	1700.99	5.54	131.13	2703.37	6.98	212.40	698.60	3.55	97.83	3115.29	5.05
		18		61.955	48.634	0.708	1875.12	5.50	145.64	2988.24	6.94	234.78	762.01	3.51	105.14	3502.43	5.13
20	200	14	18	54.642	42.894	0.788	2103.55	6.20	144.70	3343.26	7.82	236.40	863.83	3.98	111.82	3734.10	5.46
		16		62.013	48.680	0.788	2366.15	6.18	163.65	3760.89	7.79	265.93	971.41	3.96	123.96	4270.39	5.54
		18		69.301	54.401	0.787	2620.64	6.15	182.22	4164.54	7.75	294.48	1076.74	3.94	135.52	4808.13	5.62
		20		76.505	60.056	0.787	2867.30	6.12	200.42	4554.55	7.72	322.06	1180.04	3.93	146.55	5347.51	5.69
		24		90.661	71.168	0.785	3338.25	6.07	236.17	5294.97	7.64	374.41	1381.53	3.90	166.55	6457.16	5.87

注：截面图中的 $r_1 = \frac{1}{3}d$ 及表中 r 值的数据用于孔型设计，不做交货条件。

热轧不等边角钢（GB 9788—88）

符号意义：
- B——长边宽度；
- d——边厚度；
- r_1——边端内圆弧半径；
- i——惯性半径；
- x_0——重心距离；
- b——短边宽度；
- r——内圆弧半径；
- I——惯性矩；
- W——截面因数；
- y_0——重心距离。

表 2

角钢号数	尺寸 mm B	b	d	r	截面面积 cm²	理论重量 kg/m	外表面积 m²/m	参考数值 $x-x$ I_x cm⁴	i_x cm	W_x cm³	$y-y$ I_y cm⁴	i_y cm	W_y cm³	x_1-x_1 I_{x_1} cm⁴	y_0 cm	y_1-y_1 I_{y_1} cm⁴	x_0 cm	$u-u$ I_u cm⁴	i_u cm	W_u cm³	$\tan\alpha$
2.5/1.6	25	16	3	3.5	1.162	0.912	0.080	0.70	0.78	0.43	0.22	0.44	0.19	1.56	0.86	0.43	0.42	0.14	0.34	0.16	0.392
			4		1.499	1.176	0.079	0.88	0.77	0.55	0.27	0.43	0.24	2.09	0.90	0.59	0.46	0.17	0.34	0.20	0.381
3.2/2	32	20	3	3.5	1.492	1.171	0.102	1.53	1.01	0.72	0.46	0.55	0.30	3.27	1.08	0.82	0.49	0.28	0.43	0.25	0.382
			4		1.939	1.522	0.101	1.93	1.00	0.93	0.57	0.54	0.39	4.37	1.12	1.12	0.53	0.35	0.42	0.32	0.374
4/2.5	40	25	3	4	1.890	1.484	0.127	3.08	1.28	1.15	0.93	0.70	0.49	6.39	1.32	1.59	0.59	0.56	0.54	0.40	0.386
			4		2.467	1.936	0.127	3.93	1.26	1.49	1.18	0.69	0.63	8.53	1.37	2.14	0.63	0.71	0.54	0.52	0.381
4.5/2.8	45	28	3	5	2.149	1.687	0.143	4.45	1.44	1.47	1.34	0.79	0.62	9.10	1.47	2.23	0.64	0.80	0.61	0.51	0.383
			4		2.806	2.203	0.143	5.69	1.42	1.91	1.70	0.78	0.80	12.13	1.51	3.00	0.68	1.02	0.60	0.66	0.380
5/3.2	50	32	3	5.5	2.431	1.908	0.161	6.24	1.60	1.84	2.02	0.91	0.82	12.49	1.60	3.31	0.73	1.20	0.70	0.68	0.404
			4		3.177	2.494	0.160	8.02	1.59	2.39	2.58	0.90	1.06	16.65	1.65	4.45	0.77	1.53	0.69	0.87	0.402
5.6/3.6	56	36	3	6	2.743	2.153	0.181	8.88	1.80	2.32	2.92	1.03	1.05	17.54	1.78	4.70	0.80	1.73	0.79	0.87	0.408
			4		3.590	2.818	0.180	11.45	1.79	3.03	3.76	1.02	1.37	23.39	1.82	6.33	0.85	2.23	0.79	1.13	0.408
			5		4.415	3.466	0.180	13.86	1.77	3.71	4.49	1.01	1.65	29.25	1.87	7.94	0.88	2.67	0.78	1.36	0.404
6.3/4	63	40	4	7	4.058	3.185	0.202	16.49	2.02	3.87	5.23	1.14	1.70	33.30	2.04	8.63	0.92	3.12	0.88	1.40	0.398
			5		4.993	3.920	0.202	20.02	2.00	4.74	6.31	1.12	2.71	41.63	2.08	10.86	0.95	3.76	0.87	1.71	0.396
			6		5.908	4.638	0.201	23.36	1.96	5.59	7.29	1.11	2.43	49.98	2.12	13.12	0.99	4.34	0.86	1.99	0.393
			7		6.802	5.339	0.201	26.53	1.98	6.40	8.24	1.10	2.78	58.07	2.15	15.47	1.03	4.97	0.86	2.29	0.389

续表

角钢号数	尺寸 mm				截面面积 cm²	理论重量 kg/m	外表面积 m²/m	参 考 数 值													
								x—x			y—y			x_1—x_1		y_1—y_1		u—u			
	B	b	d	r				I_x cm⁴	i_x cm	W_x cm³	I_y cm⁴	i_y cm	W_y cm³	I_{x1} cm⁴	y_0 cm	I_{y1} cm⁴	x_0 cm	I_u cm⁴	i_u cm	W_u cm³	tanα
7/4.5	70	45	4	7.5	4.547	3.570	0.226	23.17	2.26	4.86	7.55	1.29	2.17	45.92	2.24	12.26	1.02	4.40	0.98	1.77	0.410
			5		5.609	4.403	0.225	27.95	2.23	5.92	9.13	1.28	2.65	57.10	2.28	15.39	1.06	5.40	0.98	2.19	0.407
			6		6.647	5.218	0.225	32.54	2.21	6.95	10.62	1.26	3.12	68.35	2.32	18.58	1.09	6.35	0.98	2.59	0.404
			7		7.657	6.011	0.225	37.22	2.20	8.03	12.01	1.25	3.57	79.99	2.36	21.84	1.13	7.16	0.97	2.94	0.402
(7.5/5)	75	50	5	8	6.125	4.808	0.245	34.86	2.39	6.83	12.61	1.44	3.30	70.00	2.40	21.04	1.17	7.41	1.10	2.74	0.435
			6		7.260	5.699	0.245	41.12	2.38	8.12	14.70	1.42	3.88	84.30	2.44	25.37	1.21	8.54	1.08	3.19	0.435
			8		9.467	7.431	0.244	52.39	2.35	10.52	18.53	1.40	4.99	112.50	2.52	34.23	1.29	10.87	1.07	4.10	0.429
			10		11.590	9.098	0.244	62.71	2.33	12.79	21.96	1.38	6.04	140.80	2.60	43.43	1.36	13.10	1.06	4.99	0.423
8/5	80	50	5	8	6.375	5.005	0.255	41.96	2.56	7.78	12.82	1.42	3.32	85.21	2.60	21.06	1.14	7.66	1.10	2.74	0.388
			6		7.560	5.935	0.255	49.49	2.56	9.25	14.95	1.41	3.91	102.53	2.65	25.41	1.18	8.85	1.08	3.20	0.387
			7		8.724	6.848	0.255	56.16	2.54	10.58	16.96	1.39	4.48	119.33	2.69	29.82	1.21	10.18	1.08	3.70	0.384
			8		9.867	7.745	0.254	62.83	2.52	11.92	18.85	1.38	5.03	136.41	2.73	34.32	1.25	11.38	1.07	4.16	0.381
9/5.6	90	56	5	9	7.212	5.661	0.287	60.45	2.90	9.92	18.32	1.59	4.21	121.32	2.91	29.53	1.25	10.98	1.23	3.49	0.385
			6		8.557	6.717	0.286	71.03	2.88	11.74	21.42	1.58	4.96	145.59	2.95	35.58	1.29	12.90	1.23	4.18	0.384
			7		9.880	7.756	0.286	81.01	2.86	13.49	24.36	1.57	5.70	169.66	3.00	41.71	1.33	14.67	1.22	4.72	0.382
			8		11.183	8.779	0.286	91.03	2.85	15.27	27.15	1.56	6.41	194.17	3.04	47.93	1.36	16.34	1.21	5.29	0.380
10/6.3	100	63	6	10	9.617	7.550	0.320	99.06	3.21	14.64	30.94	1.79	6.35	199.71	3.24	50.50	1.43	18.42	1.38	5.25	0.394
			7		11.111	8.722	0.320	113.45	3.20	16.88	35.26	1.78	7.29	233.00	3.28	59.14	1.47	21.00	1.38	6.02	0.393
			8		12.584	9.878	0.319	127.37	3.18	19.08	39.39	1.77	8.21	266.32	3.32	67.88	1.50	23.50	1.37	6.78	0.391
			10		15.467	12.142	0.319	153.81	3.15	23.32	47.12	1.74	9.98	333.06	3.40	85.73	1.58	28.33	1.35	8.24	0.387
10/8	100	80	6	10	10.637	8.350	0.354	107.04	3.17	15.19	61.24	2.40	10.16	199.83	2.95	102.68	1.97	31.65	1.72	8.37	0.627
			7		12.301	9.656	0.354	122.73	3.16	17.52	70.08	2.39	11.71	233.20	3.00	119.98	2.01	36.17	1.72	9.60	0.626
			8		13.944	10.946	0.353	137.92	3.14	19.81	78.58	2.37	13.21	266.61	3.04	137.37	2.05	40.58	1.71	10.80	0.625
			10		17.167	13.476	0.353	166.87	3.12	24.24	94.65	2.35	16.12	333.63	3.12	172.48	2.13	49.10	1.69	13.12	0.622
11/7	110	70	6	10	10.673	8.350	0.354	133.37	3.54	17.85	42.92	2.01	7.90	265.78	3.53	69.08	1.57	25.36	1.54	6.53	0.403
			7		12.301	9.656	0.354	153.00	3.53	20.60	49.01	2.00	9.09	310.07	3.57	80.82	1.61	28.95	1.53	7.50	0.402
			8		13.944	10.946	0.353	172.04	3.51	23.30	54.87	1.98	10.25	354.39	3.62	92.70	1.65	32.45	1.53	8.45	0.401
			10		17.167	13.476	0.353	208.39	3.48	28.54	65.88	1.96	12.48	443.13	3.70	116.83	1.72	39.20	1.51	10.29	0.397

续表

角钢号数	尺寸 mm				截面面积 cm²	理论重量 kg/m	外表面积 m²/m	参考数值												
	B	b	d	r				$x-x$			$y-y$			x_1-x_1		y_1-y_1		$u-u$		
								I_x cm⁴	i_x cm	W_x cm³	I_y cm⁴	i_y cm	W_y cm³	I_{x_1} cm⁴	y_0 cm	I_{y_1} cm⁴	x_0 cm	I_u cm⁴	i_u cm	W_u cm³	$\tan\alpha$
12.5/8	125	80	7	11	14.096	11.066	0.403	227.98	4.02	26.86	74.42	2.30	12.01	454.99	4.01	120.32	1.80	43.81	1.76	9.92	0.408
			8		15.989	12.551	0.403	256.77	4.01	30.41	83.49	2.28	13.56	519.99	4.06	137.85	1.84	49.15	1.75	11.18	0.407
			10		19.712	15.474	0.402	312.04	3.98	37.33	100.67	2.26	16.56	650.09	4.14	173.40	1.92	59.45	1.74	13.64	0.404
			12		23.351	18.330	0.402	364.41	3.95	44.01	116.67	2.24	19.43	780.39	4.22	209.67	2.00	69.35	1.72	16.01	0.400
14/9	140	90	8	12	18.038	14.160	0.453	365.64	4.50	38.48	120.69	2.59	17.34	730.53	4.50	195.79	2.04	70.83	1.98	14.31	0.411
			10		22.261	17.475	0.452	445.50	4.47	47.31	146.03	2.56	21.22	913.20	4.58	245.92	2.12	85.82	1.96	17.48	0.409
			12		26.400	20.724	0.451	521.59	4.44	55.87	169.79	2.54	24.95	1096.09	4.66	296.89	2.19	100.21	1.95	20.54	0.406
			14		30.456	23.908	0.451	594.10	4.42	64.18	192.10	2.51	28.54	1279.26	4.74	348.82	2.27	114.13	1.94	23.52	0.403
16/10	160	100	10	13	25.315	19.872	0.512	668.69	5.14	62.13	205.03	2.85	26.56	1362.89	5.24	336.59	2.28	121.74	2.19	21.92	0.390
			12		30.054	23.592	0.511	784.91	5.11	73.49	239.06	2.82	31.28	1635.56	5.32	405.94	2.36	142.33	2.17	25.79	0.388
			14		34.709	27.247	0.510	896.30	5.08	84.56	271.20	2.80	35.83	1908.50	5.40	476.42	2.43	162.2	2.16	29.56	0.385
			16		39.281	30.835	0.510	1003.04	5.05	95.33	301.60	2.77	40.24	2181.79	5.48	548.22	2.51	182.57	2.16	33.44	0.382
18/11	180	110	10	14	28.373	22.273	0.571	956.25	5.80	78.96	278.11	3.13	32.49	1940.40	5.89	447.22	2.44	166.50	2.42	26.88	0.376
			12		33.712	26.464	0.571	1124.72	5.78	93.53	325.03	3.10	38.32	2328.38	5.98	538.94	2.52	194.87	2.40	31.66	0.374
			14		38.967	30.589	0.570	1286.91	5.75	107.76	369.55	3.08	43.97	2716.60	6.06	631.92	2.59	222.30	2.39	36.32	0.372
			16		44.139	34.649	0.569	1443.06	5.72	121.64	411.85	3.06	49.44	3105.15	6.14	726.46	2.67	248.84	2.38	40.87	0.369
20/12.5	200	125	12	14	37.912	29.761	0.641	1570.90	6.44	116.73	483.16	3.57	49.99	3193.85	6.54	787.74	2.83	285.79	2.74	41.23	0.392
			14		43.867	34.436	0.640	1800.97	6.41	134.65	550.83	3.54	57.44	3726.17	6.62	922.47	2.91	326.58	2.73	47.34	0.390
			16		49.739	39.045	0.639	2023.35	6.38	152.18	615.44	3.52	64.69	4258.86	6.70	1058.86	2.99	366.21	2.71	53.32	0.388
			18		55.526	43.588	0.639	2238.30	6.35	169.33	677.19	3.49	71.74	4792.00	6.78	1197.13	3.06	404.83	2.70	59.18	0.385

注：1. 括号内型号不推荐使用。
2. 截面图中的 $r_1 = \frac{1}{3}d$ 及表中 r 的数据用于孔型设计，不做交货条件。

表3

热轧槽钢 (GB 707—88)

符号意义：
- h——高度；
- b——腿宽度；
- d——腰厚度；
- t——平均腿厚度；
- r——内圆弧半径；
- r_1——腿端圆弧半径；
- I——惯性矩；
- W——截面因数；
- i——惯性半径；
- z_0——$y-y$轴与y_1-y_1轴间距

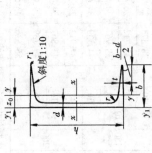

型号	尺寸 mm						截面面积 cm²	理论重量 kg/m	参 考 数 值							
									$x-x$			$y-y$			y_0-y_0	z_0 cm
	h	b	d	t	r	r_1			W_x cm³	I_x cm⁴	i_x cm	W_y cm⁴	I_y cm⁴	i_y cm	I_{y0} cm⁴	
5	50	37	4.5	7	7	3.5	6.93	5.44	10.4	26	1.94	3.55	8.3	1.1	20.9	1.35
6.3	63	40	4.8	7.5	7.5	3.75	8.444	6.63	16.123	50.786	2.453		11.872	1.185	28.38	1.36
8	80	43	5	8	8	4	10.24	8.04	25.3	101.3	3.15	5.79	16.6	1.27	37.4	1.43
10	100	48	5.3	8.5	8.5	4.25	12.74	10	39.7	198.3	3.95	7.8	25.6	1.41	54.9	1.52
12.6	126	53	5.5	9	9	4.5	15.69	12.37	62.137	391.466	4.953	10.242	37.99	1.567	77.09	1.59
14a	140	58	6	9.5	9.5	4.75	18.51	14.53	80.5	563.7	5.52	13.01	53.2	1.7	107.1	1.71
14	140	60	8	9.5	9.5	4.75	21.31	16.73	87.1	609.4	5.35	14.12	61.1	1.69	120.6	1.67
16a	160	63	6.5	10	10	5	21.95	17.23	108.3	866.2	6.28	16.3	73.3	1.83	144.1	1.8
16	160	65	8.5	10	10	5	25.15	19.74	116.8	934.5	6.1	17.55	83.4	1.82	160.8	1.75
18a	180	68	7	10.5	10.5	5.25	25.69	20.17	141.4	1272.7	7.04	20.03	98.6	1.96	189.7	1.88
18	180	70	9	10.5	10.5	5.25	29.29	22.99	152.2	1369.9	6.84	21.52	111	1.95	210.1	1.84

续表

型号	尺寸 mm						截面面积 cm²	理论重量 kg/m	参考数值							
									$x-x$			$y-y$			y_0-y_0	z_0 cm
	h	b	d	t	r	r_1			W_x cm³	I_x cm⁴	i_x cm	W_y cm⁴	I_y cm⁴	i_y cm	I_{y_0} cm⁴	
20a	200	73	7	11	11	5.5	28.83	22.63	178	1780.4	7.86	24.2	128	2.11	244	2.01
20	200	75	9	11	11	5.5	32.83	25.77	191.4	1913.7	7.64	25.88	143.6	2.09	268.4	1.95
22a	220	77	7	11.5	11.5	5.75	31.84	24.99	217.6	2393.9	8.67	28.17	157.8	2.23	298.2	2.1
22	220	79	9	11.5	11.5	5.75	36.24	28.45	233.8	2571.4	8.42	30.05	176.4	2.21	326.3	2.03
a	250	78	7	12	12	6	34.91	27.47	269.597	3369.62	9.823	30.607	175.529	2.243	322.256	2.065
25b	250	80	9	12	12	6	39.91	31.39	282.402	3530.04	9.405	32.657	196.421	2.218	353.187	1.982
c	250	82	11	12	12	6	44.91	35.32	295.236	3690.45	9.065	35.926	218.415	2.206	384.133	1.921
a	280	82	7.5	12.5	12.5	6.25	40.02	31.42	340.328	4764.59	10.91	35.718	217.989	2.333	387.566	2.097
28b	280	84	9.5	12.5	12.5	6.25	45.62	35.81	366.46	5130.45	10.6	37.929	242.144	2.304	427.589	2.016
c	280	86	11.5	12.5	12.5	6.25	51.22	40.21	392.594	5496.32	10.35	40.301	267.602	2.286	426.597	1.951
a	320	88	8	14	14	7	48.7	38.22	474.879	7598.06	12.49	46.473	304.787	2.502	552.31	2.242
32b	320	90	10	14	14	7	55.1	43.25	509.012	8144.2	12.15	49.157	336.332	2.471	592.933	2.158
c	320	92	12	14	14	7	61.5	48.28	543.145	8690.33	11.88	52.642	374.175	2.467	643.299	2.092
a	360	96	9	16	16	8	60.89	47.8	659.7	11874.2	13.97	63.54	455	2.73	818.4	2.44
36b	360	98	11	16	16	8	68.09	53.45	702.9	12651.8	13.63	66.85	496.7	2.7	880.4	2.37
c	360	100	13	16	16	8	75.29	50.1	746.1	13429.4	13.36	70.02	536.4	2.67	947.9	2.34
a	400	100	10.5	18	18	9	75.05	58.91	878.9	17577.9	15.30	78.83	592	2.81	1067.6	2.49
40b	400	102	12.5	18	18	9	83.05	65.19	932.2	18644.5	14.98	82.52	640	2.78	1135.6	2.44
c	400	104	14.5	18	18	9	91.05	71.47	985.6	19711.2	14.71	86.19	687.8	2.75	1220.7	2.42

注：截面图和表中标注的圆弧半径 r、r_1 的数据用于孔型设计，不做交货条件。

表 4

热轧工字钢 (GB 706—88)

符号意义：
- h —— 高度；
- b —— 腿宽度；
- d —— 腰厚度；
- t —— 平均腿厚度；
- r —— 内圆弧半径；
- r_1 —— 腿端圆弧半径；
- I —— 惯性矩；
- W —— 截面因数；
- i —— 惯性半径；
- S —— 半截面的静矩

型号	尺寸 mm						截面面积 cm²	理论重量 kg/m	参 考 数 值						
									x—x				y—y		
	h	b	d	t	r	r_1			I_x cm⁴	W_x cm³	i_x cm	$I_x:S_x$ cm	I_y cm⁴	W_y cm³	i_y cm
10	100	68	4.5	7.6	6.5	3.3	14.3	11.2	245	49	4.14	8.59	33	9.72	1.52
12.6	126	74	5	8.4	7	3.5	18.1	14.2	488.43	77.529	5.195	10.58	46.906	12.677	1.609
14	140	80	5.5	9.1	7.5	3.8	21.5	16.9	712	102	5.76	12	64.4	16.1	1.73
16	160	88	6	9.9	8	4	26.1	20.5	1130	141	6.58	13.8	93.1	21.2	1.89
18	180	94	6.5	10.7	8.5	4.3	30.6	24.1	1660	185	7.36	15.4	122	26	2
20a	200	100	7	11.4	9	4.5	35.5	27.9	2370	237	8.15	17.2	158	31.5	2.12
20b	200	102	9	11.4	9	4.5	39.5	31.1	2500	250	7.96	16.9	169	33.1	2.06
22a	220	110	7.5	12.3	9.5	4.8	42	33	3400	309	8.99	18.9	225	40.9	2.31
22b	220	112	9.5	12.3	9.5	4.8	46.4	36.4	3570	325	8.78	18.7	239	42.7	2.27
25a	250	116	8	13	10	5	48.5	38.1	5023.54	401.88	10.8	21.58	280.046	47.283	2.403
25b	250	118	10	13	10	5	53.5	42	5283.96	422.72	9.938	21.27	309.297	52.423	2.404
28a	280	122	8.5	13.7	10.5	5.3	55.45	43.4	7114.14	508.15	11.32	24.62	345.051	56.565	2.495
28b	280	124	10.5	13.7	10.5	5.3	61.05	47.9	7480	534.29	11.08	24.24	379.496	61.209	2.493

续表

型号	尺寸 mm						截面面积 cm²	理论重量 kg/m	参考数值						
									x—x				y—y		
	h	b	d	t	r	r_1			I_x cm⁴	W_x cm³	i_x cm	$I_x:S_x$ cm	I_y cm⁴	W_y cm³	i_y cm
32a	320	130	9.5	15	11.5	5.8	67.05	52.7	11075.5	692.2	12.84	27.46	459.93	70.758	2.619
32b	320	132	11.5	15	11.5	5.8	73.45	57.7	11621.4	726.33	12.58	27.09	501.53	75.989	2.614
32c	320	134	13.5	15	11.5	5.8	79.95	62.8	12167.5	760.47	12.34	26.77	543.81	81.166	2.608
36a	360	136	10	15.8	12	6	76.3	59.9	15760	875	14.4	30.7	552	81.2	2.69
36b	360	138	12	15.8	12	6	83.5	65.6	16530	919	14.1	30.3	582	84.3	2.64
36c	360	140	14	15.8	12	6	90.7	71.2	17310	962	13.8	29.9	612	87.4	2.6
40a	400	142	10.5	16.5	12.5	6.3	86.1	67.6	21720	1090	15.9	34.1	660	93.2	2.77
40b	400	144	12.5	16.5	12.5	6.3	94.1	73.8	22780	1140	15.6	33.6	692	96.2	2.71
40c	400	146	14.5	16.5	12.5	6.3	102	80.1	23850	1190	15.2	33.2	727	99.6	2.65
45a	450	150	11.5	18	13.5	6.8	102	80.4	32240	1430	17.7	38.6	855	114	2.89
45b	450	152	13.5	18	13.5	6.8	111	87.4	33760	1500	17.4	38	894	118	2.84
45c	450	154	15.5	18	13.5	6.8	120	94.5	35280	1570	17.1	37.6	938	122	2.79
50a	500	158	12	20	14	7	119	93.6	46470	1860	19.7	42.8	1120	142	3.07
50b	500	160	14	20	14	7	129	101	48560	1940	19.4	42.4	1170	146	3.01
50c	500	162	16	20	14	7	139	109	50640	2080	19	41.8	1220	151	2.96
56a	560	166	12.5	21	14.5	7.3	135.25	106.2	65585.6	2342.31	22.02	47.73	1370.16	165.08	3.182
56b	560	168	14.5	21	14.5	7.3	146.45	115	68512.5	2446.69	21.63	47.17	1486.75	174.25	3.162
56c	560	170	16.5	21	14.5	7.3	157.85	123.9	71439.4	2551.41	21.27	46.66	1558.39	183.34	3.158
63a	630	176	13	22	15	7.5	154.9	121.6	93916.2	2981.47	24.62	54.17	1700.55	193.24	3.314
63b	630	178	15	22	15	7.5	167.5	131.5	98083.6	3163.98	24.2	53.51	1812.07	203.6	3.289
63c	630	180	17	22	15	7.5	180.1	141	102251.1	3298.42	23.82	52.92	1924.91	213.88	3.268

注：截面图和表中标注的圆弧半径 r、r_1 的数据用于孔型设计，不做交货条件。

习 题 答 案

第二章

2-5　$R = 352\text{N}$；$\alpha = 33°16'$

2-6　$R = 2.38\text{kN}$　$\alpha = 56°20'$

2-7　$R_A = 0.79P$（$\alpha = 18°25'$）　　$R_A = 0.35P$（$\alpha = 45°$）

2-8　$X_1 = 86.6\text{kN}$　$Y_1 = 50\text{kN}$

　　　$X_2 = 30\text{kN}$　$Y_2 = -40\text{kN}$

　　　$X_3 = 0$　$Y_3 = 60\text{kN}$

　　　$X_4 = -56.6\text{kN}$　$Y_4 = 56.6\text{kN}$

2-9　(a) $S_{AB} = 0.577G$（拉）　$S_{AC} = 1.155G$（压）

　　　(b) $S_{AB} = 0.5G$（拉）　$S_{AC} = 0.866G$（压）

　　　(c) $S_{AB} = S_{AC} = 0.577G$（拉）

2-10　(A) $R_A = 15.8\text{kN}$；$R_B = 7.07\text{kN}$

　　　(B) $R_A = 22.4\text{kN}$；$R_B = 10\text{kN}$

2-11　$R_A = \dfrac{\sqrt{2}}{2}P$，$R_B = \dfrac{\sqrt{2}}{2}P$，$R_C = \dfrac{\sqrt{2}}{2}P$

2-12　$N = 2.31\text{kN}$

2-13　$N_D = 2.54\text{kN}$　$T_{BC} = 1.30\text{kN}$　$R_A = 1.33\text{kN}$

2-14　$F_1 = -2.91\text{kN}$，$F_2 = 1.27\text{kN}$

2-15　$T_{BD} = 1.414\text{kN}$，$T_{BC} = 1\text{kN}$，$T_{DF} = 1.155\text{kN}$，$T_{DE} = 1.577\text{kN}$

2-16　$T_{CD} = 6\text{kN}$，$T_{AB} = 11\text{kN}$

第三章

3-7　(a) 0　(b) $PL\sin\alpha$　(c) $Pl\sin(\theta - \alpha)$　(d) Pa

　　　(e) $P(l + r)$　(f) $P\sqrt{l^2 + r^2}\sin\alpha$

3-8　$P = 15\text{kN}$　$P_{\min}$出现在方向垂直于 OB 时，$P_{\min} = 12\text{kN}$

3-9　$R_A = 25\text{kN}$（↑），$R_B = 25\text{kN}$（↓）

3-10　$R_A = P$（↓），$R_B = \dfrac{\sqrt{2}a}{l}P$（↑）

3-11　$T = P = 8\text{kN}$，$N_A = N_D = 3.2\text{kN}$

3-12　$R_A = R_C = 0.471\text{kN}$

3-13　$R_A = R_B = 17.68\text{kN}$

第四章

4-1　可以得到同样的效果。但并不说明一个力与一个力偶等效，而是力偶对方向盘中心的矩与力对方向盘中心的矩相同。

4-2　因为人的重力对船的中心产生了一个矩的作用。

4-3　对简化的最后结果没有影响。因为利用力的平移定理可以将主矢和主矩化为合力。

4-4　并不平衡，因为不是平面汇交力系。

4-5　(3)

4-6　前者不能求出，因为 A、B、C 三点共线。后者可求。

4-7　不可以，由力偶的性质可知。

4-8　均不能。前者是主矢和主矩共存，后者与一个力偶等效。

4-9　可以得出一个平行 y 轴的合力。

4-10　向 A 点简化：$R_x = F_1 + F_3$，$R_y = -F_2 - F_4$，$M_A = -F_1 a - F_4 a$
　　　向 B 点简化：$R_x = F_1 + F_3$，$R_y = -F_2 - F_4$，$M_B = 0$

4-11　可以。

4-12　略。

4-13　前者可以，后者不可以。

4-14　主矢为 45.4kN，$\alpha = 82°24'$，主矩为 $54.8 \text{kN} \cdot \text{m}$

4-15　合为一力偶，其矩为 $M = 3Pl$（逆时针）

4-16　$R = 10 \text{kN}$

4-17　(a) $R = 0$，$M_A = \dfrac{\sqrt{3}}{2} Pl$

　　　(b) $R = 2$，$M_A = \dfrac{\sqrt{3}}{2} Pl$

4-18　$R = 32\,800 \text{kN}$，$\alpha = 72°02'$，$d = 18.97 \text{m}$

4-19　(a) $R_A = 10 \text{kN}$（↑），$R_C = 42 \text{kN}$（↑），$M_C = 164 \text{kN} \cdot \text{m}$（顺时针）
　　　(b) $R_A = 0.8 \text{kN}$（↓），$R_B = 12.5 \text{kN}$（↑），$R_D = 8.3 \text{kN}$（↑）

4-20　(a) $R_A = 113.3 \text{kN}$（↑），$R_B = 86.7 \text{kN}$（↑）
　　　(b) $R_A = 19.33 \text{kN}$（↑），$R_B = 10.67 \text{kN}$（↑）
　　　(c) $R_A = 20 \text{kN}$（↑），$M_A = 40 \text{kN} \cdot \text{m}$（顺时针）
　　　(d) $R_B = 16 \text{kN}$（↑），$M_B = 49 \text{kN} \cdot \text{m}$（逆时针）
　　　(e) $R_A = 5.83 \text{kN}$（↑），$R_B = 89.17 \text{kN}$（↑）
　　　(f) $R_A = 9.50 \text{kN}$（↑），$R_B = 3.50 \text{kN}$（↑）

4-21　$R_A = 21.8 \text{kN}$（↑），$R_B = 26.6 \text{kN}$（↑）

4-22　(a) $X_A = 0$，$Y_A = 10 \text{kN}$（↑），$M_A = 6.67 \text{kN} \cdot \text{m}$（逆时针）
　　　(b) $X_A = 0$，$Y_A = 12 \text{kN}$（↑），$R_B = 24 \text{kN}$（↑）

4-23　$X_A = 22.4 \text{kN}$（←），$Y_A = 4.4 \text{kN}$（↑），$R_B = 28 \text{kN}$

4-24　$X_A = 31 \text{kN}$（→），$Y_A = 70 \text{kN}$（↑），$M_A = 126.5 \text{kN} \cdot \text{m}$（逆时针）

4-25　$T = 324.4 \text{kN}$，$X_A = 324.4 \text{kN}$（→），$Y_A = 200 \text{kN}$（↑）

4-26　(a) $X_A = 3 \text{kN}$（←），$Y_A = 0.25 \text{kN}$（↓），$R_B = 4.25 \text{kN}$
　　　(b) $X_A = 0$，$Y_A = 6 \text{kN}$（↑），$M_A = 5 \text{kN} \cdot \text{m}$（逆时针）
　　　(c) $X_A = 20 \text{kN}$（←），$Y_A = 20 \text{kN}$（↓），$R_B = 30 \text{kN}$（↑）

4-27　$\alpha = 38°40'$

4-28　$Q = 333 \text{kN}$，$x_{\max} = 6.75 \text{m}$

4-29　$R_A = 48.33 \text{kN}$（↓），$R_B = 100 \text{kN}$（↑），$R_D = 8.33 \text{kN}$（↑）

4-30　$R_A = R_B = ql/2$（↑），$N_{AB} = 3ql/4$，$X_C = 3ql/4$（← →），$Y_C = 0$

4-31　(a) $X_A = 0$，$Y_A = 8\text{kN}$（↑），$M_A = 16\text{kN·m}$（逆时针），$N_{DE} = 22.6\text{kN}$（压）
　　　(b) $X_A = 0$，$Y_A = 4\text{kN}$（↑），$M_A = 8.6\text{kN·m}$（逆时针），$N_{DE} = 11.31\text{kN}$（压）
　　　(a) $X_A = 4\text{kN}$（→），$Y_A = 4\text{kN}$（↑），$M_A = 2.4\text{kN·m}$（逆时针），$N_{DE} = 11.31\text{kN}$（压）

4-32　$X_A = 7.5\text{kN}$，$Y_A = 72.5\text{kN}$，$X_B = 17.5\text{kN}$，$Y_B = 77.5\text{kN}$，$X_C = 17.5\text{kN}$，$Y_C = 5\text{kN}$

4-33　$m_o = 7\text{kN·m}$

4-34　(a) $X_A = 0$，$Y_A = 0$，$X_B = 0$，$Y_B = 20\text{kN}$（↑）
　　　(b) $R_A = 2\text{kN}$（↑），$Y_D = 2.2\text{kN}$（↓），$X_B = 2.2\text{kN}$（→），$Y_B = 7.2\text{kN}$（↑）
　　　(c) $R_C = 15\text{kN}$（↑），$Y_B = 145\text{kN}$（↑），$X_B = 57.5\text{kN}$（←），$X_A = 42.5\text{kN}$（←），$Y_A = 70\text{kN}$（↓）
　　　(d) $R_D = 6\text{kN}$（↑），$X_A = 0$，$X_B = 0$，$Y_B = 12\text{kN}$（↑）

4-35　(a) $X_A = 4.44\text{kN}$（→），$Y_A = 5\text{kN}$（↑），$X_B = 15.56\text{kN}$（→），$Y_B = 22.1\text{kN}$（↑），$R_D = 33.7\text{kN}$（↑）
　　　(b) $X_A = 3.75\text{kN}$（→），$Y_A = 102.5\text{kN}$（↑），$X_B = 3.75\text{kN}$（←），$Y_B = 47.5\text{kN}$（↑）

4-36　$X_A = 1.08F$（→），$Y_A = 1.625F$（↑），$M_A = 1.75Fa$（逆时针），$X_E = 1.08F\text{kN}$（←），$Y_E = 0.375F$（↓）

4-37　$X_A = 593.94\text{kN}$（←），$Y_A = 386.05\text{kN}$（↑），$X_B = 593.94\text{kN}$（→），$Y_B = 103.95\text{kN}$（↑）

4-38　$G_{\min} = \dfrac{2Q(R - r)}{R}$

4-39　$R_1 = 62.5\text{kN}$，$R_2 = 57.7\text{kN}$，$R_3 = 57.7\text{kN}$，$R_4 = 12.5\text{kN}$

4-40　略。

4-41　(a) $S = \sqrt{2}P$
　　　(b) $0, \dfrac{\sqrt{2}}{2}P$

第六章

6-1~6-10 略。

6-11　不合理。因为低碳钢抗拉，而铸铁抗压。

6-12　(a) $N_1 = P$，$N_2 = -2P$，$N_3 = -P$
　　　(b) $N_1 = -20\text{kN}$，$N_2 = -40\text{kN}$，$N_3 = -20\text{kN}$

6-13　略。

6-14　(a) $\sigma = -P/A$　$\Delta l = -Pl/3EA$
　　　(b) $\sigma = 6P/A, \sigma = 3P/A, \sigma = 2P/A, \Delta l = 11Pl/3EA$

6-15　1MPa

6-16　$\sigma_{AB} = 100\text{MPa}$，$\tau_{AB} = 43.3\text{MPa}$，$\sigma_{AC} = 75\text{MPa}$，$\tau_{AC} = -43.3\text{MPa}$

6-17　拉力为 9.4kN

6-18　$2.05 \times 10^5\text{Pa}$，$-0.317$

6-19　(1) 0.133

(2) 7.5

(3) 31.5MPa, 4.2MPa

6-20 (1) $\sigma_{\text{下}} = 87\,655\text{Pa}$

(2) 2.31×10^{-5}；2.92×10^{-5}

(3) $1.86 \times 10^{-4}\text{m}$

6-21 $\sigma = 7.8\text{MPa} > 7\text{MPa}$，不安全。

6-22 $\sigma_1 = 13.75\text{MPa} < 140\text{MPa}$，$\sigma_2 = 4.5\text{MPa} = 4.5\text{MPa}$，两杆安全。

6-23 (1) $< 200 \times 14$

(2) 34 根

6-24 17mm

6-25 $A_{BD} = 250\text{mm}^2$，$A_{AC} = 125\text{mm}^2$

6-26 $A_1 \geqslant 312.5\text{mm}^2$

$A_2 \geqslant 300\text{mm}^2$

$A_3 \geqslant 424\text{mm}^2$

6-27 $[P] = 184.8\text{kN}$

第七章

7-1 $\delta = 80\text{mm}$

7-2 $d = 15\text{mm}$（取 $d = 16\text{mm}$）

第八章

8-3 (1) $M_{n_1} = 2\text{kN}\cdot\text{m}$，$M_{n_2} = 5\text{kN}\cdot\text{m}$

(2) $M_{n_1} = -3\text{kN}\cdot\text{m}$，$M_{n_2} = 4\text{kN}\cdot\text{m}$

8-4 $\tau_{\max} = 53.6\text{MPa}$，安全

8-5 $d = 185\text{mm}$，$d_1 = 24\text{mm}$

第九章

9-6 (1) 距底边 $y_c = 86.7\text{mm}$，$I_{zC} = 78.72 \times 10^6 \text{mm}^4$，$I_{yc} = 14.72 \times 10^6 \text{mm}^4$

(2) 距底边 $y_c = 145\text{mm}$，$I_{zC} = 141.01 \times 10^6 \text{mm}^4$，$I_{yc} = 208.21 \times 10^6 \text{mm}^4$

(3) 距底边 $y_c = 90\text{mm}$，$I_{zC} = 56.75 \times 10^6 \text{mm}^4$，$I_{yc} = 8.11 \times 10^6 \text{mm}^4$

9-7 $a = 77\text{mm}$

第十章

10-8 (a) $V_n = \dfrac{F}{2}$，$M_n = -\dfrac{Fl}{4}$

(b) $V_n = 14\text{kN}$，$M_n = -26\text{kN}\cdot\text{m}$

(c) $V_n = 7\text{kN}$，$M_n = 2\text{kN}\cdot\text{m}$

(d) $V_n = -2\text{kN}$，$M_n = 4\text{kN}\cdot\text{m}$

10-9 (a) $V_n = 0$，$M_n = \dfrac{Fl}{3}$

(b) $V_n = -7\text{kN}$，$M_n = 17\text{kN}\cdot\text{m}$

10-10 (a) $|V_{\max}| = \dfrac{m}{l}$，$|M_{\max}| = M_e$

$(b)\ |V_{max}| = \dfrac{ql}{2},\quad M_{max} = \dfrac{ql^2}{8}$

10-11　$(a)\ |V_{max}| = 10\text{kN},\ |M_{max}| = 12\text{kN·m}$
　　　$(b)\ |V_{max}| = 16\text{kN},\ |M_{max}| = 30\text{kN·m}$
　　　$(c)\ |V_{max}| = 6.5\text{kN},\ |M_{max}| = 5.28\text{kN·m}$
　　　$(d)\ |V_{max}| = 19\text{kN},\ |M_{max}| = 18\text{kN·m}$

10-12　$(a)\ |M_{max}| = 12\text{kN·m}$
　　　$(b)\ |M_{max}| = 18\text{kN·m}$
　　　$(c)\ |M_{max}| = \dfrac{ql^2}{4}$
　　　$(d)\ |M_{max}| = \dfrac{ql^2}{8}$

10-13　$(a)\ M_{max} = 4.41\text{kN·m}$
　　　$(b)\ M_{max} = 37.125\text{kN·m}$
　　　$(c)\ M_A = -6\text{kN·m},\ M_{max} = 2\text{kN·m}$
　　　$(d)\ M_{BC} = -6\text{kN·m},\ M_{max} = 0.25\text{kN·m}$

第十一章

11-6　$\sigma_{max} = 126.6\text{MPa},\ \tau_{max} = 8.3\text{MPa}$

11-7　$\sigma_{max}^{+} = 15.1\text{MPa},\ \sigma_{max}^{-} = 9.6\text{MPa}$

11-8　$F_{max} = 6.48\text{kN}$

11-9　$F_{max} = 18.4\text{kN}$

11-10　$d = 145\text{mm}$

11-11　No.22b

11-12　满足强度条件

第十二章

12-3　$y_c = \dfrac{7Fa^3}{2EI}(\downarrow),\ \theta_c = \dfrac{5Fa^2}{2EI}(\downarrow)$

12-4　$\dfrac{f_c}{l} = \dfrac{1}{266.7}$，满足刚度条件。

第十三章

13-4　$(a)\ \sigma_\alpha = -12.32\text{MPa},\ \tau_\alpha = -35.98\text{MPa}$
　　　$(b)\ \sigma_\alpha = 53.32\text{MPa},\ \tau_\alpha = -18.66\text{MPa}$

13-5　$(a)\ \sigma_{max} = 57.02\text{MPa},\ \sigma_{min} = -7.02\text{MPa},$
　　　$\alpha_0 = 19.33°,\ \tau_{max} = 32.02\text{MPa}$
　　　$(b)\ \sigma_{max} = 25\text{MPa},\ \sigma_{min} = -25\text{MPa},$
　　　$\alpha_0 = 45°,\ \tau_{max} = 25\text{MPa}$
　　　$(c)\ \sigma_{max} = 11.23\text{MPa},\ \sigma_{min} = -71.23\text{MPa},$
　　　$\alpha_0 = -38°,\ \tau_{max} = 41.23\text{MPa}$

13-6　A 点处：$\sigma_1 = 0.01\text{MPa},\ \sigma_3 = -24\text{MPa}$
　　　B 点处：$\sigma_1 = 24\text{MPa},\ \sigma_3 = -0.01\text{MPa}$

13-7 $t = 3.2\text{mm}$（取 4mm）

13-8 $\sigma_{r3} = 100\text{MPa}$，$\sigma_{r4} = 87.5\text{MPa}$

第十四章

14-8 $b = 90\text{mm}$ $h = 80\text{mm}$

14-9 （1）开槽前 $\sigma = \dfrac{F}{a^2}$，开槽后 $\sigma = \dfrac{8F}{3a^2}$

（2）对称开槽后 $\sigma = \dfrac{F}{a^2}$

14-10 $h = 372\text{mm}$ $\sigma_{\max} = 4.33\text{MPa}$

14-11 $p = 18.38\text{kN}$ $\delta = 1.785\text{mm}$

14-12 $\sigma_{\max} = 79.1\text{MPa}$

14-13 最大拉应力 $\dfrac{8P}{a^2}$，最大压应力 $\dfrac{4P}{a^2}$

14-14 $b = 86\text{mm}$

14-15 $[F] = 15.5\text{kN}$

第十五章

15-8 （1）$F_{cr} = 37.0\text{kN}$ （2）$F_{cr} = 52.6\text{kN}$ （3）$F_{cr} = 178\text{kN}$

15-9 满足强度条件，不满足稳定条件。

15-10 （a）$F_{cr} = 15.79\text{kN}$ （b）$F_{cr} = 49.7\text{kN}$ （c）$F_{cr} = 56.4\text{kN}$

15-11 （a）$F_{cr} = 375\text{kN}$ （b）$F_{cr} = 635\text{kN}$ （c）$F_{cr} = 644\text{kN}$

（d）$F_{cr} = 752\text{kN}$

15-12 $F_{cr} = 44.4\text{kN}$ 压杆稳定

参 考 文 献

1. 武建华主编．材料力学．重庆：重庆大学出版社，2002
2. 干光瑜，秦惠民编．建筑力学　第二分册：材料力学．北京：高等教育出版社，1999
3. 重庆建筑大学编．建筑力学　第一分册：理论力学．北京：高等教育出版社，1999
4. 孔七一．工程力学．北京：人民交通出版社，2002
5. 袁海庆主编．材料力学．武汉：武汉工业大学出版社，2000
6. 张流芳主编．材料力学．武汉：武汉工业大学出版社，1999
7. 李前程．安学敏编著．建筑力学．北京：中国建筑工业出版社，1998
8. 张曦主编．建筑力学．北京：中国建筑工业出版社，2002
9. 沈伦序主编．建筑力学（上册）．北京：高等教育出版社，1990
10. 孙训方．方孝淑．关来泰主编．材料力学．第三版．北京：高等教育出版社，1994
11. 范钦珊等主编．工程力学．第一版．北京：高等教育出版社，1989
12. 沈养中，董平主编．材料力学．第一版．北京：科学出版社，2001
13. 吴建生主编．工程力学．第一版．北京：机械工业出版社 2003
14. 陈位宫主编．工程力学．第一版．北京：高等教育出版社，2000
15. 葛若东主编．建筑力学．北京：中国建筑工业出版社，2004
16. 哈尔滨工业大学理论力学教研室．理论力学．北京：高等教育出版社，1990
17. 杨康，李家宝主编．结构力学．北京：高等教育出版社，1998
18. 刘鸿文主编．材料力学．北京：高等教育出版社，1989
19. 宋子康．蔡文安编．材料力学．上海：同济大学出版社，2003
20. 陈长征．刘贵立等编．工程力学．北京：科学出版社，2004
21. 董卫华主编．理论力学．武汉：武汉工业大学出版社，2001